国外计算机科学教材系列

网络安全基础

——网络攻防、协议与安全

Introduction to Network Security

[美] Douglas Jacobson 著

仰礼友 赵红宇 译

電子工業出版社

Publishing House of Electronics Industry

北京·BEIJING

内 容 简 介

本书从网络攻防、协议与安全解决方案的角度阐述网络安全，把网络看成安全与不安全的源头。全书共分为四部分，第一部分讨论网络概念与威胁的入门知识，分别介绍了网络体系结构、网络协议、互联网和网络漏洞的分类；第二部分讨论低层网络安全，包括物理网络层概述、网络层协议和传输层协议；第三部分讨论应用层安全，包括应用层概述、邮件、Web 安全和远程访问安全；第四部分基于网络防范，介绍了常用的网络安全设备。

本书适合作为计算机科学或计算机工程专业高年级本科或硕士研究生的网络安全课程教材，也适合网络与信息安全相关方向专业人士参考。

Douglas Jacobson：Introduction to Network Security

ISBN：9781584885436

Copyright © 2009 by Taylor & Francis Group, LLC

Authorized translation from the English language edition published by CRC Press, part of Taylor & Francis Group LLC., All rights reserved.

Publishing House of Electronics Industry is authorized to publish and distribute exclusively the Chinese (Simplified Characters) language edition. This edition is authorized for sale throughout Mainland of China. No part of the publication may be reproduced or distributed by any means, or stored in a database or retrieval system, without the prior written permission of the publisher.

Copies of this book sold without a Taylor & Francis sticker on the cover are unauthorized and illegal.

版权贸易合同登记号　图字：01-2010-5784

图书在版编目(CIP)数据

网络安全基础：网络攻防、协议与安全/（美）雅各布森（Jacobson，D.）著；仰礼友，赵红宇译.
北京：电子工业出版社，2016.5
国外计算机科学教材系列
书名原文：Introduction to Network Security
ISBN 978-7-121-28534-9

Ⅰ. ①网…　Ⅱ. ①雅…　②仰…　③赵…　Ⅲ. ①计算机网络-安全技术-高等学校-教材　Ⅳ. ①TP393.08

中国版本图书馆 CIP 数据核字（2016）第 071755 号

策划编辑：马　岚
责任编辑：马　岚
印　　刷：涿州市般润文化传播有限公司
装　　订：涿州市般润文化传播有限公司
出版发行：电子工业出版社
　　　　　北京市海淀区万寿路 173 信箱　邮编　100036
开　　本：787×1092　1/16　　印张：18.75　　字数：480 千字
版　　次：2016 年 5 月第 1 版
印　　次：2024 年 7 月第 6 次印刷
定　　价：49.00 元

凡所购买电子工业出版社图书有缺损问题，请向购买书店调换。若书店售缺，请与本社发行部联系，联系及邮购电话：(010)88254888，88258888。

质量投诉请发邮件至 zlts@phei.com.cn，盗版侵权举报请发邮件至 dbqq@phei.com.cn。

本书咨询联系方式：classic-series-info@ phei.com.cn。

再 版 序

网络一方面给人们的生活、交流、工作与发展带来方式上的巨大变化，同时也对国家与军队的信息安全和人们的个人隐私带来了不可否认的安全威胁与巨大挑战。网络与信息安全不仅严重影响和制约了网络的普及和应用，同时也涉及到国家、军队的信息安全及社会的经济安全，使人们对网络又爱又恨。

本书的作者是美国爱荷华州立大学电子与计算机工程系教授，现任爱荷华州立大学信息确保中心主任，该中心是国家安全局认可的在信息确保教育方面具有学术地位的特许中心。作者从网络和协议存在的固有漏洞的分析出发，提出减少和解决这些安全漏洞的多种解决方案，把网络看成不安全和安全的源头，来考查不同的网络协议，洞察网络的漏洞，提出利用攻击和减少攻击的方法。

本书对于想全面了解网络漏洞产生的根源，想深入探讨如何解决网络安全问题的科研人员来说，是一部很好的参考书。本书结构清晰、内容翔实且每章附有课后作业和实验作业及参考文献，信息量大，所以更是一部很好的大学高年级学生和研究生专业基础课教材。

仰礼友教授和赵红宇副教授组织翻译完成了 Douglas Jacobson 的这本侧重网络安全实践的教材。中译本在 5 年中已多次重印，被许多网络工程相关专业的教师采用作为教材。作者在网站 http：//www. dougj. net/textbook/ 还提供了一些补充资料。这次出版，两位译者对全书译文进行了修订勘误，尽力以更好的内容质量面对读者。也欢迎广大读者的沟通交流，联系邮箱 malan@phei.com.cn。

前　言

写作思路

本书从网络漏洞、协议与安全解决方案出发，重点论述网络安全，而同类专著关注的是安全和安全方案，他们把网络看成用于通信的目的，而本书把网络看成不安全和安全的源头，从洞察网络的漏洞、探测、攻击和减少攻击的方法入手分析不同的网络协议。

自从有人类历史以来，网络作为通信系统一直就在我们身边存在，通信双方凭借的是信任。早期通信系统凭借通信双方可看得见的识别物来进行通信，并且使用简单的方式来保护数据。例如，借助双方都认识的信使，并使用信件蜡封确保私密。随着技术的进步，传输数据的方法也随之改进了，盗窃与保护数据的方法也同样在改进。然而，直到 20 世纪末，双方数据的直接传输仍然不是通过今天意义上的网络，双方是借助其他方法来识别数据的归属的。我们今天面临的问题比过去要复杂得多，今天已经有了不受任何实体或组织控制的网络把计算机连接起来。与过去的数据通信不同，今天的网络由无数的设备构成，它们在数据从发送者传送到接收者的过程中对数据进行处理。当初设计这些网络是为了方便通信，只在小范围的可信任的团体和已经认识的个体中使用，设计中并没有考虑安全性。

内容组织

本书第一部分简要讨论网络体系结构与典型网络的层次功能，以及基于网络的漏洞和攻击的分类，这个分类描述的是所涉及的每一协议层的漏洞和攻击的架构，共分为四类：

- 基于头部的漏洞与攻击：修改了协议头部，或使头部无效。
- 基于协议的漏洞与攻击：数据包是有效的，但不能被直接使用。
- 基于验证的漏洞与攻击：修改了发送方与接收方的识别标志。
- 基于流量的漏洞与攻击：借助流量实施攻击。

第二部分从网络的不同层（物理层、网络层与传输层）审视每一层的安全，采用自底向上的网络安全方法，让读者理解网络每一层的漏洞与安全机理。例如，通过理解物理层固有的漏洞及可能的安全防范，进而理解网络层可能存在的漏洞，以及为克服漏洞而采用的安全机制。

第三部分探讨几个普通的网络应用安全案例。在互联网上，这些应用只是把网络底层看成数据准确无误地由一个应用传送到另一个应用的渠道。本书把漏洞看成网络底层提供的网络功能，从而让读者深入理解安全就是要克服这些漏洞。

第四部分描述几个经常部署的并与上述分类相关的基于网络的安全解决方案。

本书采用"界定-攻击-防范"的方法来阐述网络安全。首先简要引入相关的协议，接着详细描述熟知的漏洞，然后介绍可能的攻击方法。本书重点在于描述攻击的方法，而不是具体的攻击工具，具体攻击工具一般作为课后作业或实验引入。读者一旦理解了对某个协议的各种威胁，就能提出可能的解决方案。每章的后面都根据每章的概念给出课后作业及实验室实验，允许读者尝试某些攻击并审视破解攻击方案的有效性。

附录 A 为密码学概述。附录 B 讨论研发或部署一个低成本的实验室，用于支持课堂教学或用来作为合作实验床。附录 C 为课后作业答案。

读者

本书面向两类读者：一是作为计算机科学或计算机工程专业的本科高年级或硕士研究生第一年的网络安全课程教材，二是作为网络安全专业的网络安全课程或网络专业的部分课程教材。当然，本书也可以用于网络或网络安全专业人员的参考书。

本书和其他著作的区别如下：

网络焦点。本书通过剖析网络协议及其弱点和对策来审视网络安全。有几本著作，其主要焦点在几个应用层协议（Kerberos，Secure Email，SecureWeb 等），而不关心底层协议（物理层、网络层与传输层），而许多麻烦的问题是由这些层的漏洞引起的。

网络安全视角。本书采用大多数著作中采用的方法，即通过网络的层提供哪些服务与功能来审视网络安全，并在这些层提供服务与功能时，审视网络存在的漏洞与安全问题。根据这一视角，本书既可作为网络专业的网络安全课程，也可作为网络安全专业的网络安全课程。

实验室实验。本书包含实验室实验课所需的实验材料，这些实验考察网络的攻击与防范，而且本书还提供一个典型的低成本的实验室部署。

Web 网站。本书提供了 Web 网站（http://www.dougj.net/textbook/）。网站包括授课讲义和关于 UNIX、C 及套接字编程的指导手册，还有建设或维护实验室的详细信息。

网络安全实践视角。本书提供了网络安全实践视角，我们考察实际协议，给读者提供详细素材及理解漏洞与研发对策所需的信息。这些将通过实验进一步加以巩固。

攻防方法。本书从攻防视角来考察网络安全，考察当前协议的漏洞及降低攻击的防范机制。本书焦点不在于攻击的工具，而在于攻击的方法。通过实验，学生可以研究网络攻击的效果及安全系统的有效性。

术语定义。本书涉及很多网络与安全术语，其中许多是专属本领域的术语。因此，笔者认为在章节之后列举所涉及术语的简短定义是很重要的，新术语在所在节中给出。在我们开始阐述正文之前，有几个术语需要定义，以使读者有一个通用的参照模式。

定 义

应用

　　指允许用户连接网络并执行某项任务的计算机程序。

攻击者

　　指利用网络攻击计算机系统、网络或其他连接在互联网中的设备的个人或群体。

黑客

　　即攻击者。

主机

　　连接到网络上的计算机。

互联网

　　互连众多网络设备的全球网络的集合。

网络

　　一组互连的设备并可以相互通信。

> **网络设备**
>
> 连接到网络上的设备，泛指包括主机或计算机在内的所有设备，这些设备使网络可以运行起来。
>
> **目标**
>
> 黑客试图攻击的设备、主机、用户或目标。
>
> **用户**
>
> 利用网络执行计算机程序的个人，或一般的计算机用户。

致谢

感谢我的妻子 Gwenna，感谢我的孩子们（Sarah，Jordan 和 Jessica），感谢他们的支持与耐心。还要感谢 Sharon Sparks 在本书的编辑方面给予的帮助。

目　　录

第一部分　网络概念与威胁入门

第二部分　低层网络安全

第三部分 应用层安全

第四部分 网络减灾

第一部分　网络概念与威胁入门

第一部分介绍基本网络概念和网络漏洞与攻击的分类，已经学习过网络的读者可以跳过这一部分的前 3 章。第 1 章讨论支持网络分层方法的概念及如何由通常的网络结构透视网络安全。第 2 章概述网络协议并讨论与网络安全相关的网络协议的几个关键方面。第 3 章论述互联网的几项关键内容，如路由、寻址，以及它们如何与安全相关。第 4 章介绍网络漏洞和攻击的分类，并引入网络威胁模型，这是本书在其余各章剖析网络漏洞、攻击与对策的基础。

第1章 网络体系结构

在探讨网络概念与安全之前，简要回顾一下网络发展的历史[1~9]是有裨益的，因为过去所做的一切对今天的安全是有影响的。图 1.1 给出了网络发展历史的各个阶段。

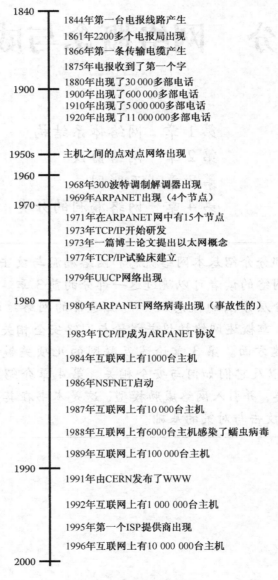

1840	1844年第一台电报线路产生
	1861年2200多个电报局出现
	1866年第一条传输电缆产生
	1875年电报收到了第一个字
1900	1880年出现了30 000多部电话
	1900年出现了600 000多部电话
	1910年出现了5 000 000多部电话
	1920年出现了11 000 000多部电话
1950s	主机之间的点对点网络出现
1960	1968年300波特调制解调器出现
	1969年ARPANET出现（4个节点）
1970	1971年在ARPANET网中有15个节点
	1973年TCP/IP开始研发
	1973年一篇博士论文提出以太网概念
	1977年TCP/IP试验床建立
	1979年UUCP网络出现
1980	1980年ARPANET网络病毒出现（事故性的）
	1983年TCP/IP成为ARPANET协议
	1984年互联网上有1000台主机
	1986年NSFNET启动
	1987年互联网上有10 000台主机
	1988年互联网上有6000台主机感染了蠕虫病毒
	1989年互联网上有100 000台主机
1990	1991年由CERN发布了WWW
	1992年互联网上有1 000 000台主机
	1995年第一个ISP提供商出现
	1996年互联网上有10 000 000台主机
2000	

图 1.1 网络发展的历史

正如图 1.1 所示，过去 30 年间发生了许多变化，网络的规模与复杂性都在增加。早期网络设计只提供连通性，并不支持安全。20 世纪 70 年代第一个网络仅限于几个研究机构与大学之间[8,9]，且互连的每一方都是可信任的，安全的问题并不突出。1988 年，针对网络上的计算机的攻击首次出现[10]，直到今天采用相同方法的某些攻击仍然有用。推动网络的创新与增长是网络的简单易用与互连，而不是安全，这一点将贯穿全书。

1.1 网络的层次结构

本节阐述网络是如何实现的，以及网络提供的功能。一个网络可以划分为不同的功能模块，这些功能模块称为层[11,12]，而每一层都被赋予相应的职能，这些层就构成现代网络的全部功能。层可以由软件或硬件实现，但网络上的每一台设备并不对应所有网络层。例如，路由器的设计就不是针对每一层的，因为它不负责数据端到端的传输，它只关心把网上送来的数据传输到下一个节点。本节将从描述网络层的结构开始，然后描述因特网上这些层所提供的服务与功能。

计算机通信的第一个例子，是由两台希望通信的设备通过点对点的连接构成的。在这个例子中，通信需要的软件是自带的，且由销售商独家开发。物理连接既可能是直接采用专线，也可能是采用电话线加调制解调器。数据速率和今天的网络速率相比是很低的，应用往往基于简单的文本通信。这些早期应用一般用于简单的文件传输或远程访问。因为有这些应用，所以在计算机之间不需要数据中继。计算机之间采用数据中继的第一个应用是电子邮件，早期的电子邮件系统设计仅用于同类计算机之间的文本信息传输。由于早期的文件传输系统使用专用软件进行通信，因此异种计算机之间的电子邮件通信很困难。

20 世纪 70 年代，业界开始着力制定标准[13]，旨在让网络上不同种类的设备实现通信。早期标准的制定者决定把问题分成功能模块，即不同的计算机采用不同的方法使之互相通信。每一个模块或每一层执行一组功能，并为它上面的那一层提供一组服务，本层使用它下面那一层提供的服务。图 1.2 是采用黑匣子方法定义的一个层，图 1.2(a)表示任何一个黑匣子的设计方法，输入和输出定义为一组服务和要实现的功能。由某一层提供的服务称为服务访问点(service access point, SAP)，每层实现标准中规定的一组功能，这些功能用于支持一组服务，这些服务通常涉及希望交换数据的两个设备对应层之间的通信。这个内部层之间的通信称为协议。实现这个层的具体方法在标准中没有规定，后面会讲到，这一点会导致一些值得关注的安全问题。这种定义每一层的黑匣子方法，使得不同的提供商能够实现相同的功能与服务。

由图 1.2(b)可以看到，层 A 为上一层提供服务，层 B 为层 A 提供服务，这些服务通常被规定为子程序调用(正如在程序中看到的)。例如，这里有一个由层 A 提供的 send_data(目标、源、数据、选项和长度)服务，这个服务用于发送一个数据块到与其对应的层 A，即由目标地址指定的另一台设备。这个服务有几个参数，用于指定层如何处理服务请求，同时包括要传送到对等层的信息。参数 data 包含层 A 要发送到目标设备上的对应层 A 的数据，每一层利用它的下一层提供的服务实现它要提供的功能。同样，在图 1.2(b)中，层 B 提供的服务为 send_packet(目标、源、数据和选项)。

注意，在这个例子中，层 B 提供发送一个固定长度数据的 send_packet 子程序，它上面的层 A 提供一个发送较大数据量的服务，这就是某一层要提供的功能所在。在这个例子中，层 A 需要提供一个功能，把从上一层收到的数据分成较小的数据包，并发送到下一层，收到数据的对应层 A 需要提供一个功能，把这些小的数据包收集到一起，成为一个数据块，并发送给它的上一层。当某一层和它对应的层通信时，它必须把数据发送到它的下一层。当某一层执行其功能时，它也必须能将控制信息传递到对应的层。根据图 1.2(b)所示的例子，层 A 需要发送控制信息,以用于接收层 A 把数据包重新组装起来。对等层之间的交互有对应的交互规则,例如,最大的数据包的尺寸、控制信息和数据的格式,以及控制消息的计时与顺序等。这些规则即是协议,而控制信息用于执行协议。每一层定义为服务、功能与协议的集合。图 1.3 说明了控制信息如何封装到数据中,从而每一层依据它处理来自上一层的请求。

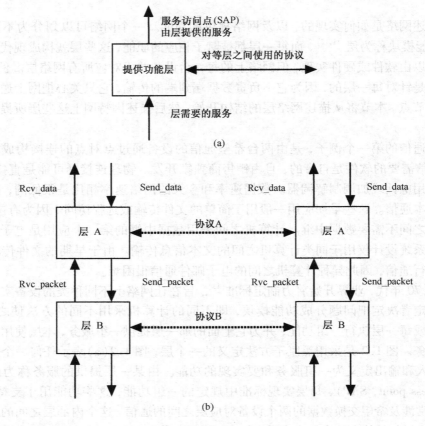

图 1.2　网络的层

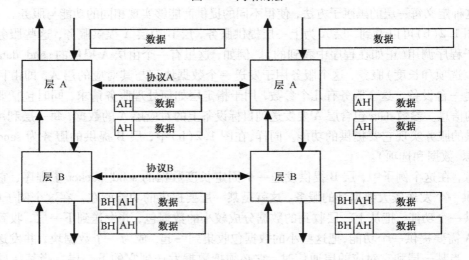

图 1.3　控制信息封装

由图 1.3 可以看到，层 A 表示的数据由层 A 分成两个数据包，每一个包都加上了控制信息。该控制信息包含了当目标设备对应层 A 收到信息后如何恢复两个数据包的信息。数据包的控制信息段称为头部，层 A 使用层 B 提供的服务传送两个数据包给层 B，层 B 把自己的控制信息(头部)添加到每个数据包，以便和目标设备的对应层 B 进行通信，如此继续下去，数据包经过网络层，直到到达物理层的传输介质上。当目标设备收到数据包时，接收设备上的每一层将利用控制信息决定如何处理数据包，对应层会去掉与其相关的控制信息，并将剥离后的数据包传送到它的上一层。

图 1.2 与图 1.3 说明了当数据被送到下一层的协议栈，并在接收方备份时，层之间的交互动作。另一部分层规范是相应层之间使用的协议。例如，图 1.3 所示的每一个设备上的层 A 需要理解如何处理数据包，即需要知道控制信息的格式。协议就是用来提供这个功能的。如果一个数据包发生错误或丢失，层能够请求数据包重发。为了实现这个功能，这个层需要确定数据包是什么时候出错或丢失的。这就要求使用协议的层之间的协同工作。协议定义控制信息和数据在层之间是如何交互的，还定义层之间信息交互的格式。协议就是要实现这些功能和服务。由层提供的这些功能可能被黑客利用的问题将在本书的随后章节进行介绍。下面列出层提供的几个基本功能：

1. **拆分与重组**。在有些情况中，某一层对它上一层来的数据大小是有限制的，限制的原因可能是缓冲区、协议头部空间，或物理链路有限制。例如，许多物理局域网(如以太网)就限制数据包的尺寸为几千字节，以确保物理链路能正常传输。正如图 1.3 所示，如果某一层从它的上一层收到的数据超过下一层的处理能力时，数据包必须分成较小的数据包(拆分)，最终再由接收层组合到一起(重组)。执行拆分的层要负责把重组指令放在它的头部，指令内容包括数据包的数目及数据的相对位置等。

2. **封装**。封装是指将控制信息以头部的形式添加到数据包中，正如图 1.3 所示。头部包括下列这些典型信息：
   地址。发送端和接收端的地址。
   出错校验码。常常包括一些用于错误校验的某种类型的代码。
   协议控制。执行协议需要的附加信息。

3. **连接控制**。层既可采用无连接数据传输，也可以采用面向连接的数据传输。在面向连接的数据传输中，数据在传输之前，必须在实体间建立一种逻辑联系(即连接)。这类似于电话系统，一个人必须先拨号，并等待对方拿起电话后，双方才可以通话。在面向连接的数据传输模式中，双方必须同时准备对话。连接是根据数据包头部的信息确定的。在多数情况下，用于确定连接的数据包是不含数据的。连接控制(connection control)的三个数据项是：请求/连接项、数据传输项与终止项。许多基于网络的攻击就发生在连接控制交换时。在无连接的数据传输中，数据包与数据包是独立的，数据包的传递是无序的，也可能数据包根本就没被送出去。这类似于邮件系统，寄信人发出一封信，信在某个时间到达，信与信之间是独立的。

4. **顺序递交**。在某些情况下，层提供的服务要求数据包按序递交，但数据包在下一层也许是无序递交的。在互联网上就是这样，数据传输是采用无连接协议传递的。但应用程序要求数据包按照发出时的顺序接收到。为了使层提供这项服务，需要向数据包的头部增加控制信息，以对数据包进行编号，从而接收方能够按原顺序重组。

5. **流控制**。流控制是为了确保传输层不会导致接收层溢出的一种技术，一般在几个层中都要实现流控制，在大多数面向连接的协议中也采用。

6. **出错控制**。它是指在数据包传输中的出错控制。无论数据包是丢失还是损坏，层应该负责侦察丢失或损坏的数据包，并负责重新传输这些数据包。不是每一层都要负责数据包的重新传输，但是大多数层在头部都有某种类型的错误侦察（一般使用校验和方法）。攻击者有时通过向一个设备发送出错数据包，引起层重新动作，从而利用出错控制协议攻击。

7. **复用**。复用是在由多个上层过来的数据包共享同一个下层时发生的，最典型的例子就是某台计算机连接到单条物理链路。当多个应用（如 Web、E-mail 及 IM 等）同时使用这个物理链路时，每个信息源都要向物理链路上发送数据包，然而，只能有一个层来控制对物理层的访问。因此，在计算机的多个网络层中的某处需要设置一个或一个以上的层来支持多个上一层。图 1.4 给出了一个复用的例子，注意，在这个例子中，有几个层使用层 B 提供的服务，对于接收层 B 为了知道是哪个层 A 发来了数据包，层 B 需要在数据包头部包含一个地址指出每个上一层的识别号。

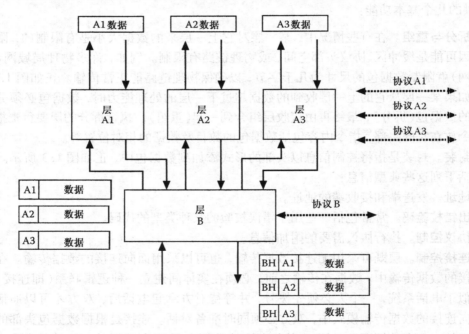

图 1.4　层复用

定　义

无连接

　　传输数据不需要连接。

面向连接

　　在数据传输之前，通信双方必须确立连接再通信。

封装

　　将层头部添加到数据包中形成新的数据包。

出错控制

由层提供的一个功能，它用来侦察并纠正数据包的丢失或损坏。

流控制

由层提供的一个功能，它用来在接收端开始拥堵时，降低发送端数据包的传送速率。

层次网络功能

由层提供的一组操作，它的作用是在和网络中的对方设备的对等层协同时，提供网络服务。这些功能使面向层提供的服务能够执行并依赖下一层提供的服务。

复用

某一层提供的服务访问点面向多个上一层，反之，仅由一个下一层提供的服务访问点为多个上一层发送或接收数据包。

网络层

网络体系结构中的一个功能组件，包含一组确定的输入和输出，并提供一组功能协助网络的运行。

数据包

在层之间传输的一组数据。

数据包头部

由层添加到数据包的那部分数据，它用来执行协议。

协议

一组规则，用于控制网络体系结构中两个对等层之间的交互。协议用于执行层的功能。

重组

由层提供的一个功能，用于合并数据包，即把对等层拆分的数据包重新组装成原来的数据包。

路由器

一种网络设备，负责把数据从一个网络传送到另一个网络。路由器可以解读从发送端到接收端的数据的路由。

拆分

由层提供的一种功能，它把从上一层接收的数据包分成多个较小的数据元素。

服务访问点

由网络层提供的一组服务。服务访问点（service access point，SAP）通常被定义为一系列的子程序调用。

1.2　协议概述

我们每天都要用到协议，例如，可以将电话系统看成有多个层，每一层都有一个协议。双方通话时就用到一个协议。可以将其看成网络中的上一层，电话系统是为它的上一层提供服务和功能的下一层。图 1.5(a)说明了在一个电话系统中设备之间的协议的交互，图 1.5(b)说明了电话系统两个用户之间协议的交互。协议交互常常表示为协议图，如图 1.5 所示，垂直线表示通信层，水平线表示信息交互。图中向下的时间箭头，代表通话时间的进展。斜线表示信息从一方流动到另一方需要的时间。斜线之间的间隔表示层等待或处理的时间。

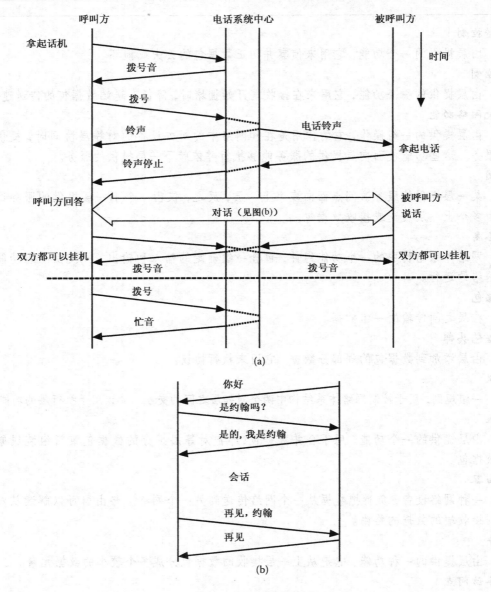

图1.5　电话系统协议图例

正如从图1.5(a)中看到的，图例左边的呼叫方拿起话机表示开始，呼叫方等待拨号音，这是协议的一部分，当呼叫方听到拨号音时开始拨号，如果被呼叫方不忙，则呼叫方收到铃声，即被呼叫方电话铃响。从图1.5(a)中还可以看到，当对方忙时，显示出错状态。并不是所有的出错情况都被规定为协议的一部分，因此，协议不可能包含所有可能出错的情况。正如随后可以看到的，这可能引起安全问题。一旦被呼叫方拿起电话，低层之间的连接就完成了，通话双方就启动了协议，正如图1.5(b)所示。

首先，回话方说话表示开始，对方开始回应。图1.5(b)描述了一种可能的协议，同时显示了确认被呼叫方的询问。双方将以来回的方法继续谈话（发送数据），直到其中一方中断通信，通常是说再见结束通话，然而，也可以只是挂断电话来终止通话。双方之间出错也能导致这种中断。双方之间的协议不可能被完备定义，因此协议也许会失败。其中一部分协议常常是一方或一方以上的识别标志。这一点可以通过许多不同的方法来实现。这里就有一种方法，它是电话系统中识别呼叫设备（呼叫方识别标志）的一部分。然而，呼叫方识别标志统一为呼叫方的电话号码，而不是使用电话的人。还没有什么方法来识别呼叫方或被呼叫方，我们可以设想如果某人为了不诚实的目的使用电话，这就会引发问题。即使采用呼叫方识别标志，甚至将其加入来电显示中，也只能识别来电号码。电话系统最初同样没有设计处理我们今天要考虑的安全问题。而本书给出的许多协议的例子也没有考虑安全问题。

　　电话系统为我们提供了一个面向连接的通信的例子。这里即是使用协议交换来确定双方的连接（拨号方与接电话方），一旦确立连接，数据就在双方流动，并按发送方的顺序收到数据。还有另一种方法，即双方采用无连接的方法传输数据。在无连接的通信中，信息被分成许多数据包，每个数据包在发送时是分别处理的。无连接系统的例子就是邮局业务，它的每一封信都是独立处理的，且可以通过不同的路径到达相同的目的地。每一封信都是自我包装，且有自己的地址信息。如果从同一个地点发送多封信到同一个目的地，并不能保证它们按照同样的顺序同时到达。无连接方法看起来比面向连接的方法可靠性低，但情况也许不是这样的。例如，对通过电话传真系统和邮件系统发一份有 10 页的文件进行比较（这里忽略数据传输次数的差别）。如果使用电话传真系统，那么在发送文件时，必须在整个发送期间保持连接，电话系统是很可靠的。然而，如果在文件传输期间，电话系统出现故障，就要重新开始。如果把这份文件分解为 10 封信，通过邮件单独邮寄，虽然没有十分把握，但收到的可能性很大；如果有一封丢失，则只需要重发丢失的那一页。不过现在还需要一种方法再把这些拆分的页重新组合到一起，可以将这个规定加载到头部，这或许就是信件发送与接收双方使用的部分协议。这样将在无连接服务的头部产生一个面向连接的系统，在本书后面还可以看到因特网上的一些协议，有些是无连接的，有些是面向连接的。

定　义

协议图

　　用于说明两个实体之间采用某种协议进行交互的图例，这个图例说明信息交换双方信息的流动和计时。

1.3　层次网络模型

　　正如前一节所述，网络的功能是分层的。许多技术是按照第一个实现的标准去做的，这样标准就有了竞争，对于网络更是如此。最初的网络并没有按照层次结构去设计。20 世纪 70 年代初期提出了包交换概念[3, 7, 9]，因而使得传输控制协议/网际协议（Transmission Control Protocol/Internet Protocol，TCP/IP）得以使用。1984 年，国际标准化组织（International Standards Organization，ISO）提出了七层网络的概念，称为开放系统互连（Open Systems Interconnection，OSI）模型[14]，从此开始了制定每一层的标准。OSI 模型受到电信行业标准的重大影响，电信的关键点是链路交换（面向连接的）技术。这样两个竞争性的标准就有了两股力量在推动各自的进展。在某种程度上联邦政府推动了 OSI 模型的采用，同时 TCP/IP 协议在大学和研究实验室开始实施。我们知道，Internet 采用的是 TCP/IP 协议，除少数情况外，OSI 标准已经被废弃了，保留下来的只是 OSI 模型用于描述网络的层结构。尽管 OSI 标准没被采用，但在任何当前采用的标准总是能对应到 OSI 模型。

图 1.6 对比了 TCP/IP 模型的层与 OSI 模型的层。在图 1.6 的下部分描述了 OSI 模型与 TCP/IP 模型中每一层的主要功能。由图 1.6 可以看出，有些层是由硬件实现的，有些层是用软件实现的。还可以看到，在典型的实现中，底层是操作系统层，上层是用户空间层，它通常包含在应用层中。此外，图 1.6 还说明了并非所有设备都需要每一层的支撑，某些协议处于终端设备之间，而某些协议处于中间设备之间，如路由器。

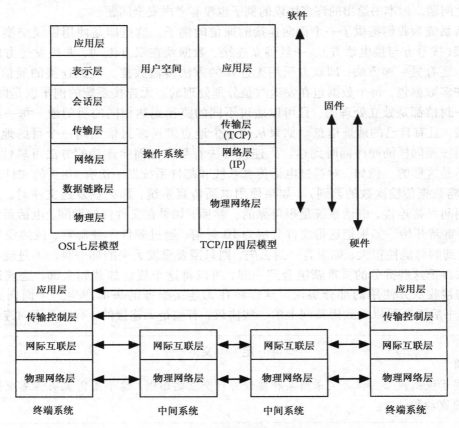

图 1.6　OSI 模型与 TCP/IP 模型

下面简述 OSI 模型与 TCP/IP 模型每一层提供的功能。

1. 物理层。物理层负责物理上互连系统之间的比特位的透明传输。物理层必须给数据链路层提供识别终点的方法（一般采用源地址与目标地址）。物理层必须按数据链路层提供的要传输的比特位的同样顺序进行传输。

2. 数据链路层。数据链路层的主要任务是根据物理传输介质的特点屏蔽它的上层。数据链路层要为上层提供基本无误的可靠传输，当然，在数据链路层传输时也会发生错误。由网络层来的每个数据单元映射到含数据链路协议信息的数据链路协议单元，称其为帧（frame）。数据链路层必须提供某种方法识别数据帧的开始与结束。这些帧要按其接收顺序提供给物理层。数据链路层也可以进行流控制（flow control）以防数据溢出。

3. 网络层。网络层主要负责由传输层提交的所有数据到网络中的任何传输层的透明传输。网络层必须处理数据包的路由。网络层可以是一个设备中的最高层，如网关或路由设备。在 OSI 模型中，网络层协议最初是设计成面向连接的，因此造成了协议的复杂性。

4. 传输层。传输层负责两个会话实体之间可靠透明的数据传输。传输层只关心会话层之间的数据传输，它并不关心处理层或拓扑层的结构。传输层将使用网络层将数据从一个传输实体送到另外一个传输实体。根据网络层提供服务的质量，传输层也会执行附加功能，如按序提交，提供服务。传输层提供流控制和错误控制。

5. 会话层。会话层并不关心网络，会话层负责协调表示层之间的对话。会话层必须提供会话连接的建立，以及在这个连接上对话的管理。在 OSI 模型中，会话层是最后被标准化的三个协议层之一。它可以是没有动作的可选项，作用就是把表示层的数据送到传输层。ATM 机即是一个会话层的例子，ATM 机负责和银行保持连接（传输服务），当某个用户要办理一笔业务时，一个会话就开始了。

6. 表示层。表示层以某种形式为应用层提供与信息表示相关的服务，这个形式对应用实体是有意义的。表示层要为应用层提供一种机制，以把数据转换成对等层可以翻译的普通格式。

7. 应用层。应用层是最高层，它要提供某种方法，为应用层访问 OSI 堆栈提供应用处理。应用层提供协议以执行应用功能。典型的应用层并不定义用户接口或者甚至是执行这些功能的用户层命令。Web 就是一个很好的应用层例子，应用协议（超文本传输协议，Hypertext Txansfer Protocol，HTTP）定义访问 Web 页面的功能和服务，并给 Web 浏览器传输信息，但并不指定浏览器与用户之间如何交互。

OSI 模型提供的大多数功能在 TCP/IP[15] 模型中也提供了。两者之间最大的区别是 TCP/IP 模型的应用层包括了 OSI 模型的最上面三层，许多应用并不需要会话层和表示层提供的所有功能，即使在 OSI 模型中，这些功能也是作为应用层的一部分来实现的。下面讨论的内容是学习本书其余部分的预备知识，TCP/IP 每一层的服务、功能和安全漏洞将在随后章节进行讨论。

1. TCP/IP 物理网络层。TCP/IP 的物理网络层对应 OSI 模型的物理层与链路层的功能。它提供的服务较简单，只包括数据包的发送与接收。TCP/IP 协议设计的出发点是能在任何网络上运行，因此设计了一组最小的服务集合。

2. 网络（IP）层。网络层提供网际间数据包的路由，并关注全球地址空间，IP 层是无连接的，提供的服务包括数据包的发送与接收。

3. 传输（TCP）层。传输层与 OSI 模型的传输层类似，它负责网络中的端到端的数据传输。TCP 层还使用网络层提供的发送与接收功能与对等的传输层进行通信。TCP 层需要对 IP 层的不可靠的无连接服务进行补偿。

4. TCP/IP 应用层。应用层提供 OSI 协议模型最上面三层同样类型的服务，会话层与表示层的功能用多少还是不用，取决于具体应用。

当初人们在设计分层协议体系结构时，较少考虑网络的管理、网络安全或网络监控。因为当初网络规模很小，基本由几个机构掌控，也不认为这些功能很重要。随着网络规模的增大与复杂性的增加，对这些功能的需求也随着增加了。当我们审视这些服务需求时，很快发现分层协议模型显然不能满足这些服务需求。这些服务需要访问每一层的内部工作，并且经常需要读取或修改层内部的参数。例如网络管理就常常需要直接控制每一层，这就引出了一个修正型的网络体系结构，如图 1.7 所示，它引入几个不分层的服务。这对安全也有影响，因为它要对每一层进行访问。例如，某个恶意代码有可能入侵到低层的数据包，从而破坏上层的头部格式。

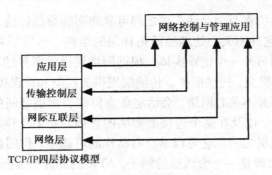

图 1.7　不分层服务体系结构图

定　义

帧

用于描述 OSI 模型的数据链路层的数据包。

不分层服务

通常用于描述网络服务，这些服务不必通过其他层而是直接访问一个或一个以上协议层，常常用于网络管理。

OSI 模型

一种描述了每一层需要提供的高层功能且所有七层构成完整网络功能的七层模型。

TCP/IP 模型

一种描述了高层功能并为因特网实际使用的四层协议模型。

用户空间

运行在用户空间的多种程序，这些程序与正在运行它们的用户具有同样的访问权限，并可以限制指定程序对系统文件的访问。

课后作业和实验作业

课后作业

1. 从设计的角度提出 3 条理由，阐述为什么分层网络体系结构比不分层网络体系结构更好？

2. 为什么网络设计者采用分组的设计功能，而不要求所有的数据包都是同样大小？

3. 假设在每一层增加 20 B 的头部信息，绘制一个曲线图，说明在七层 OSI 模型与四层 TCP/IP 模型中，开销占用户载荷的百分比（用户数据大小为 1～1400 B）。

4. 假设采用四层 TCP/IP 网络模型，在每一层上加载 20 B 的头部信息，并且物理层数据包的最大允许字节数为 1500 B（物理层上能传输的最大字节数）。那么根据下面给定的用户数据大小，绘制一个表，给出要传输的数据包的个数和要传输的总的字节数。

   a. 1000 B

   b. 10 000 B

   c. 100 000 B

   d. 100 000 000 B

5. 根据习题 4 中给出的每个用户数据的大小，计算开销的百分比。

6. 以协议图的形式，描述一个通用的动作(类似一部电梯)。

7. 研究 OSI 网络模型与 TCP/IP 模型的历史，说明两个模型的出现与被采用的时间表，并对政府倾力要标准化的 OSI 模型没被采用的事实加以评论。

实验作业

1. 使用在国际互联网上发现的素材，绘出 20 年来下列事件的增长：

   a. 估算互联网上主机数目的增长

   b. 估算互联网上 Web 站点数目的增长

   c. 估算总的 Web 流量

   d. 估算总的 FTP 的流量

   e. 估算总的互联网流量

2. 使用在互联网上发现的素材，考察互联网的历史，并与其他事件进行对照。

3. 使用在互联网上发现的素材，研究网络发展速度的历史，并与实验 2 中得到的互联网历史进行比较，并对你的发现加以评论。你认为互联网的增长是由网络速度的增长导致的还是由互联网的增长驱动了网络快速发展的需求？

参考文献

[1] Casson, H. N. 1910. *The history of the telephone*. Manchester, NH：AyerCompany Publishers.

[2] Winston, B. 1998. *Media technology and society：A history：From the telegraph to the Internet*. London：Routledge.

[3] Poole, H., et al. 1999. *History of the Internet：A chronology, 1843 to the present*. Santa Barbara, CA：ABC-CLIO, INC.

[4] Cerf, V. G. 2004. On the evolution of Internet technologies. *Proceedings of the IEEE* 92：1360-70.

[5] Leiner, B., et al. 1985. The DARPA Internet protocol suite. *IEEE Communications Magazine* 23：29-34.

[6] Baran, P. 1964. On distributed communications networks. *IEEE Transactions on Communications* 12：1-9.

[7] Cerf, V., and R. Kahn. 1974. A protocol for packet network intercommunication. *IEEE Transactions on Communications* 22：637-48.

[8] Abbate, J. 1994. *From ARPAnet to Internet：A history of ARPA-sponsored computer networks, 1966-1988*. Philadelphia：University of Pennsylvania.

[9] Hauben, M. 1994. *History of Arpanet*, 2000. New York：Columbia University.

[10] Spafford, E. H. 1989. The Internet worm program：An analysis. *ACM SIGCOMM Computer Communication Review* 19：17-57.

[11] Zimmermann, H. 1980. OSI reference model-The ISO model of architecture for open systems interconnection. *IEEE Transactions on Communications* 28：425-32.

[12] Halsall, F. 1995. *Data communications, computer networks and open systems*. Redwood City, CA：Addison Wesley Longman Publishing Co.

[13] Russell, A. L. 2006. Rough consensus and running code and the Internet-OSI standards war. *IEEE Annals of the History of Computing* 28：48-61.

[14] Day, J. D., and H. Zimmermann. 1983. The OSI reference model. *Proceedings of the IEEE* 71：1334-40.

[15] Forouzan, B. A., and S. C. Fegan. 1999. *TCP/IP protocol suite*. New York：McGraw-Hill Higher Education.

第2章 网络协议

正如第 1 章所讨论的，网络的各层是通过协议来协同它们之间的交互的，这些协议常常是为解决某个特定的问题，或描述一个需求而设计的。也就是说，设计协议是为提供一组功能，而且协议是按照某个标准来定义的。协议的标准产生后，就由不同的组织来修订，范围从国际性组织到专业协会，到专题小组。标准通常采用英语写成，可以公开翻译。标准就意味着协议是如何动作的或和其他层是如何交互的一组功能的描述（包括上层和下层），在本书下面的章节中将详细地研究几个不同的标准，并讨论它们的设计和实现是如何影响安全的。本章介绍几个统领性的、对网络安全有重要影响的协议设计概念，如协议规范、协议编址与协议头部。

2.1 协议规范

是开放源代码安全，还是专利代码安全，这个问题一直是备受争议的，对于网络协议也存在同样的问题。大多数网络标准都是开放的，并都经受了多轮的评议，这样产生的协议健壮性更好，缺陷最小。然而，大多数协议都要求实现一组特定的功能，而不考虑安全要求。开放协议的一个负面影响就是更容易发现协议中的安全缺陷，即使从功能角度来看协议设计是无缺陷的，但是设计上也会包含安全缺陷。

由于多家提供商需要相互合作，因此使用某个专利协议通常也是不实际的。应用层是专利协议最常用的地方，因为在这里并不总是需要提供商之间的合作。由于对于专利协议很难发现它的安全缺陷，因此这个缺陷既可以被使用者使用，也可以被攻击者利用。对于开放协议，许多人（好人和坏人）将会重新评价它，这样会发现更多安全缺陷。然而，大多数专利协议在短期间内就会被工程化，它并没有去阻止攻击者。

协议规范的最大安全问题之一是用于表示规范的方法，这些规范是用英语写的，通常有数十页长，这会导致不同提供商对同一个规范有不同的解释。当有些问题在规范中涉及到时（通常是如何处理某个错误的状态），或没有很好地规范时（如使用 must，should 等词），或在规范中存在某个错误时，这种区别就产生了。即使规范是清楚的，但在协议实现过程中也会引入错误，在本书的后面章节中可以看到这些问题，黑客会尽力对这些协议及其实现过程加以利用。

一个标准一般由几个部分构成，开始一般是标准的目标的描述，接着是标准的使用，还有所制定的标准与其他标准之间的关系。标准要进行如下规定：

提供的服务访问点（SAP）和下一层请求的服务访问点。

提供的功能。

协议内容，包括数据包的格式和数据包的每个域的含义（包括包头）。

数据包的时序，用于实现指定的功能。

在互联网中，欲使某个标准达到广泛使用，最通常的做法是填写请求评议申请表（Request for Comment，RFC），RFC 由因特网工程任务组（Internet Engineering Task Force，IETF）（http://www.ietf.org）负责修订。这个组由不同组织的成员组成，并向有兴趣的任何人开放，这个组织的职责在 RFC 3935 中有明文规定[1]。一个请求评议在成为标准之前，要经过多个层次的评议，甚至不被理睬。研究 RFC 的详细过程超出了本书的范围，这留给读者作为课后作业。IETF 有很多的标准组，已经颁发了许多互联网上的标准。本节的末尾列出了一份常用的标准化组织清单，其中电气与电子工程师协会(Institute of Electrical and Electronics Engineer, IEEE)是一个较受关注的组织。IEEE 标准化组织(http://standards. ieee. org)负责制定许多标准，包括今天大多数计算机用到的以太网标准。

本节末尾给出了来自 RFC 的几段摘录，它们是描述互联网上端到端获取数据包的主要协议，即网际协议(IP)。这段文本直接摘自 RFC 791[2]，完整文本可以在 IETF 网站上找到。摘录的文本是在大多数标准中都可以发现的几节。注意，这个标准中有一节是动机(即为什么要有这个标准)，一节是范围(即标准不能做什么)。另一节是接口，它是描述服务访问点的，功能一节中描述基本的标准功能。标准的下一节描述层的拆分功能，仅 IP 标准就有 40 多页的文本，以及多年来通过其他 RFC 给出的许多附加条件。这个标准中没有数据包头部及头部中每个域的描述，这个留给读者去评价整个标准。

定 义

以太网
　　一个由电气与电子工程师协会(IEEE)负责修订的标准，它描述今天计算机上普遍使用的局域网标准。

开源协议
　　一种协议规范，在采纳之前，要向公众开放并接受公众的评议和讨论。

专利协议
　　一种不向公众开放的协议规范。

协议规范
　　一种文本，用来描述实现某个协议所需的服务、功能、数据包格式及其他信息。

请求评议(RFC)
　　一种由与互联网工程任务组(IETF)有关的个人或团体提议的协议标准。

标准
　　一种已经通过评议、认证，并公开出版由多个提供商用于相互操作的协议规范。

标 准 化 组 织

美国国家标准化协会(American National Standards Institute, ANSI)
　　ANSI(http://www. ansi. org)是由专业协会、政府团体和其他协会组成的私立组织。它负责开发标准，帮助各个团体在全球市场进行竞争。

电气与电子工程师协会(Institute of Electrical and Electronics Engineer, IEEE)
　　IEEE(http://www. ieee. org)是负责制定多种领域的国际标准的国际性专业学会。

国际标准化组织(International Standards Organization, ISO)
　　一个团体，它的成员来自世界各地的标准化委员会。ANSI 代表 ISO(http://www. iso. org)在美国的标准化委员会。

国际电信联盟-电信标准部(International Telecommunicatipns Union-Telecommunications Standards Sector, ITU-T)
　　一个由联合国组建的部门，主要负责制定电话系统的标准(http://www. itu. int)。

互联网工程任务组(Internet Engineering Task Force, IETF)
　　这个团体负责为互联网制定各类标准，它的成员来自不同组织，标准向任何感兴趣的个人开放(http://www. ietf. org)。

RFC 791 的节录(网际协议)

1.1　动机

网际协议是为计算机通信网络中互连系统的数据包的交换而设计的,这类系统称为耦合网(catenet)[1]。网际协议提供从源地址到目标地址的称为数据报的数据块的传输,这里的源和目标都是以固定长度地址识别的主机。网际协议也为较长数据报的拆分和重组,以及必要时通过小数据包网络的传输提供支持。

1.2　范围

网际协议仅限于为网络上互连系统之间源到目标的比特位数据包(一种网际数据报)的传递提供必要功能,它并没有增加端到端的数据可靠性、流控制、排队或其他服务这些在通常的主机到主机协议中用到的机制。网际协议可以利用它的支持网络服务提供不同类型和质量的服务。

1.3　接口

接口协议在网际互联环境中被主机到主机协议调用。这个协议调用局域网协议,将网络数据报传送到下一个网关或目的主机。

例如,TCP 模块应调用网际间模块,把 TCP 段(包括 TCP 头部和用户数据)视作为网际间数据报的数据部分。TCP 模块应把网际间头部中的地址和其他参数提供给网际间模块作为调用参数。这个网际间模块此后应产生一个网络数据报,然后调用局域网接口并传输网际间数据报。

在 ARPANET 案例中,网际间模块会调用局域网模块以给网际间数据报增加 1822 头部[2],产生一个 ARPANET 信息,并传输给 IMP。ARPANET 地址会通过局域网接口从网际间地址派生出来,这就是 ARPANET 网中某个主机的地址,这个主机可以是一个网关或其他网络。

2.3　功能描述

网际协议的功能或目标是在一组互联的网络中传输数据报。它将数据报从一个网际间模块传输到另一个网际间模块,直至到达目标地址。网际间模块驻留在网际间系统的主机或网关中,数据报通过根据网际间地址解析的单个网络从一个模块路由到另一个模块,因此,网际协议的一个重要的机制就是网际间地址。

消息在从一个模块向另一个模块传送的路由中,数据报也许要穿过某个网络,而这个网络的最大的数据包要比数据报的尺寸小,为克服这个难点,就在网际协议中提供了拆分机制。

拆分

当产生数据报的局域网允许大尺寸的数据包,但它要到达的目标过程中穿过的局域网仅限于小的数据包时,可以给网际间数据报标注"不能拆分"的标记,任何有这种标记的网际间数据报在任何情况下都是不可拆分的。被标记为不能拆分的网际间数据报,不经过拆分是递交不到目的地的,因而被丢弃。

跨局域网的拆分、传输与重组的过程,对于网际间协议模块是不透明的,这个过程称为网际间拆分与重用[6]。

网际间拆分与重组过程需要能够把一个数据报分解成为任意数目的片段,此后再重组。片段的接收方利用识别字段确保不同数据报的片段不会混淆。片段偏移值字段告诉接收方某个片段在原数据报中的位置。片段偏移值与长度决定了该片段覆盖了原数据报的哪个部分,多片段标志会标出(被重置)最后一个片段。这些域提供了重组数据报的充分信息。

识别域用于区分一个数据报的片段与另一个数据报的片段。当启动一个网际间数据报的协议模块时,将识别域的值设置为对于源-目标对和协议来说是唯一的值,且此时的数据报在网际间系统中应该是激活状态的。当启动一个完整的数据报的协议模块时,多片段标志设置为零,片段相对值也设置为零。

为了拆分一个长的网际间数据报,一个网际间协议模块(例如,在一个网关中)产生两个新的网际间数据报,并从长数据报复制网际间头部的内容到两个新的网际间头部中,长数据报的数据按照 8×8(64 位)划界(第二部分也许不是一个 8×8 的整数,但第一部分必定是),第一部分 NFB(片段块数)称为 8×8 的块数。数据的第一部分放置在第一个新的网际间数据报中,总的长度域的值设置为第一个数据报的长度,多片段标志设置为 1。数据的第二部分放置在第二个新的网际间数据报中,且总的长度域的值为第二个数据报的长度。多片段标志与这个长数据报携带同样的值。第二个新的网际间数据报的片段相对值设置为长数据报 + NFB。

这个过程可以一般化为 n 段分割,而不是上面描述的两段分割。

为了重组一个网际间数据报的片段,网际协议模块(例如目标主机)对所有四个段具有同样值的网际间数据报进行组合,这四个段是识别域、源、目标和协议,把每个片段的数据部分,按照那个片段的网际间头部中的片段相对值指出的相对位置进行组合,第一个片段的片段相对值为 0,最后一个片段就是多片段标志值,重置为 0。

2.2 地址

协议的关键点之一是用于区分网络中不同设备的寻址方法。例如,地址就是用来区分不同计算机、不同应用和不同协议的。在我们讨论网络层寻址之前,先考察一个非网络的例子,看看需要多少地址。图 2.1 所示的是两个人使用邮件通信系统的例子。

由图 2.1 可以看出,住在洛杉矶某个街道某栋楼的发信者,发送一封信到住在华盛顿特区的某栋楼的另外一个人。发信者把他的地址及收信人的地址写在信封外面。双方的地址都包含用于识别指定的人、楼宇、城市和州的几个部分,信封类似于数据包的头部,数据包含在信封内部。发信人把信送到街道角落某处标明实际地址的某个邮箱中,这个邮箱的实际地址对于接收者并不重要,只对发送者重要,因为他或她要知道如何让信到达下一个地方,但发送者不需要把这个邮箱的实际地址写到信封上。

这封信一旦放到邮箱中,邮政系统就等于接管了,它会按目的地的路径将信送到接收者手中。在这个例子中,这封信由街道的邮箱中取出并被送到洛杉矶的某个信件分类中心,洛杉矶的信件分类中心阅读收信者地址,决定信件要送的下一站(这就是路由过程),然后信件被装到邮件车上,被送到下一个分类中心,即本例中的芝加哥。这个分类中心是有实际地址的,但它对于信件的双方都不重要。邮车只需要知道把信件从洛杉矶送到芝加哥,信件一旦到达芝加哥,再次阅读接收者的地址,然后信件又被送到下一个分类中心,即本例中的华盛顿特区。同样这个分类中心的实际地址对于信件双方都不重要。

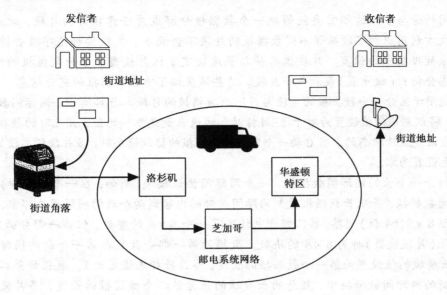

图 2.1　邮电系统寻址示意图

当信件到达华盛顿特区时，再次检查收信者的地址，决定由哪个当地邮递员把信送到收信人所居住的楼宇。当地邮递员把信件送到收信地址标明的收信者楼宇的实际邮箱中，这个邮箱的地址不需要写在信封上。这个邮箱地址是邮递员知道的，一旦邮递员把信放到收信人的邮箱中，收信地址上的某人就会收到这封信，无论是谁收到这封信，看到收信地址指明的姓名，就会知道是这个楼的哪个人应该收到这封信。

如果我们考察同样的例子，但是是两个人使用计算机进行通信，那么我们会发现邮电通信系统寻址与网络寻址有许多相似之处，图 2.2 所示为两个人在使用计算机发送一条信息。

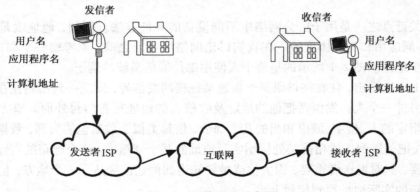

图 2.2　网络寻址示意图

图 2.2 显示某个发送者在有用户名的某台计算机上，利用电子邮件系统应用程序发送邮件。在互联网上，每台连接的计算机都有一个唯一的地址用于识别这台计算机，正如每个邮箱地址都是唯一的一样。计算机应用程序从用户那里读取信息，并由头部阅读目标地址（收信人地址），以决定信息要送达的下一站。计算机首先把信息送到发送人的互联网服务提供商（Internet Service Provider，ISP），计算机知道 ISP 的实际地址，这个 ISP 地址对计算机用户是不重要的。ISP 将阅读头部信息以决定信息要到达的下一个地址（路由），这个 ISP 还会把信息发送到互联网上，在互联网上这条信息会被路由到目标计算机上。在途中的每一步，中间设备的

实际地址都用于帮助信息到达正确的位置。当这条信息按照信息中标明的目标地址到达目标计算机时，计算机要检查这条信息。它将检查应用程序地址，以决定哪个应用程序来读取这条信息。邮电系统与互联网之间不是一对一的关系，但读者要理解需要经过多次寻址。

如果我们回顾第 1 章讨论的网络协议堆栈，那么就知道不同的协议层需要几个不同的地址来识别。如图 2.3 所示，每一层使用一个地址来帮助决定网络流量如何处理。在物理网络层，有一个地址用于识别连接网络的计算机接口。这个地址常被用来指定为机器、硬件或物理地址。硬件地址允许网络接口过滤出目标不是这台计算机的流量，这就减少了处理要求。常常还有包含在数据包中由物理网络层使用的另外一个地址，它用来决定由哪个网络层协议来处理数据包。

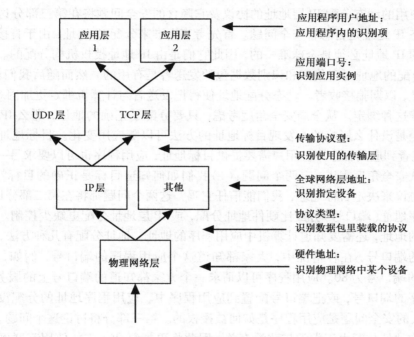

图 2.3　协议层地址示意图

网络层(IP 层)需要使用某个地址来唯一地识别一个大的网络(如互联网)中的计算机[3]。IP 层本身也包含一个地址用于识别传输层协议，如传输控制协议(Transmission Control Protocol，TCP)和用户数据报协议(User Datagram Protocol，UDP)等，TCP 层使用一个地址来识别正在网络中运行的应用程序，称其为端口号。这样就使多个应用程序共享同一个网络，而且，同一个应用程序的多个副本也可以共享同一个网络。通常，应用程序也有一些地址由用户使用，用于访问不同的项目。例如，Web 页面上的 URL，实际上是一个用于识别要访问的数据项的地址。另外，不同的设备也有不同的名字，这些名字也用来作为地址。

从网络安全的角度讲，我们可以看到这些地址都可能被攻击者使用而引发安全问题。另一个要在随后讨论的问题是，地址不仅用来作为识别数据的源和目标的方法，也可以用来作为给源和目标授权的方法，这可能会引发更大的安全问题。

我们需要思考的一个问题是，这些地址是如何分配的？由谁分配？这些地址既可以分配为静态地址，作为系统配置的一部分；也可以分配为动态地址，其由协议层提出请求，由地址服务器分配。这通常取决于协议层及地址的类型。这一章不讨论动态地址分配的协议，只讨论每种类型的地址，以及静态和动态地址分配如何影响安全。分配地址后，下一个问题就是，某一层是如何发现其他层的地址的？

　　硬件地址一般是由硬件提供商分配的。例如，在以太网中[4]，每个提供商都被赋予他可以分配的某个地址范围[5]，换句话说，提供商可以给每个网络控制器分配一个唯一的地址。这就确保了不会发生地址冲突。硬件控制器使用这个地址作为过滤器，只允许目标地址为这台设备的数据包通过。物理网络层使用地址发现协议，找到硬件目标地址。这个发现协议可能成为攻击源，本书的第二部分将讨论这个问题，同时第二部分还将讨论改变某个设备的硬件地址的方法；或忽略地址过滤器，而读取网络上的所有数据包的方法。

　　网络层(IP)地址既可以动态分配，也可以静态分配，这通常取决于由谁提供对互联网的访问。最常使用的动态分配IP层地址的协议及它隐含的安全问题将在第三部分讨论。这里关注静态与动态IP地址是否隐含安全问题。首先考察由谁来分配IP地址，由于直接连接到互联网上的设备的IP地址必须是全球唯一的，因此它们是由IP地址授权机构分配的。从安全角度来看，这些分配的地址对于侦察和识别数据包的发送者是有用的。然而随后我们就可以知道，可以改变地址，以期骗接收者。动态分配地址使得把发送者与计算机绑定更加困难，但某些安全机制却依赖这种绑定。从全局安全角度考虑，只要分配了正确的地址，那么IP地址分配方法对系统安全是没什么影响的。发现目标地址的方法可以随应用变化。目标地址可以是硬件编码的，或配置到应用程序中。用户需要提供目标地址，应用程序也可以要求另一个应用程序提供地址。从安全角度来讲，有两个问题：(1)我们如何知道目标是正确的目标？(2)如果我们使用某个协议来决定目标地址，我们能信任它吗？这两个问题都将在第二部分详细讨论。

　　应用程序地址(端口号)分配比硬件地址分配，或IP层地址分配更缺少控制。一旦知道了目标计算机的地址，还需要知道计算机中应用程序的地址。地址分配有几种方法，一种是使用大家都知道的端口号，在种情况中，大家都知道这个应用程序的端口号，例如，大家都知道Web服务器的端口号为80。应用程序可以请求一个大家都知道的端口号上的服务，以告诉它一个给定程序的端口号，或把端口号配置到应用程序中。应用程序地址的分配没有太多的安全问题，最大的安全问题是应用程序是如何被授权的。第三部分将讨论这个问题。

　　主机名称地址分配由于常常与政治有关，因此将更加复杂。正如使用互联网的用户都知道的，地址分配服务采用主机名编址，主机名是由一套注册官方机构分配的，这些官方机构的职责是维护名称分配。这些名称又通过一个称为域名服务(Domain Name Service, DNS)[6]的协议与IP地址匹配。至于DNS的许多安全问题，将在第二部分讨论。

定　义

地址
　　用于识别网络中的计算机、网络设备、应用程序、协议层或其他任何实体的地址。

应用程序地址
　　用于识别和区分运行在一台计算机上不同的网络应用程序的地址。

域名服务
　　用于将互联网上的计算机名称转换为计算机地址的一种系统。

动态地址
　　可以改变的一种地址，它是在系统启动时得到的，或由第三方分配。

硬件地址

用于识别与物理网络相连的硬件接口的地址。

互联网服务提供商(Internet Service Provider，ISP)

一种营利性机构，它为商业或私人用户提供对互联网的访问。

端口号

一种地址，用于识别一个计算机系统中的互联网应用程序。这个端口号是互联网中指定应用程序的名称。

静态地址

一种不变的地址，除非人为改变它，这种地址常常是在计算机系统的初始化配置时设定的。

2.3 头部

正如前面讨论的，网络协议携带地址信息及使协议起作用的信息，这些信息封装在每个数据包的头部，头部定义为协议规范的一部分。根据需求，头部由两部分组成：固定数据包型和无限制数据包型。当数据以数据包的形式传输时，头部常常附加在数据包的前部，在有些情况下，也可以附加在数据包的末端，通常称为尾部。图 2.4 所示是典型的数据包的头部和尾部。头部由两部分构成：固定部分和可选部分或可变部分。固定部分包含了每个数据包都需要处理的信息，如地址及控制信息等。可选部分包含的信息常常作为前几个数据包的一部分，用来协调一组通信需要的参数。为了加快数据包的处理，这个域的长度通常是固定大小的。协议层可以独立于其他部分去检查头部的任何部分，例如，在不必分析头部其他任何信息的情况下，检查地址域就可以确定数据包的目标是否是指定的协议层。数据包的载荷部分包含从上一层传递过来的数据。在控制数据包中是不含载荷的。

固定项	可选项	载荷项	尾部项

固定项：

· 地址（协议层地址和载荷类型）
· 载荷数据
· 控制数据
· 头部数据

可选项：

· 扩充固定项数据
· 可选项控制数据
· 可选项载荷控制数据

载荷项：
内容与头部无关

尾部项：
可选域，常常用于出错控制

图 2.4　数据包的头部与尾部

　　无限制型头部常常出现在应用层，此时数据流是数据串，而不是一系列数据包。无限制型头部分析起来较复杂，也存在无结尾号的可能性，因此可以产生复杂的应用协议。图 2.5 给出了一个无限制型头部的例子，由图 2.5 可以看出，无限制型头部也不是完全无限制的。它按照某种结构和一套规则来标明头部的结构。

```
< Start Header >
< Data type  =  application7 >
< Data length  =  400 >
< Data encoding  =  ASCII >
< /End Header >
< Start Data >
( the data )
< /End Data >
```

图 2.5　无限制型头部

　　从安全的角度来讲，两种头部类型会遭受同样类型的进攻，第 4 章对此有更详细的讨论。

定　义

固定格式数据包头部

　　一种数据包头部，它所在的域的位置与大小都是固定的。

可变头部

　　一种头部，其数据不是固定格式，因此必须解释头部。

数据包载荷

　　数据包的数据部分，这里的数据是指收到的信息或发送到上层的信息。

课后作业和实验作业

课后作业

1. 描述一个提议的标准进入 RFC 的过程。
2. 已经签署了多少个 RFC？
3. 与安全相关的 RFC 有多少？
4. 找到一个或一个以上的非严格意义上的 RFC（注：搜索"electricity over IP"）。
5. 你能找到多少个不同的以太网标准？为什么有如此之多？
6. 估算有多少个在用的不同的网络标准。
7. 若两台计算机有相同的 IP 地址会发生什么情况？
8. 若两台计算机有相同的以太网地址会发生什么情况？

　　a. 如果它们在同一个网络？
　　b. 如果它们在不同的网络？

实验作业

1. 在实验室找到下列信息，并把它们绘制在一个表中（这在后面很有用）。

　　a. 机器名称
　　b. IP 地址
　　c. 硬件地址

2. 查找实验 1 中你发现的每个硬件地址的提供商代码，并描述系统管理员是如何使用这个代码的？

参考文献

［1］　Alvestrand，H. T. 2004. *A mission statement for the IETF*. RFC 3935.

［2］　Postel，J. 1981. *Internet protocol*. RFC 791.

［3］　Comer，D. E. 1995. *Internetworking with TCPIP*. Vol. 1. *Principles，protocols and architecture*. Englewood Cliffs，NJ：Prentice Hall.

［4］　Spurgeon，C. E. 2000. *Ethernet：The definitive guide*. Sebastopal，CA：O'Reilly Media.

［5］　Reynolds，J. K.，and J. Postel. 1990. *Assigned numbers*. RFC 1060.

［6］　Mockapetris，P.，and K. J. Dunlap. 1988. Development of the domain name system. *SIGCOMM Computer Communication Review* 18：123-33.

第3章 互 联 网

本章将对互联网进行概述，并将讨论对理解安全问题很关键的几个方面。本书的后面章节还会更详细地讨论许多协议和隐含的重要安全问题。我们首先来给互联网下个定义。

互联网是一个通过网络协议[1~3]将不同设备互连在一起的设备集合。部分互联设备运行应用程序，并与用户通过接口进行交互；部分用于设备与网络的连接。图 3.1 所示是互连网的层次结构。图 3.1(a)给出的是用户眼中的互联网，一个典型的用户认为，互联网提供了让他把计算机插入，然后能和连接在互联网上的任何人进行交流的一个接入点。用户可以把互联网看成一个黑匣子。从安全的角度来讲，我们有时也可以把互联网看成攻击者出没的黑匣子，因为我们并不关心互联网是如何构建的(这是对互联网的最普通的认识)，而是关心攻击者对终端系统和网络的攻击。因为终端用户无法控制互联网，也没有能力降低对无法控制的互联网的攻击。而许多机构拥有复杂如部分互联网的网络，因此，了解互联网的组成和协议的使用将对减少对互联网的攻击有帮助。

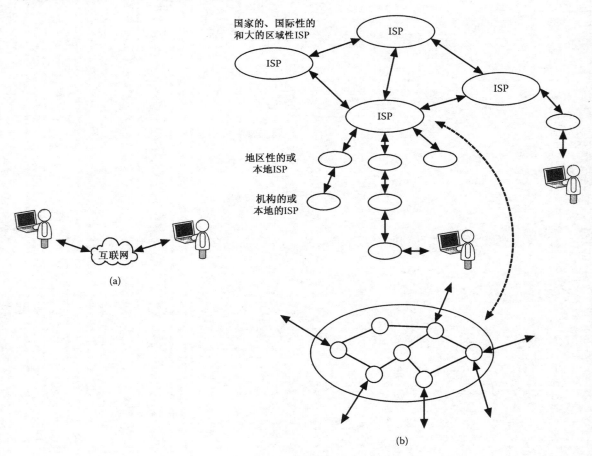

图 3.1 互联网示意图

　　图 3.1(b)提供了互联网的另外一个视图,从图 3.1(b)可以看出,互联网是由互连的互联网服务提供商(Internet Service Provider, ISP)组成的。这些 ISP 按照国家的、国际性的和大的区域性的 ISP 互连,从而形成我们称之为骨干的非正式的层次结构。这些 ISP 使用高速且精确的连接方法互连,并传输海量的流量。连接到骨干的是其他的 ISP 或大的机构,然后是较小的 ISP 和其他机构连接到中间的 ISP,最后,终端用户和机构接入。我们从图 3.1(b)还可以看出,一个 ISP 由一组互连的设备组成,这些设备和计算机系统及连接到互联网上的网络都会受到攻击。

　　从安全的角度来讲,连接到互联网上的每一台设备和协议都是脆弱的,是一个潜在的攻击源或攻击目标。因此,每一个设备或协议都要从安全的方面来评估。在详细地考察不同的协议之前,我们需要了解用在互联网中的几个关键概念,它们是安全的基本概念,那就是寻址和路由。它们是互联网的核心,是互联网中两个最关键的问题。首先我们讨论寻址,然后理解用在整个互联网中的客户-服务器模式,最后讨论互联网的路由。

3.1　寻址

　　在第 2 章中我们已经了解了网络中各层是如何使用地址识别设备、协议和应用的。互联网同样使用地址。重要的是要了解攻击者能够修改哪些地址,哪些地址是内网的,哪些地址是全球的。

　　如果总结一下互联网中使用的寻址,可以看出,在互联网寻址应用角度和互联网寻址低层角度之间,有一个逻辑分界,用户和应用把互联网看成相互获得数据的一种渠道。图 3.2 说明了从用户和应用层面看是如何寻址的。

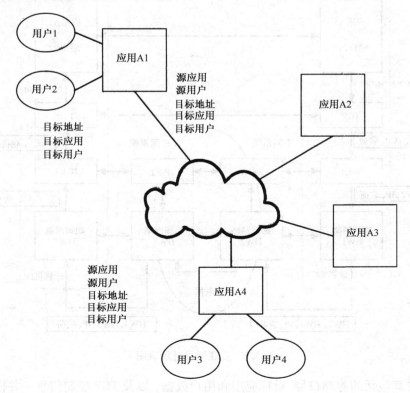

图 3.2　应用寻址

由图 3.2 可以看出，从用户与应用角度看寻址，类似于一个人使用邮电系统的寻址。用户给应用提供目标计算机的地址，同时提供目标应用的地址，当然，这个动作通常是由应用设置的，用户还要提供目标用户和目标文件的地址。应用将提供地址信息，以便目标应用可以把数据发回给发送的应用。互联网的运作是，你把数据发出去，它就会到达正确的地点，用户和应用都不需要关心数据是如何到达的，途中什么样的设备来处理数据。这还是类似于邮电系统，发信的人不必关心信件是如何到达目的地的。

由图 3.2 扩展到图 3.3，图 3.3 显示了两台连接到互联网的机器，并显示了当数据传输时[4]需要的低层协议。图 3.3 也说明了如何利用不同的层地址将数据从一台设备传输到另一台设备。这里忽略在互联网上流量是如何被路由的，以及地址发现是如何处理的。计算机 C1 的用户 A 想向计算机 D1 上的用户 B 发送一条"Hello"信息。由图 3.3 可以看出，用户 A 向计算机 C1 的应用 A1 发送信息"Hello"，可以确信发送方应用不需要给目标应用提供地址，例如 URL 或邮件用户名。如果需要，那么发送方用户也需要给发送方的应用提供指定地址。用户或在某些情况下的应用给目标计算机 D1 提供地址，发送方应用使用应用端口号识别远程应用，传输控制协议(TCP)层使用应用端口号识别哪个送来的数据包和这个应用有联系。计算机 C1 上的应用需要知道计算机 D1 上的应用的端口号。随后我们可以看到，这个端口号也可以由用户提供，也可以这么说，应用同意把它们看成配置的一部分。简言之，应用和用户给 TCP 层提供了目标端口号、目标 IP 地址和用户数据(载荷)。

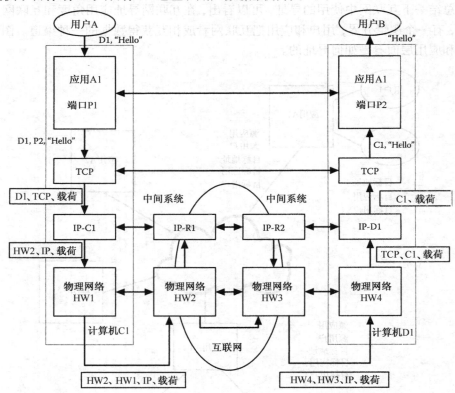

图 3.3　互联网寻址示意图

TCP 层将其包括的源端口号、目标应用和用户数据，以及 TCP 控制信息一并作为载荷的部分数据包发送到 IP 层。由应用作为识别 TCP 的地址(传输协议类型)的协议、计算机 C1 上的源 IP 地址及计算机 D1 上的目标 IP 地址[5, 6]一起追加到 IP 层头部。目标 IP 地址(由用户提供)由 TCP 层提供,源 IP 地址由 IP 层得到。IP 层将包含下一个设备的目标硬件地址及 IP 层的网络协议 ID 的数据包传输到物理网络层,物理网络层再追加它的源地址。

在网络上发送到下一台设备的数据包包含几个地址,如表 3.1 所示。这个表也说明了是谁提供了地址。

表 3.1 互联网地址

地 址		用 户	应 用	TCP	IP	网 络
用户或文件	SRC	X	X			
	DST	X				
计算机地址	SRC				X	
	DST	X				
应用 ID(端口)号	SRC			X		
	DST	X	X			
传输协议					X	
IP 地址	SRC				X	
	DST	X	X			
网络层协议 ID					X	
硬件地址	SRC					X
	DST				X	

在这个例子中数据包被递交的下一台设备是路由器,路由器不关心传输层与应用层,路由器接收到数据包是因为目标硬件地址与路由器的硬件地址匹配。路由器的物理网络层将检查网络层协议 ID,看看它是什么类型的数据包。如果它是一个 IP 数据包,那么它会剥去物理网络层头部,把数据包的剩下部分传给路由器的 IP 层。路由器的 IP 层检查源和目标 IP 地址,决定将数据包发送到哪里。路由器然后把数据包传送到物理网络层,并附加一个新的源和目标硬件地址,再给 IP 数据包设置一个网络层协议 ID 标志。注意,像路由器这样的设备往往有多个物理网络接口,每个接口有它自己的物理网络协议层,数据包将继续从一个路由器传送到下一个路由器,直到数据包到达目标计算机 D1 为止。当数据包到达计算机 D1 时,源硬件地址应与最后一个路由器的地址匹配。目标硬件地址应匹配计算机 D1 的硬件地址。

当计算机 D1 收到数据包时,要检查数据包的网络层协议 ID,并将数据包传送到 IP 层,IP 层再检查目标 IP 地址,看其是否匹配计算机 D1 的 IP 地址,如果匹配,那么 IP 层将检查传输协议 ID 以决定这个数据包是否传输到 TCP 层,或传输到不同的传输协议层。TCP 层将检查目标应用端口号,以决定哪个应用应该得到数据包。最后,"Hello"将传送到在计算机 D1 上运行的应用 A1。

如果计算机 D1 上的应用希望回送一个数据包到计算机 C1 上的应用,那么它可以将其收到的数据包的源应用端口号作为计算机 C1 上的应用的识别标志,将其收到的数据包的源 IP 地址作为计算机 C1 上的识别标志。如图 3.2 所示,以与计算机 C1 发送的数据包相同的方式形成一个数据包。可以看到,两台计算机上的两个应用之间的数据包的交换有 4 个地址唯一地识别流动在每一个方向上的数据包。每两个 IP 地址和应用端口号产生一个全球唯一的识别标志,用于区分不同的数据包流。这说明了如何在同一个 Web 站点同时打开两个浏览器窗口。因为每一个浏览器窗口有一个不同的网络连接,因此它们具有不同的唯一的识别标志。

3.1.1　地址欺骗

　　由图 3.2 和图 3.3 我们可以看到，寻址用于互联网上正确的协议层和设备之间的直接通信。在许多情况下，地址用于标明数据从哪来和来自谁。我们常常使用这些不同的地址作为一种识别数据的发送者和接收者的方式，正如我们使用邮电地址确保一封信件到达正确的收信人，返回地址告诉我们信件来自哪里一样。与邮电系统相同，没有什么有效的方法识别这些地址的真实性。你可以在一封信上写上你想要的任何返回地址，把它放到邮箱中，这封信仍然可以到达。写一个虚假的目标地址是不起作用的，因为信件是按照信封上的目标地址送出的。在互联网上也会发生同样的事情，采用虚假的源地址的行为称为地址欺骗[7,8]。图 3.4 给出了一个地址欺骗的例子。

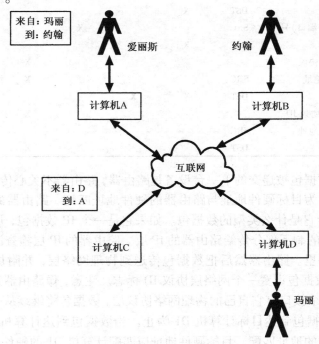

图 3.4　地址欺骗

　　由图 3.4 可以看出，第一个地址欺骗的例子是计算机 C 到计算机 A 的数据包发送，源地址是计算机 D，所以如果计算机 C 收到了数据包，那么它会认为数据包来自计算机 D，这样就会导致潜在的问题。如果计算机 A 信任计算机 D，就会把这个数据包看成可信任的。图 3.4 中的第二个例子是用户爱丽斯发送一条信息给用户约翰，爱丽斯把发送地址设置为用户玛丽，这样，当约翰收到信息时，他会以为这条信息来自玛丽。我们在后面章节会看到，在某些情况下，进行地址欺骗很容易；而在另外一些情况下，进行地址欺骗很困难，甚至是不可能的。

3.1.2　IP 地址

　　IP 地址被设计为在互联网上是全球唯一的。IP 地址由两个部分组成：网络和主机。因此，一种描述互联网的方法是把互联网看成网络的集合，而每个网络都由地址和主机组成。在 IP 协议的第 4 版中，地址空间长 32 位，用 4 个由小数点分开的数字书写而成，这样很容易使用数字，并很容易理解路由和分类。每一个数字代表 32 个比特位中的 8 个比特位。

当刚开始使用 IP 协议时，整个网络上的计算机设备数量很少。地址空间分配方法是先来先分配，地址的网络部分则按照申请机构来分配，然后再分配地址空间的主机部分。一个机构也可以把它的地址空间再划分成若干个小的网络。为了路由，产生了网络掩码，并将其作为区分网络地址和主机地址的一种方法。网络掩码的规定类似于 IP 地址，也有 4 个由小数点隔开的数字，当将其转换成 32 位的二进制值时，比特位全 1 的代表网络地址部分，例如，255.0.0.0 的前 8 个比特位全为 1，因此经过掩码运算为 A 类网络。图 3.5 所示为典型的互联网中的网络，同时给出了其网络地址与掩码。

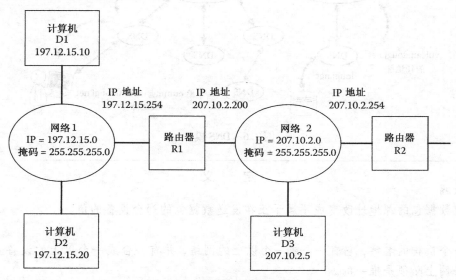

图 3.5　互联网中的网络

3.1.3　主机名与 IP 地址的匹配

大多数用户并不使用 IP 地址指定他们要连接的服务器和应用，而是使用主机名和域名。例如，当一个用户发送一封电子邮件，他或她会使用域名作为目标地址（例如，admin@ vulcan. dougj. net）。当电子邮件应用系统发送一封电子邮件到网络上时，IP 数据包头部包含有 32 位格式的目标 IP 地址。域名和 IP 地址之间的转换是通过称为域名服务（DNS）的分布式应用来完成的。这个过程使用本地 DNS 和分布式 DNS 服务器进行通信，并进行主机全名（主机名 + 域名）和它的 IP 地址之间的转换。如果我们考察一个典型的互联网上的设备名（如 Web 服务器），就会发现，名字由几个部分组成。例如，vulcan. dougj. net 是一个主机的全名，计算机的名字是 vulcan，域名是 dougj. net，图 3.6 显示了该 DNS 模型[9]。

如图 3.6 所示，用户想给 admin@ vulcan. dougj. net 发送一条电子邮件信息，电子邮件系统先查询本地 DNS 应用，本地应用接着查询下一个 DNS 服务器。DNS 系统被部署成具备一组根 DNS 服务器的树形结构，并且它知道所有一级域名服务器的位置。一级域名服务器有它所在域内的每个主机的 IP 地址信息，并知道和它所在域内哪个 DNS 服务器通信。这种层次方法允许由一个 DNS 服务器分配基于名字与 IP 地址匹配的管理控制信息。在本书稍后，我们将讨论 DNS 协议的安全问题，现在只需要知道一台设备何时想知道已经知道名字的主机的 IP 地址，这台设备再请求它的 DNS 服务器，随后将知道答案。答案也许在缓冲区中，它也可以请求根服务器，并在根服务器中找到答案。如图 3.6 所示，请求（虚线表示）通过根服务器传播到知道答案的 DNS 服务器，然后响应再传输回去。

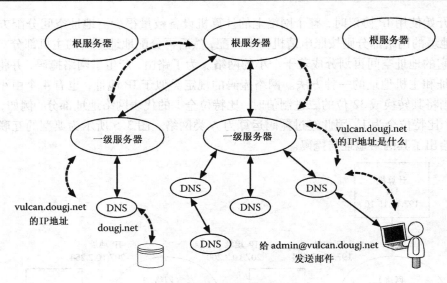

图 3.6 DNS 模型

```
                            定    义

地址欺骗
    把数据包的源地址改变成不属于正在发送数据包的那台设备的值。
域名
    一个机构的名字,它有一个或一个以上的网络,并有一台或一台以上的设备。域名
在互联网上必须是唯一的。
域名服务(Domain Name Service, DNS)
    一个分布式服务器的集合,负责把全域名转换为 IP 地址。
全域名
    主机名与域名的结合,用于生成互联网中唯一的设备识别标志。
主机名
    某个域内的主机的名字,主机名在指定域内必须是唯一的。
IP 地址
    用于唯一地识别互联网中每台设备的地址。
网络掩码
    一个 32 位的值,用于指定 IP 地址的哪一部分表示网络,哪一部分表示主机。
网络层 ID
    一种识别标志,存储在物理网络层的头部,指出哪个上一层协议包含在载荷中。
子网
    当一定范围的 IP 地址被划分成多个网络且要使用路由器时出现的情况。
```

3.2 客户–服务器模式

这是一个在互联网中十分流行的概念,指客户应用与服务器应用的交互,称为客户–服务器模式[1, 10]。客户–服务器模式是个定义而不是标准。在互联网中,一个服务器程序定义为一

个应用等待另一个应用请求连接。服务器程序常常等待默认客户端口号请求连接[1, 5, 6]。
图 3.7 示意了几个客户应用通过互联网来请求与服务器程序的连接。

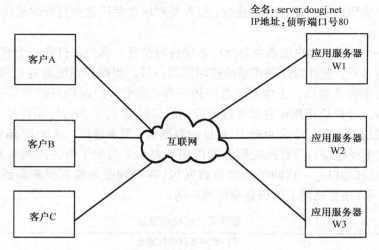

图 3.7　客户-服务器模式

如图 3.7 所示,服务器应用驻留在具有全名及 IP 地址的计算机上,这个应用还被分配了应用地址(侦听端口号)。图 3.7 中的 3 个应用都在等待端口 80(Web 服务器使用相同的端口号)。客户应用通过指定目标地址和目标端口号请求与一个等待的服务器程序进行连接。客户也可以使用 DNS 系统把服务器的全域名转换为服务器程序的 IP 地址。

请求一个连接,就是一个服务器程序请求操作系统打开一个与 TCP 层的连接(一个套接字),并侦听目标为某个端口号的连接(侦听目标端口号)。图 3.8 所示是两个客户与两个服务器程序及它们开始通信的过程。同一台主机上的每个服务器程序侦听一个不同的端口号,在建立连接时,客户必须指定目标端口号及目标 IP 地址。套接字是应用与操作系统之间的连接的规定名称,它是由侦听 IP 地址与端口号定义的。一个应用只可以侦听一个与给定的目标 IP 地址有联系的给定端口。如果有多个 IP 地址与计算机联系,应用需要指示正在侦听的目标 IP 地址。

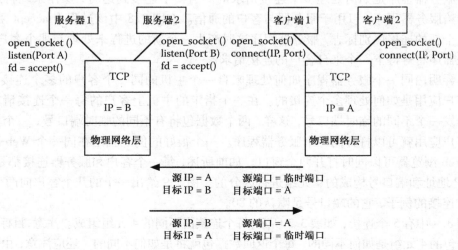

图 3.8　客户-服务器模式的连接

由图3.8可以看出,服务器程序1和服务器程序2都各自打开一个套接字,并告诉TCP层它们请求侦听的是哪个端口,然后等待一个客户的连接。当客户请求与服务器程序连接时,接受回应是给客户应用返回一个打开的连接,服务器程序就使用这个打开的连接,发送和接收客户应用的数据。

为了开始一个连接,客户也需要与操作系统进行交互。客户将打开一个套接字,同时客户既可以使用源端口号,也可以让操作系统使用源端口号。当操作系统对客户使用源端口号时,称这个端口号为临时性端口。正像服务器应用一样,一个客户应用只能在某一时间使用一个给定的源端口号。客户应用指定它要连接的应用的目标IP地址和目标端口号。

客户应用通过发送第一个带目标IP地址的数据包,请求连接,这个IP地址要与服务器主机匹配,并且应用程序端口号要匹配服务器应用。表3.2列出了由客户到服务器及返回时的数据包的IP地址和端口号。这两种类型的数据包(客户到服务器和服务器到客户)的4个值(IP地址和端口号)在互联网上应该是全球唯一的。

表3.2　数据包寻址

客户到服务器的数据包	
源IP	客户IP地址
目标IP	IP服务器的IP地址
源端口	临时端口号
目标端口	熟知的服务器端口号
服务器到客户的数据包	
源IP	服务器IP地址
目标IP	客户机的IP地址
源端口	熟知的服务器端口号
目标端口	临时端口号

如果一个数据包到达目标,且没有应用在等待,那么数据包被拒绝。数据包是如何被拒绝的在本章后面讨论。

这时就有问题产生了,如果一个应用只能打开一个给定的端口,那么一个服务器应用,例如Web服务,如何支持多个连接请求(即使来自相同的客户)呢?要理解这个问题,我们需要首先考察服务器程序是如何处理多个连接请求的。当一个连接到达时,操作系统将返回一个新的连接给服务器程序,以用于服务器与客户的通信。在图3.8中该过程由accept函数体现,它返回一个新的连接识别标志,服务器程序这时产生一个新的进程来处理与那个客户的连接,父服务程序将等待下一个来自客户的连接请求。

为了弄明白同一个服务器程序如何处理来自一个主机的同一个客户的多个连接请求,需要考察客户应用是如何处理多个连接的。在一个指定的主机上客户的每一个连接请求将由操作系统分发一个不同的临时端口号,这样,两个数据包将有不同的临时端口号,一个具有两个连接的客户应用就可以打开同一个服务器程序。一个很好的例子就是在同一个Web服务器上同一个Web浏览器可以同时打开两个窗口。如前所述,每一个客户和服务器连接都是唯一的,这是由IP地址和端口号构成的4元组进行区分的。图3.9给出一个的几个客户向两个Web服务器请求连接的例子,它的端口号是默认的80。

在图3.9中有5个连接,如表3.3所示,每个连接由不同的4元组组成。注意,目标服务器的每个数据包的4元组是如何不同的,每个返回数据包就将是如何不同的。还应注意,由客户B占用的临时端口号与客户A占用的临时端口号可以是相同的,因为源IP地址是不同的。

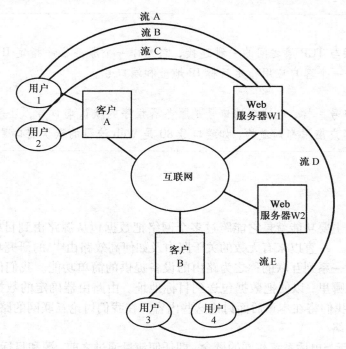

图3.9 多客户-服务器模式

在本书的后面还可以看到，这个4元组可以由网络安全设备占用以帮助跟踪连接，且可以帮助过滤动态连接的流量。

表3.3 流地址

流	源IP	目标IP	源端口	目标端口号
A	A	W1	临时端口A1	80
B	A	W1	临时端口A2	80
C	A	W1	临时端口A3	80
D	B	W1	临时端口B1	80
E	B	W2	临时端口B2	80

定 义

客户

请求与一个等待的服务器连接的一种应用程序。

连接4元组

4元组用于在互联网上唯一识别每一个连接，它由源IP地址和目标IP地址、源端口号和目标端口号组成。

临时端口号

一般由操作系统给一个客户应用提供的端口号，并作为客户应用的源端口号。

侦听端口号

由一个服务器程序占用的端口号，用来等待一个客户请求连接。

服务器程序

一个等待客户应用与它建立连接的应用程序，服务器程序一般是为客户提供服务的。

套接字

处于应用层与 TCP 层之间的一种连接，它允许一个服务程序指定 IP 地址和端口号并等待，且允许一个客户应用指定目标 IP 地址和端口号。

默认端口号

与侦听端口号一样，但这个端口号是服务器程序的默认端口号，且是所有想与服务器程序交互的客户应用都知道的，如端口号 80 是 Web 流量的默认端口号。

3.3 路由

互联网的一个主要功能就是它能跨过多个网络把数据包从源路由到目标，这些网络分别由不同的机构控制。一直以来有无数的关于路由及如何高效路由[11]的研究项目和论文。本书仅把路由看作为由一系列互联的称之为路由的设备提供的简单功能。我们假定路由器有办法确定把数据包送往哪里，以便把数据包送到目标地址。由路由器确定的数据包的路由协议也有可能遭到攻击，我们将在本章后面讨论这些内容。在我们讨论互联网的路由之前，有必要先回顾一下早期的网络。

第一个网络基于与电话系统相同的概念，即任何流量通过之前，源和目标之间的路由是确定的，并且所有的流量路径是相同的。这种面向连接的网络使得数据的发送和接收变得容易，因为数据是按序到达的。这种类型网络的复杂性在于为了建立路由而面对全球所有设备的视图的需求，中间设备不需要知道网络的任何事情，只需要对全球网络管理系统给出的命令做出响应即可。

互联网使用的是无连接方法，即每一个数据包由每一个路由器分别处理，数据包由源设备发送到能处理它的下一个设备，那台设备然后检查它的本地路由表，并决定数据包要发送的下一个地点。需要注意的是，一个连接到互联网上的计算机，也需要知道流量是如何路由的，因此也需要一个路由表。这些本地路由表可以是静态的或动态的[12]。静态路由表是指在设备被配置后且直到重新修改配置前不做变化的配置状态。大多数计算机网络中都采用静态路由表，这种网络通常只有一个路由器。动态路由表是由协议根据不同因素对其进行调整的路由表。动态路由表超出了本章的讨论范围。无论路由表是动态调整的还是静态的调整，其路由的工作方式是相同的。图 3.10 很好地说明了动态路由和静态路由各自的优点。

由图 3.10 可以看出，主机 H1 并不能从动态路由中获得什么好处，因为通向网络的只有一条路径，即路由器 R1，同样，R1 也只有一条路径，动态路由表也没有必要。但是我们考察一下图 3.10 中的其他路由器，例如要穿过网络获取一个数据包就有多条路径。在这种情形下，动态路由表就有意义了。

连接到网络上的每一台设备都有一个路由表，以指明将数据包发送到的下一个可能的目标地址。这下一跳是由 IP 地址和一个接口（比如路由器，可能有两个或两个以上的接口）指定的。乍一看，如果每个可能的目标地址都占有一个条目，那么将需要一个很大的路由表。查询路由表的最好方法应该是查看数据包要到达的目标地址。目标地址是由网络地址表示的，网络地址是由地址和网络掩码组成的。图 3.11 给出了一个具有几个设备的网络和路由表的例子。

由图 3.11 可以看出，连接到网络 1 的计算机到达目标地址有两个选择：一是连接到网络 1 的所有计算机和其他地方。它的路由表有两条，第一条是与网络 1 的任何计算机相匹配的目标地址，这台计算机可以不通过路由器直接将数据包发送到网络 1 上的任何计算机。第二个选择是不在网络 1 上的任何计算机。这个选择意指当所有的目标都不匹配时，默认就是路由器，在图 3.11 的例子中是路由器 R1。

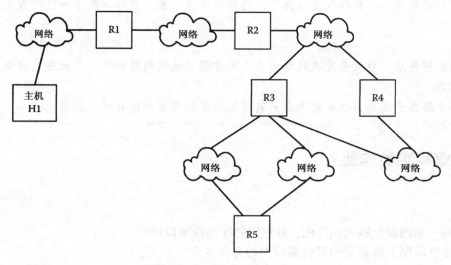

图 3.10 动态与静态路由

目标	下一跳
网络 1	直达
默认	路由器 1

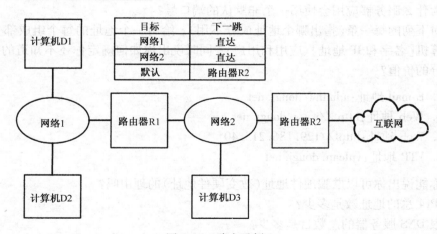

目标	下一跳
网络 1	直达
网络 2	直达
默认	路由器 R2

图 3.11 路由示例

如果我们考察路由器 R1，它可以有 3 个目标，网络 1 上的所有计算机，网络 2 上的所有计算机，或其他任何目标。因此，对应这 3 个选择的路由表也有 3 条。在图 3.11 所示的例子中，这个路由表已经被简化了。关于路由及其安全问题在本书第二部分会有更详细的讨论。

定　义

默认路由

　　当目标地址与路由表中的任何目标地址不匹配时所取的路径。

动态路由

　　一个路由表和路由表条目根据使用特殊的协议得到的额外信息而改变。

路由表

　　一台设备将一个数据包发往的可能的目标地址列表。目标一般是一台设备或一个路由器。

路由

　　把数据包从一台设备发送到通过众多路由器互连的网络的另一台设备的动作。

静态路由

　　一个路由表或路由表中的条目只有在系统配置或重新配置时才改变。

课后作业和实验作业

课后作业

1. 找一至两幅互联网拓扑图，对它们的准确性加以评论。
2. 在互联网上被指定的默认端口大约有多少个？
3. 这个端口数代表了互联网上的所有唯一的应用吗？
4. 如果一个客户应用使用了错误的端口号识别服务器应用会发生什么情况？
5. 如果一个服务器应用正等待一个非默认的端口号会发生什么情况？
6. 一个应用程序必须使用已经被分配的默认端口号吗？
7. 为什么服务器应用会使用一个非默认的端口号？
8. 对下列的每一条(指出哪个地址成分不用)，给出一个地址的每个组成部分(硬件、计算机[名字和 IP 地址]、应用和用户)，同时说出你如何确定你还不知道的地址组成部分的价值？

   a. E-mail 地址：admin@ dougj. net
   b. Web 地址：http://www. dougj. net
   c. Web 地址：http://129. 186. 215. 40
   d. FTP 地址：vulcan. dougj. net

9. 你能说出你可以欺骗硬件地址(改变硬件地址)的理由吗？
10. IPv4 总的地址数是多少？
11. 根 DNS 服务器的总数目是多少？
12. 两个应用之间的每一个数据包必须取相同的路径吗？给出解释。
13. 在互联网上采用无连接的方法进行路由有什么优点？

实验作业

1. 绘制一个跨互联网的至少有 5 个 Web 站点和 5 个 E-mail 服务器的列表。
2. 使用 DNS(一个名为 nslookup 或 dig 的程序)，查找实验 1 的每个站点的 IP 地址。对于 E-mail 服务器，你需要将 DNS 队列类型设置为 MX。看看运行程序的主页。
3. 使用同样的程序，查看具有像 Web 站点的 IP 地址的机器名(使用同样的 IP 地址的前 3 个 8 比特和后 1 个 8 比特)，一个攻击者是如何利用这个过程的？

4. 使用一个程序跟踪一个 UNIX 计算机或 Windows 计算机，找出你所在网络上的一台主机到实验 1 列出的服务器的路径。

    a. 使用返回的数据，绘制到这些站点的路径图。

    b. 你能确定这些站点所处的地理区域吗？

    c. 你所在的单位的网络中有多少个路由器？

    d. 你能确定你所在的单位的互联网服务提供商（ISP）的名字吗？

5. 使用 ping 程序，确定数据包到实验 1 中列出的服务器的往返所用的平均时间。

    a. 对从服务器到你的位置的广播时间加以评论。

    b. 对为何有的服务器对 ping 程序没有回答加以评论。

6. netstat-a 命令会给出你的计算机的所有连接，使用这个命令给出使用 4 元组识别的每一个客户–服务器连接。

参考文献

［1］ Comer, D. E. 1995. *Internetworking with TCP/IP*. Vol. 1. *Principles, protocols and architecturel*. Englewood Cliffs, NJ : Prentice Hall.

［2］ Calvert, K. I., M. B. Doar, and E. W. Zegura. 1997. Modeling Internet topology. *IEEE Communications Magazine* 35 : 160-63.

［3］ Subramanian, L., et al. 2002. Characterizing the Internet hierarchy from multiple vantage points. In *INFO-COM 2002 : Proceedings of the TwentyFirst Annual Joint Conference of the IEEE Computer and Communications Societies*, 2. New York, NY.

［4］ Kurose, J. F., and K. W. Ross. 2003. *Computer networking : A top-down approach featuring the Internet*. Reading, MA : Addison-Wesley.

［5］ Postel, J. 1981. *Assigned numbers*. RFC 790.

［6］ Postel, J. 1981. *Internet protocol*. RFC 791.

［7］ Heberlein, L. T., and M. Bishop. 1996. Attack class : Address spoofing. In *Proceedings of the 19th National Information Systems Security Conference*, Baltimore, MD : 371-77.

［8］ Bellovin, S. M. 1989. Security problems in the TCP/IP protocol suite. *ACM SIGCOMM Computer Communication Review* 19 : 32-48.

［9］ Mockapetris, P., and K. J. Dunlap. 1988. Development of the domain name system. *SIGCOMM Computer Communication Review* 18 : 123-33.

［10］ Stevens, W. R., and T. Narten. 1990. Unix network programming. *ACM SIGCOMM Computer Communication Review* 20 : 8-9.

［11］ Huitema, C. 1995. *Routing in the Internet*. Upper Saddle River, NJ : PrenticeHall.

［12］ Halabi, B., S. Halabi, and D. McPherson. 2000. *Internet routing architectures*. Indianapolis, IN : Cisco Press.

第4章 网络漏洞的分类

这一章介绍网络漏洞的分类，以帮助理解对本书余下章节将要讨论的不同协议进行攻击的类型。在计算机和网络中，对漏洞和攻击类型的分类有许多方法，正如其余章节讨论的漏洞分析一样，我们把它们分成四类。有了漏洞和攻击的分类，就可以把防护机制分组，以期单独的防护机制可以降低多个攻击。

4.1 网络安全威胁模型

在开始讨论分类之前，需要讨论网络威胁模型，其显示了对网络可能的攻击点。如果我们再分析一下网络分层模型，如图4.1所示，可以看到每一层都从它的下一层收到信息，并把信息送到它的上一层。如图4.1所示，某一层收到的数据包作为它的输入送到某个程序中(层)，输入被处理后，这个层即产生了输出，这个输出可以上到上一层，也可以下到下一层，也许两者都有。正如前面讨论的，对于每个数据包的载荷层是不分析的，它只是接着传输到下一层。这样攻击者就可以通过把数据打包到载荷中，并在适当的头部中封装载荷，从而将数据插入到任何层。在这个模型中，甚至把用户看成一个层，该层从应用层接收数据并处理该数据。

与图4.1相比，图4.2显示了更加完整的概念。图4.2说明的是通过互联网相连的两台计算机的网络协议攻击。如前所述，有许多协议必须互相协作才能使网络发挥作用，这些协议任何一个都可能被攻击，攻击者利用他们对协议的了解及协议的实现产生攻击。攻击者可以创建一个数据包，并将其发送到互联网上的任何打开的应用或任何目标层。例如，攻击者可以创建一个IP协议不理解的数据包，引起IP协议执行失败；或攻击者篡改应用协议，引起应用失败。攻击者也能为用户创建数据，引起用户破坏安全性。我们可以认为每个协议层都是一个程序，它接收数据包形式的输入，并产生输出。攻击者也可以通过给受害的协议层发送数据包与该协议层进行交互。

图4.2还说明了当两台计算机进行通信时可能被攻击的攻击点。这些攻击点取决于两台计算机所处的位置，以及攻击者所处的位置。攻击者可以位于两台计算机所处的任何一个网络中，如攻击点1和攻击点3。在图4.2所示的情况中，攻击者可以攻击一个计算机所处的同一个网络的任何层。例如，攻击点1可以攻击目标计算机A1的所有4个层。攻击点2说明互联网上的攻击者，可以攻击计算机A1和B1上的TCP层和应用层协议，并且可以攻击攻击者和目标计算机之间的所有设备的IP层。另一个攻击点是攻击者取代目标计算机的位置，即图4.2所示的攻击点4。由攻击者从攻击点4发起的大多数攻击属于计算机和操作系统的安全问题，超出了本书讨论的范围。从网络安全的角度来看，攻击点4好像是使用互联网上的任何计算机来攻击目标。一个大的区别是，如果攻击者可以通过正在通信的两台计算机之一，那么这个攻击者就可以绕开许多安全协议。例如，如果计算机A1和计算机B1之间的数据传输被加密，网络的攻击者就不能读到数据，然而，如果这个攻击者可以访问到计算机B1及其所有文件，那么加密的文件传输并不能保护文件的存储。

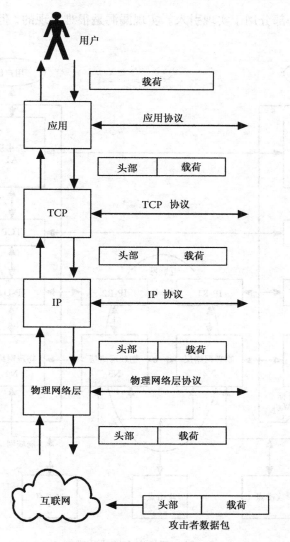

图 4.1 攻击数据的分层模型

在图 4.2 中我们概括了几种可能的攻击和攻击点,攻击能够成功,协议或应用必定是脆弱的。关于计算机和网络安全我们必须了解几点,在协议和应用的设计和实现中的漏洞和缺陷,正是攻击者可以利用的[1~3],试探就是利用漏洞的一种方法,攻击者正是利用有漏洞的协议和应用进行试探,图 4.3 给出了漏洞、试探、攻击实施和攻击之间的关系。

由图 4.3 可以看出,漏洞可以出现在设计、实现和配置中。在协议和应用设计中常出现协议制定和书写上的漏洞,正如第 1 章和第 2 章中讨论过的。在某些情况下,规范本身的设计有缺陷,设计的漏洞往往不能由协议本身轻易地减少,并且我们经常需要依赖高层协议来减少漏洞[4]。修复应用中的设计漏洞,需要一种新的应用模式,且这种应用模式应该被证明是很难被攻击者利用的应用模式。设计缺陷只是因为对协议内在的安全问题关注不够,而不是因为设计使协议安全出了问题。

实现漏洞是在协议或应用一经实现时就存在了。这种漏洞可能是代码错误、规范的解释错误,或是被攻击者发现的未预见的攻击方法。一直都有这样的情况,即规范本身有冲突,漏洞，取决于规范的哪一部分用于实现引入。实现漏洞是很难发现的，但一经发现，修补是很容易的。

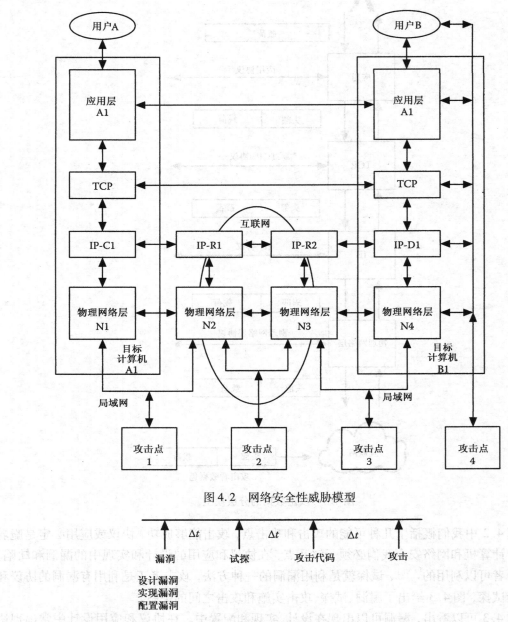

图 4.2　网络安全性威胁模型

图 4.3　漏洞、试探和攻击之间的关系

　　配置漏洞出现在用户不正确地配置系统，或使用系统默认值时。最通常的情况是验证问题，许多系统默认的密码常常原样不变。有许多 Web 网站，你可以很轻易地取得它们设备的默认密码清单。

　　有这样的情形，漏洞已经存在许多年了，人们后来才发现了它[5, 6]。即使发现了漏洞，也不是很容易就能被利用。从一个漏洞的发现到利用漏洞的设计这之间的间隔，无论如何也得几天到几个月。一旦它的利用价值被发现，攻击代码也需要一段时间才能完成。有时试探代码就是攻击代码，因此试探与攻击代码之间的时间是零。攻击代码和攻击广泛传播之间的时间间隔的长短，取决于攻击代码的类型和分发方法。在许多情况下，试探已经成功，但攻击代码还处于很粗糙的阶段，因而不能广泛传播。还有这样的情况，称为零日试探，就是试探和相应的攻击代码已经在使用，漏洞才被广泛认识[7]。

攻击代码在互联网上往往是现成的，一些用户会修改或改进这些代码。在攻击代码首次公开到普遍使用之间，有时会有一个时间间隔。攻击代码和其他代码类似，要经过修改和改进，攻击代码本身也有漏洞。

在图 4.3 中，我们可以看到漏洞与攻击之间有一个相关性，然而，攻击者并不需要知道相关性。也可以使用攻击代码攻击互联网上的任何设备。互联网使得攻击代码随处可见，任何人都可以利用。

我们已经看到攻击数量随着时间在增长。图 4.4 提供了攻击的时间表，这个表并没有穷举所有的攻击，它只是给出了网络和计算机管理问题的一些情况[8]。正如在图 4.4 中看到的，早期事件发生的频率要比当前低得多。第一个基于网络广泛传播的攻击发生在 1988 年。20世纪 90 年代我们看到了基于网络的病毒的增加，它们的攻击目标是诸如 E-mail 的系统。到 21世纪，我们看到了通过网络传输的攻击数的增加，也看到了攻击代码随着时间的变化，它们也设法避免侦察。读者可以继续对这些攻击的历史与不同攻击类型的频率进行研究。

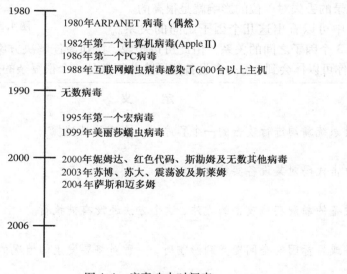

图 4.4　病毒攻击时间表

一个错误的观念是认为攻击者是超级计算机程序员，因为他们对计算机和网络有深入的理解。实际上，许多人都可以发起攻击，他们使用其他人制造的攻击代码，而并不需要了解漏洞、试探点和代码本身，这类攻击者被称做脚本小子。攻击代码发起攻击的设备，并不具备研究漏洞的能力，在大多数情况下目标设备不会遭受攻击的破坏。但有许多情况，攻击代码会产生不可预测的副作用，最常见的破坏是网络流量的增加，这使得网络速度变慢。本书第四部分会谈到基于全网范围的安全解决方案，脚本小子的攻击经常使得对攻击的侦察更加困难。

在讨论分类之前，先探讨一下风险评估[9~14]。风险评估是一种过程，就是确定某事的重要程度，以及你打算保护它的难度有多大。一个观点是，并不是每一台设备都要以同样的等级去保护它。有大量的专门讨论风险评估的专著和相关资料,并且也有许多咨询公司,它们使对机构的风险评估走向了商业化。本书并不提供对风险评估的深度研究,只是告诉读者风险评估的存在和需求。对给定设备的风险评估由几个因子组成,对一个风险常见的描述包括威胁、漏洞和影响程度等方面。

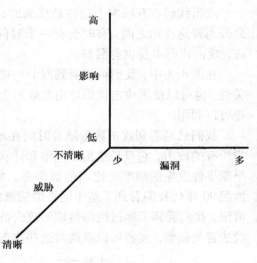

　　威胁是用来度量设备或应用可能被攻击的程度的。放置在公网上的 Web 服务器,被攻击的概率很高;而内网服务器,公网是不可能访问的,因此对于它来自公网的攻击概率就很低。威胁的量化是很困难的,它取决于所关注的攻击类型。例如,对于一个内部服务器,基于公网的攻击概率就很低了。然而,如果你认为员工可能会窃取信息,那么威胁的概率就很高。

　　影响是个模糊的因子,因为它是基于一个安全漏洞对于机构的整体影响来考虑的。我们再考察一下外部的公共 Web 服务器,丢失 Web 服务器对单位的影响是很低的,因为数据是公开的。然而,单位员工和客户记录的丢失对单位的影响就是很高的。

　　从图 4.5 中可以看出这几个因子之间的关系。

图 4.5　风险图

该图表示的是 3 个因子之间的关系。由此可以想象,找到最佳解决方案是很复杂的。从这简要的讨论中,你可以体会到,每一个设备的风险分析都是一个很复杂的过程。

定　义

攻击代码
　　用于对系统漏洞进行攻击的一个程序或一个实施性试探。

攻击
　　使用攻击代码对某设备实施攻击。

试探
　　利用设备的漏洞实施攻击的方法,这个方法还没有被执行。

影响
　　当设备或目标因安全问题受到影响时,一种对将要发生的情况的严重程度的度量。

风险
　　一个关键的事物与几个指标的关系的程度。

风险评估
　　决定某个设备或目标风险级别的过程或程序。

威胁
　　一种对某种设备或目标可能被攻击的度量。

漏洞
　　协议、应用或网络的其他方面中的弱点,它可以用于对设备实施攻击。

零日试探
　　即攻击代码已用于攻击系统了,攻击代码开发者范围之外的人们才知道漏洞和试探点的存在。

4.2　分类

前面探讨了网络中可能的攻击点，下面将根据攻击者瞄准的协议、层和应用对攻击加以分类。一直以来，因出发点不同，有许多不同类型的分类提议[15~19]，一些分类比较有利于研究攻击的历史，以及攻击代码的分类。本书提出另一种针对网络安全的分类，这种网络安全分类将漏洞分成四类。这些漏洞可以出现在任何层和任何协议中：基于头部的漏洞、基于协议的漏洞、基于验证的漏洞和基于流量的漏洞。下面对这些分类加以定义并提供一些简单的例子，然后讨论如何应用这些分类。

4.2.1　基于头部的漏洞和攻击

基于头部的漏洞是指，协议头部与标准发生了冲突，例如在头部的某个域中使用了无效值。正如第 3 章看到的，每一层都要给它从上一层接收的数据（载荷）增加一个头部，这个头部就是由这个层使用来执行协议的功能，以和它对等层进行通信。例如，某一个攻击把某个控制域中的所有比特位都设置为 0，而标准却要求至少有一个比特位置值，这时这个攻击者就产生了一个无效头部，即这个头部太长或太短。在自由头部经常会看到这种情况。大多数协议规范并不能覆盖数据包头部的内部漏洞，因此这些攻击的产生常常是独立的。协议实现的不同，使得处理这些头部的冲突也不同。

一个比较有代表性的基于头部的攻击的例子是死亡之探测（ping）[20]。研究者发现，某些操作系统不能处理 IP 头部的无效值，问题出在 IP 协议处理拆分与重组的方法上。在 IP 头部有一个长度域，指示 IP 数据包的长度；还有一个相对域，指示在重组时被拆分的包的放置位置。操作系统分配一个 64 KB 长度的缓冲区（一个 IP 数据包的最大长度）。如图 4.6 所示，这个攻击包含一个相对值为 65 528 的数据包，这是最大的相对值。如果数据包的长度大于 7，那么数据包不能进入重组缓冲区。所有的攻击者不得不做的是，发送一个相对值为 65 528 且长度大于 7 的数据包。当数据包不是按序到达时，IP 协议按照相对值处理数据包并把它们放置在重组缓冲区。在这类攻击中，最后的数据包最先到达，IP 协议层将它们放置在重组缓冲区中。在某些实现中，被拆分的数据包，其载荷不经检查，即直接被复制到重组缓冲区中，看看它是否合适。如果被复制的数据溢出了缓冲区的尾部，就会引起一些计算机宕机。协议规范描述了最大的数据包长度是 64 KB，而实现不考虑根据相对值和长度产生的数据包超过了允许值的情况。程序员也不会检查重组缓冲区是否已经到达了尾部。

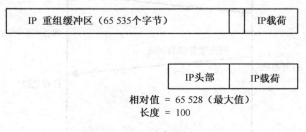

图 4.6　死亡之探测（ping）

基于头部的攻击一旦被发现是很容易处理的，但困难的是如何发现它们，因为它们依赖的是协议实现时出现的漏洞。

4.2.2　基于协议的漏洞和攻击

基于协议的漏洞是指，在这里所有的数据包都是有效的，但它们与协议的执行过程方面有冲突，正如前面章节讨论的，一个协议就是按照一定顺序交换一串数据包，并执行某个功能。对于一个基于协议的攻击，它有几种执行方式，包括：

不按序发送数据包，发送数据包太快或太慢，没有发送数据包，发送有效数据包到错误协议层，发送有效数据包到错误的混合的数据包串中。

不按序发送数据包，会出现在回应一个数据包时，发送一个错误的数据包的情况，给一个封闭连接的数据包回应一个开放连接的数据包就是这种情况的一个例子。无序数据包的另外一个例子就是发送一个不希望的数据包，如当连接已经打开时，发送一个开放连接。大多数无序数据包既可能包含在协议规范中，也可能在实现中。最通常的解决方案就是卸载无序数据包或不希望的数据包。

数据包到达太快或太慢的情况常在实现时处理，一般会处理为无序数据包或不希望的数据包。这种类型的攻击在互联网上是很难执行的，因为终端系统对数据包的速度是无法控制的。太慢的攻击是最普遍的，而且用在共享应用上，因为可以使应用处于忙于等待某个数据包的状态。这种类型的攻击不是很普遍。我们要搞清楚的是，发送数据包太快与整个网络上数据包太多之间是有区别的。仅仅发送大量数据包的攻击，在分类学中把它单独归于一类。

丢失数据包协议问题是最难处理的一种，因为在某些情况下我们的确不知道等待一个回应要多长时间，例如电话协议，当你呼叫某人时，你希望被呼叫方拿起电话时说些什么，但并没有规定等待开始说话的时间。

一个经典的基于协议的攻击是破坏 TCP 开放连接协议。当 TCP 打开一个连接时，协议使用一种称为三次握手的协议。三次握手的简要描述是，当客户发送第一个数据包请求与服务器连接时，服务器回应一个数据包指示它可以接受连接。担当这种任务的服务器，必须配置足够的内存以便维持连接。当客户收到服务器的打开连接的回应时，客户端发回一个回应，连接就打开了，图 4.7 说明了这个过程。

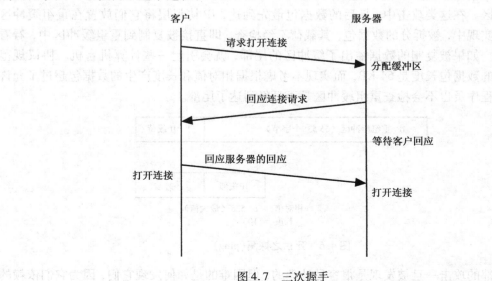

图 4.7　三次握手

图4.8[21]显示了一个对三次握手的经典的攻击(称为SYN雪崩式攻击)。在SYN雪崩式攻击中,攻击方发送一个打开连接请求[称为同步(SYN)数据包],服务器回应,但攻击方不会回应服务器完成三次握手,这就使得服务器一直处于打开状态等待客户的回应数据包。攻击者又发了一个打开连接请求,同样不给服务器回应。攻击者连续发送请求,直到服务器的缓冲区满,不能接收任何其他请求,这就是雪崩式攻击的名称由来,攻击者以SYN数据包导致服务器雪崩。在标准中有对等待客户打开连接回应的超时规定,但攻击者在所有的资源分配超时之前,就发送了足够的请求。这是很难处理的,因为它占用客户回应的时间不知道,并且是变化的。一个处理办法是限制单一计算机和服务器试图连接次数。但攻击者可以通过发起多个客户协同发送攻击的防守办法对此进行规避。这引出了另外一个问题,即攻击者可以适应减少攻击的方法。

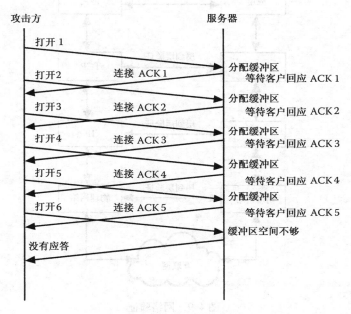

图4.8 SYN雪崩式攻击

4.2.3 基于验证的漏洞和攻击

验证是一个用户对另外一个用户认可的证据,验证通常会令人理解为用户名和密码。在网络安全中,验证是指一个层对另一层的识别以执行它的功能。我们讨论过的网络欺骗,是真正的对某个层的验证的攻击。在我们考察验证分类之前,先来考察依赖验证的网络协议堆栈部分。图4.9显示了一个网络协议堆栈,其中有几个需要验证的地方。

从用户开始,我们可以看到某个用户可能想对另外一个用户证明他或她是谁,这就是我们常说的用户到用户验证。用户到用户验证是指两个或两个以上用户的互相认可,这常常是用密钥和证书来完成的。这种验证形式常在E-mail或安全性文档中使用,它还可以用作为某些基于网络攻击的解决方案。这种用户到用户的验证在某些地方是合适的解决方案,后面会讨论到这个问题。

一个用户在他能够访问之前,需要向某个应用、主机或协议层证明他是谁,这通常叫做用户到主机验证。在用户到主机验证中人们关心的是他们什么时候得到验证。最通常的形式是用户名和密码，通过它们用户可以对资源请求验证来证明他的身份，并获得对服务器、应用或数据的访问。这种验证类型会遭到许多方法的攻击，范围从试图破解密码到猜测密码。本书不探讨用户到主机的验证，如果它是网络的一部分将除外。例如，在无线网络安全中，就有通过密码获得对无线网络访问的情况。

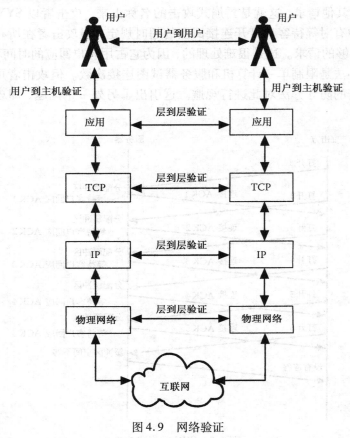

图4.9　网络验证

在前面两个例子中，是由要访问的用户提供验证信息，而网络通常用于携带验证信息，这些内容超出了本书的范围。然而我们在以后会看到，正因为我们越来越多地使用网络来携带验证信息，因而引入了安全风险。同样在讨论这些问题时我们将探讨降低风险的方法。

另外两个验证的类型涉及由某个应用、主机或网络来提供验证信息。

正如图4.9所示，以及前些章节谈到的，两个层通过协议进行通信，这种通信暗示一个事实，即每一层都知道另一层的身份。两个应用、两个主机及两个网络层之间的验证叫做主机到主机的验证。在主机到主机的验证中，两台主机互相验证是为了执行某个功能，这种验证通常借助主机地址或应用程序地址，如IP地址或硬件地址来实现。这种验证形式是比较脆弱的，因为我们知道，地址是可以改变的。

最后一种验证类型由应用、主机或网络层给某个用户提供识别信息，这叫做主机到用户的验证，这种验证允许用户证明他或她正在连接的主机的身份，这常常用在当某个用户与某个安全Web网站连接时。然而，我们会看到，在许多情况下，用户并不去验证主机，验证是通过IP地址或硬件地址来实现的，这样就会引发安全问题。下面将探讨几种基于不存在的或有缺陷的主机到用户验证的几种攻击。

4.2.4　基于流量的漏洞和攻击

基于流量的漏洞和攻击集中在网络流量上，即网络上可能有大量的流量，攻击者能够截取流量并窃取信息。

基于流量的漏洞在大量的数据被送到某个层或多个层，并且层不能及时处理流入的数据时发生，这就会引起层丢包或根本不处理数据包的情况。这些攻击对于一个网络来说是极具破坏性的，它可以由单一的攻击或多个攻击性设备共同实施。在后面的章节里我们还会探讨基于流量的攻击，因为每一层都要不同程度地应对太多的流量。同时，取决于流量的类型，发送一个单一的数据包可以引起多个数据包的回应，因而产生雪崩流量。单一数据包基于流量的漏洞的一个例子是，攻击者将发送一个定向广播包到远程网络，并要求有回应。一个广播包是指某个网络上的所有设备都能收到的数据包。如图 4.10 所示，攻击代码发送一个广播包到一个网络上，这个网络上的每一台设备都收到了请求，并通过路由器回应。如果这个网络很大，这个单一的输入（inbound）数据包可以产生成千个输出（outbound）数据包。如果攻击者用输入请求方式使网络崩溃，每秒将会产生数千万个输出包，这将引起受害网络崩溃，并使网络完全瘫痪。

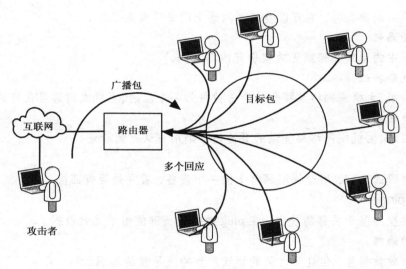

图 4.10　广播式雪崩攻击

另一类基于流量的漏洞是数据包嗅探。数据包嗅探是捕获网络上的所有流量。流量嗅探几乎可以对互联网上的每个协议执行，流量嗅探的漏洞取决于不同的协议。

4.3　分类方法的应用

使用分类方法对漏洞和攻击进行分类，需要说明几点。首先，这个分类的确有些重叠，因为基于验证的攻击既是个方法，也是个目标。基于头部、基于协议和基于流量的攻击都是攻击的方法。说清楚它们之间区别的最好方法是，如果突破验证的目标是通过其他三种方法之一来实现的，那么就不能把它归类于基于验证的攻击。例如，如果基于头部的攻击使得攻击者进入了计算机，那么它会试图调用基于验证的攻击，但是，使用的方法是基于头部的。

更复杂的分类是当攻击者使用载荷来突破验证时，这将归类于基于验证的攻击。因为我们探讨的是方法，因此这种情况属于基于验证的情况，但正好也是它的目标。

关于分类方法另外要说明的一点是对载荷的处理，我们也将其归于分类方法中。在大多数情况下，载荷是提交给上一层的数据。然而有这样的情况，载荷在它的下一层出现了问题，就是载荷太大，或包含的数据与那个层不兼容，这些类型的攻击可以归于基于协议的攻击。因为协议通常是指定载荷大小及其结构的。

最后要说明的一点是，没有哪一种分类方法可以覆盖所有可能的攻击方法或漏洞类型，因为这里的分类方法的设计是面向基于网络攻击的，还有许多其他的攻击不能纳入到这种分类方法中。

定　义

验证

　　身份的证明

基于验证的漏洞

　　在应用、主机或网络层之间验证时存在的漏洞。

广播包

　　一个单一的数据包，它可以发送到网络上的每一台主机。

基于头部的漏洞

　　由头部中的无效头部或无效值引起的漏洞。

主机到主机的验证

　　一个应用、主机或网络层提供的身份被另外一个应用、主机或网络层认可的验证。

主机到用户的验证

　　一个应用、主机或网络层提供的身份被一个用户认可的验证。

探测（ping）

　　一个协议的名字，用于探测网络上的一个设备，看它是否有回应。

死亡之拼（ping）

　　一种典型的基于头部的攻击，在 ping 数据包头部使用了无效数据。

基于协议的漏洞

　　使用有效数据包，但让层之间的协议产生冲突导致的漏洞。

SYN 雪崩式攻击

　　一种典型的攻击，导致三次握手发生冲突，并使对目标网络的访问瘫痪。

三次握手

　　客户端和服务器之间的三次数据包交换，用于确定一个连接。

基于流量的验证

　　一种基于网络通信量或捕获网络流量的漏洞。

用户到主机的验证

　　一个用户提供的身份被一个应用、主机或网络层认可的验证。

用户到用户的验证

　　一个用户提供的身份被一个或一个以上用户认可的验证。

课后作业和实验作业

课后作业

1. 使用互联网上的站点，找到几个设备（例如，无线网络访问点、路由器及防火墙等）的默认密码。
2. 绘制一张更详细的由网络引发的攻击时间表，并注明估算的受感染的系统数量，同时说明攻击之间的关系。
3. 在互联网上搜索攻击工具，列出一个表，再按照它们攻击的层进行分类。如果可能，说明它们是如何印证分类方法的。
4. 利用互联网上的几个站点，其数据库有漏洞，找到 CVE 数据库的位置，确定数据库中有多少个漏洞，并就如何利用数据库和如何攻击数据库加以评论。
5. 如果一个提供商在他的代码中发现了漏洞，那么他需要修复这些漏洞吗？并解释为什么？
6. 提供商总是能为他的产品的漏洞找到解决办法吗？给出答案的解释。

实验作业

1. 采用 IDS 连接到你的测试网络中，给出在过去的每天、每周及每月中你的网络遭受了多少攻击。
2. 通过 IDS 在 CVE 数据库中找出 5 个最常见的攻击，确定它是不是一种模式，并说明这种攻击是否可以用于测试网络中。
3. 使用妮莎病毒，对测试网进行漏洞扫描，并说明发现了什么？

参考文献

［1］ Chien, E., and P. Ször. 2002. Blended attacks, exploits, vulnerabilities and buffer-overflow techniques in computer viruses. *VIRUS* 1.

［2］ Whalen, S., M. Bishop, and S. Engle. 2005. *Protocol vulnerability analysis*. Technical Report CSE-2005-04, Department of Computer Science University of California, Davis.

［3］ Ramakrishnan, C. R., and R. Sekar, 2002. Model-based analysis of config uration vulnerabilities. *Journal of Computer Security*, 10：189-209.

［4］ Schneier, B. 1998. Cryptographic design vulnerabilities. *Computer* 31：29-33.

［5］ Shuo, C., et al. 2003. A data-driven finite state machine model for analyzing security vulnerabilities. In *Proceedings of 2003 International Conference on Dependable Systems and Networks*. San Francisco, CA.

［6］ Ritchey, R. W., and P. Ammann. 2000. Using model checking to analyze network vulnerabilities. In *Proceedings of IEEE Symposium on Security and Privacy* 2000, Oakland, CA：156-65.

［7］ Crandall, J. R., Z. Su, and S. F. Wu. 2005. On deriving unknown vulnerabilities from zero-day polymorphic and metamorphic worm exploits. In *Proceedings of the 12th ACM Conference on Computer and Communications Security*, Alexandria, VA：235-48.

［8］ Zakon, H. R. 2006. *Hobbes Internet timeline* v8.2, www.zakon.org/robert/internet/timeline/

［9］ Gilliam, D., J. Kelly, and M. Bishop. 2000. Reducing software, security risk through an integrated approach. In *Proceedings of the Ninth IEEE International Workshops on Enabling Technologies : Infrastructure for Collaborative Enterprises*, Gaithersburg, MD, June, 141-46.

[10] Hoo, K. J. S. 2000. *How much is enough? A risk management approach to computer security*. Stanford, CA : Stanford University.

[11] Stoneburner, G., A. Goguen, and A. Feringa. 2002. *Risk management guide for information technology systems*, 800-30. NIST Special Publication.

[12] Hinde, S. 2003. The law, cybercrime, risk assessment and cyber protection. *Computers and Security* 22 : 90-95.

[13] McDermott, J., and C. Fox. 1999. Using abuse case models for security requirements analysis. In *Proceedings of 15th Annual Computer Security Applications Conference (ACSAC '99)* Scottsdale, AZ : 55.

[14] Arbaugh, W. A., W. L. Fithen, and J. McHugh. 2000. Windows of vulnerability : A case study analysis. *Computer* 33 : 52-59.

[15] Venter, H. S., and J. H. P. Eloff. 2003. A taxonomy for information security technologies. *Computers and Security* 22 : 299-307.

[16] Ali, A., S. Abdulmotaleb El, and M. All. 2006. A comprehensive approach to designing Internet security taxonomy. In *Canadian Conference on Electrical and Computer Engineering (CCECE '06)*. Ottawa, Canada, 1316-1319.

[17] Chakrabarti, A., and G. Manimaran. 2002. Internet infrastructure security : A taxonomy. *IEEE Network* 16 : 13-21.

[18] Irvine, C., and T. Levin. 1999. Toward a taxonomy and costing method for security services. In *Proceedings of the 15th Annual Computer Security Applications Conference (ACSAC '99)*.

[19] Welch, D., and S. Lathrop. 2003. Wireless security threat taxonomy. In *IEEE Systems, Man and Cybernetics Society Information Assurance Workshop*. Washington, DC : 76-83.

[20] Templeton, S. J., and K. Levitt. 2001. A requires/provides model for computer attacks. In *Proceedings of the 2000 Workshop on New Security Paradigms*, Ascona, Switzerland : 31-38.

[21] Garber, L. 2000. Denial-of-service attacks rip the Internet. *Computer* 33 : 12-17.

第二部分 低层网络安全

第二部分将讨论传输控制协议/网际协议(TCP/IP)堆栈的低三层协议(物理网络层、IP 层和 TCP 层),并简要介绍这些协议、它们的漏洞及对协议的可能攻击。同时还将探讨每一个漏洞和攻击的一般对策,这些对策对漏洞来说是通用的。低三层协议层,对互联网上的所有连接设备都是相同的,因为它们是互联网的一部分,是攻击者的最佳目标。

第5章　物理网络层概述

正如第 1 章介绍的，物理网络层是传输控制协议/网际协议(TCP/IP)堆栈的最低层，并用于提供到网络的连接。物理网络层提供的服务很简单，就是数据包的发送与接收。TCP/IP 协议的设计目标是能在任何类型的网络上运行，因此这个协议层设定了提供最小集的服务。物理网络层即使提供的是最小集的服务，但实现起来还是很复杂的，并会遭受攻击。我们可以根据用于互连设备的物理介质对物理网络层协议进行分类，即分为有线和无线两类。物理网络层的核心是网络访问控制器(如网卡)，它是由硬件实现的，用于将设备连接到网络介质上[1~3]。图 5.1 表示的是一个典型的物理网络层方框图。

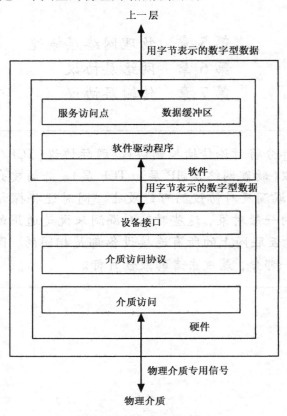

图 5.1　物理网络层方框图

由图 5.1 可以看出，层由硬件和软件两部分组成。硬件控制器，如个人计算机中的网卡，就是承担与物理介质的接口，物理介质可以是网线。发送方将字节型数据转换成比特位，再转换成电缆介质上的实际信号，而后接收方又将实际信号转换成字节。硬件控制器同时负责与计算机系统的接口，这样软件可以把数据转移到硬件控制器。当一个以上的设备想及时和介质通信时，硬件控制器还要负责对介质访问的控制。可以想象得到，存在着多家提供商的硬件控制器用于每一个物理网络层协议的情况，而各自不同的硬件实现会造成漏洞。但揭示这些缺陷超出了本书的范围。

　　协议层的软件部分负责给上一层提供服务，并维护缓冲区以便存储数据包等待发送和接收数据包，软件还要提供与硬件接口的设备驱动程序。设备驱动程序通常由硬件控制器提供商提供，他们还提供硬件与操作系统之间的标准接口。设备驱动程序和控制软件有许多漏洞和对它们的许多攻击。这些攻击很少由提供商或制造商造成。当攻击发生时，典型的处理是通过维护代码进行修正。对软件驱动程序实施攻击的探讨超出了本书的范围。

　　第 5 章将探讨在互联网中最常使用的无线与有线协议，这些协议也是以同样的以太网基本协议为基础。在探讨这些协议之前，先讨论几个独立于物理网络层协议的常见的攻击方法。下一节将探讨几个常见的攻击方法，在讨论每个协议及其漏洞时还将探讨减少这些攻击的方法，因为减少攻击的方法常常与协议是相关的。

5.1　常见的攻击方法

　　纵然有大量的物理网络协议存在，也还是有几个常见的独立于协议的攻击方法。这一节将探讨三个可以用于攻击物理网络层的攻击方法。减少攻击的方法常常是依赖于物理网络协议，这个问题将在下一节讨论。

5.1.1　硬件地址欺骗

　　如果从安全的角度探讨物理网络层数据包，我们要问，目标对发送者的身份知道些什么，或发送者对目标的身份知道些什么。为了回答这个问题，我们需要考察一下源和目标硬件地址，并确定谁会生成这些带地址的数据包。如果我们考察一下硬件地址，就会明白目标知道是同样的网络上的某一台设备实际上传输了这些数据包。这是因为，正如从图 5.2 看到的，收到数据包的每一个路由器，会沿着互联网上的指定路径递交数据包，并重写硬件地址。因此，目标设备知道它刚刚收到的数据包，必须由同样的物理网络上的某个设备发送。然而这并不意味着，数据包的产生者是在同样的物理网络上，只是意味着发送数据包的最后的设备是在同样的物理网络上。

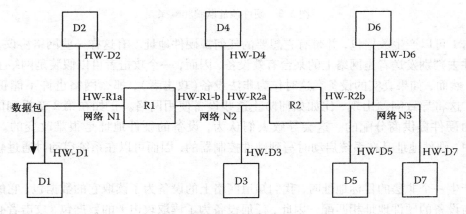

图 5.2　硬件寻址

　　如果我们考察一下数据包中使用的地址，会发现有一个源地址和一个目标地址。源地址用于指出数据包的发送者。在大多数情况下，在物理网络层中源地址是没有实际作用的。人们也许会说源地址可以用于知道如何发送应答数据包。然而，典型的应答数据包是通过上一层的协议取得它的源地址和目标地址。我们将会看到有时由网络使用源硬件地址对希望访问网络的设备进行验证。

例如，如图5.2所示，网络N1上的设备D1收到一个数据包，这个数据包必须由同一个网络上的另一台设备来传输，如设备D2或路由器R1。如果这个数据包是由路由器R1的另一边的某台设备(如设备D6)产生，那么到达设备D1上的数据包将仍然有路由器R1的源地址。目标地址用于决定哪一台设备来读取介质上传来的数据包。在大多数局域网中，网络上的所有设备都可以收到目标是其他设备的数据包，然后使用目标地址过滤掉不是自己要的数据包。正如图5.2所示，设备D1读到的数据包设备D2也能收到，但因为目标地址不匹配，所以被丢掉。

那么如果攻击者想欺骗源硬件地址，则攻击者就必须能访问物理网络[4, 5]，换句话说，另一个网络上的某台设备就不能用假的或无效的硬件地址发送数据包到不同网络的某台设备上。图5.3说明了采用硬件地址欺骗的几种不同结果。在图5.3中有3个网络和3个攻击者，图5.3中的每一台设备都有各自的设备硬件地址。当设备要发送数据包到网络上时，这个设备的硬件地址就作为源地址，同时作为过滤器决定设备应该读取网络上的哪个数据包。正如从图5.3看到的，有些设备(如路由器)有多个硬件地址。

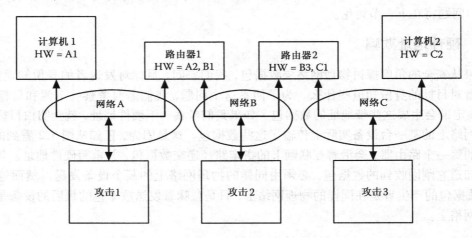

图5.3　硬件地址欺骗和嗅探

攻击1可以产生数据包，并带有它想要的任何源硬件地址。有这样一些网络协议，它们使用源硬件去判别发送者是网络上的某台有效设备，因而，一个攻击者可以假装是网络上的另一台设备，然而，如果真实的设备在这时作为非法设备(攻击者)，那么网络也许不能正确地行使功能，这将导致问题出现，比如如何防止这些设备使用网络。正如在第2章提到的，硬件地址是由硬件提供商分配的。这会导致人们认为，设备的硬件地址是很难改变的。在大多数设备中，硬件地址是在系统启动时写到硬件控制器的，因而可以在系统启动时通过软件去修改它。

当产生一个非法的目标地址时，我们知道网络上的设备为了读取它的数据包，它的目标地址必须与设备的硬件地址相匹配。因此，任何设备为了读取攻击1的数据包，攻击者必须产生一个数据包，它的目标地址要与网络上的某台设备地址匹配。有这样几种攻击，它们采用无效的目标地址，使网络产生问题。攻击1可以产生一个数据包，其目标地址和任何设备地址都不匹配，这可能引起交换机出现问题，或者只是引起产生大量的流量。后面将讨论这些类型的攻击。攻击1可以通过发送数据包到路由器1达到发送数据包到网络B的目的，但是发送到网络 B 的数据包的源硬件地址将是路由器 1 的硬件地址，因为路由器 1 将重写硬件地址。正如在图 3.3 中看到的，目标硬件地址是由物理网络层通过软件提供的。

5.1.2　网络嗅探

大多数硬件网络访问控制器是使用目标地址来区分网络上的哪个数据包是可以读取的，同时将其发送到物理网络层的软件上，这种过滤功能避免了设备接收到不是本设备所要的数据包。但是这种设计并不适用于安全设计，因为安全设计的目标是减少设备需要处理的流量。对一个网络访问控制器忽略它的目标地址，同时读取它收到的每一个数据包（这就是常说的地址嗅探）的可能性是有的。

如果回头看看图 5.3，就可以发现，攻击 1 可能是在嗅探网络 A 的流量，但不是网络 B 和 C 上的流量。令人感兴趣的问题是，处于中间的网络，如网络 B 上的嗅探是什么样呢？网络 B 上的攻击 2 可以嗅探它能看到的网络 B 上的任何流量。如果那个流量是在计算机 1 和计算机 2 之间，那么攻击 2 可以嗅探到两台计算机之间的流量。这就引出这样一个问题，攻击者可以嗅探互联网上的流量吗？典型的骨干网物理上是被保护的，这就使得嗅探很困难。一般来说，一旦流量进入互联网服务提供商（ISP）就不担心嗅探了，大多数数据包嗅探发生的地方是采用无线方式访问互联网的咖啡屋。

5.1.3　物理攻击

用于互联网络的设备是会遭受物理攻击的[6,7]，而物理攻击及其减灾技术超出了本书的范围，但考察几个常见的物理攻击是有必要的。为此，我们将这样的物理攻击划分为两类：偶然的和故意的。故意攻击是很明显的，涉及到对网络的物理破坏，攻击可以针对网络电缆，或用于互联网络的设备（如路由器）。减少故意攻击是很难的，当然，还是需要某些类型的物理安全。对连接到某个 ISP 的网络互联损失的防护，许多机构采用与多个 ISP 的多个连接。为了安全起见，它们决定离开建筑物的连接采用多个通道连接。

偶然的攻击和故意攻击差不多，也涉及到对某个设备或网络的破坏，如割断网络电缆，或到路由器的电源中断等。如果这些是事故性的，则可以不把它们归于攻击。但它们和故意攻击的结果是相同的，会引起同样类型的损失。比较典型的偶然物理攻击来自于错误配置、错误连线或一些其他类型的非破坏类的事件。我们同样不打算详细探讨这些类型的攻击及其减灾方法，但有几种类型的偶然物理攻击是值得讨论的，因为它们很常见，至少笔者有几次遇到过这种情况。

1. 有问题的网络电缆。这是一个随时可能出现问题的地方，就是好的电缆也可能出问题。这种电缆通常用于连接关键的设备。
2. 发生网络电缆闭环。当你把网络电缆的两端插入到同一台设备上，如交换机时，就会出现这种情况。笔者遇到过这种情况，这时整个网络产生的网络流量下降。
3. 有问题的网络控制器。它可以引起设备和网络不能通信，甚至还可以引起错误数据包，使某些网络设备宕机。
4. 两个网络控制器具有同一个硬件地址引起的问题。当网络控制器被重新赋予物理地址时，往往会出现这种情况。改变物理地址有时是有意义的，但如果做得不正确，会引起奇怪的问题。

上述列表并不没有穷举所有的问题，但这些问题如果出现在物理网络层和安全层，则问题是很难处理的。当网络改变，比如当你安装一台新的设备，如安全设备时，上述情况就可能出现。如何防止这些情况的出现没有什么好说的，但知道它们如何发生，对保证网络正常运行是有益的。

定　义

以太网

　　用于局域网的最常用的协议，以太网定义物理介质和多个设备使用和共享物理介质的方法。

硬件地址欺骗

　　产生具有源硬件地址的数据包，但这个地址并不是发送设备的源地址，通常这个非法地址与网络上另一台设备的地址相同。

网络访问控制器

　　为物理网络提供接口的网络设备的硬件部分。

网络嗅探

　　在网络上捕捉与目标地址无关的数据包。当某台设备配置为嗅探流量时，这时即处于所谓的混杂模式。

有线网络

　　一种网络，其设备互连是通过双绞线、同轴电缆及光纤等物理电缆实现的。

无线网络

　　一种网络，其设备互连是通过控制自由发送或接收的方式实现的。最常用的发送方法是无线电波，其他方法有微波或光波。

5.2　有线网络协议

过去30年来，有许多有线网络协议出现，范围从话路协议到高速光纤协议。我们讨论过，互联网是由数百万个通过其他网络互连的网络。我们可以看到过去这几十年发生的是有线网络根据使用方法分类。主要由 ISP 使用的几种有线网络协议，用于提供网络之间的高速连接，还有几种网络协议用于提供小型网络，即局域网的连接(local area network，LAN)。由 ISP 使用的网络协议是根据传输速度、节点之间的距离和环境变化的，这样的网络叫做广域网(wide area network，WAN)。在本书中我们并不探讨广域网及其协议。然而，许多局域网上的攻击也可以发生在广域网上。

5.2.1　以太网协议

过去几年在局域网上提出过几种协议，但以太网协议一直作为主导协议及局域网最常用的互连协议使用到今天。这一节我们将探讨用于组建以太网络的以太网协议及其不同技术。

以太网现有几种不同数据速率和介质形式，已经延用的命名惯例用于对以太网的分类。以太网是 IEEE 802 标准[3]的一部分。IEEE 802.3 是有线以太网，IEEE 802.11 是无线以太网。无线以太网将在 5.3 节讨论。有线以太网的命名惯例基于有线类型的兆速(Mbps)。表 5.1 说明了通常的以太网的名称[8]。

表 5.1 常用以太网类型

名 称	速 率	有 线 类 型	设备间最大距离
10 Base2	10 Mbps	同轴电缆	185 m
10 BaseF	10 Mbps	光纤	500 m
10 BaseT	10 Mbps	双绞线	100 m
100 BaseT	100 Mbps	双绞线	100 m
100 BaseFX	100 Mbps	光纤	1000 m
1000 BaseX	1000 Mbps	光纤或同轴电缆	取决于电缆类型

在表 5.1 中规定的同轴电缆有线类型，它的中间是导线，外围包裹了网状物，这种类型的线缆在今天的视频系统中经常见到。同轴电缆提供高数据速率。光纤是一种玻璃纤维，它用于传输光信号，光纤可以提供长距离的高数据速率。双绞线由两根导线缠绕在一起，它提供的数据速率比其他两种方法低，且传输距离也短。

在早期的以太网中，同轴电缆用于连接设备，每一个网络有一根单一的电缆，当加入新的设备或除去设备时，因为需要拆卸，就会有问题，它的网络速率是 10 Mbps。有线以太网采用"先听后说"协议，这个协议的工作原理是，每一台设备需要能够"听"同一网络上的其他设备。由于每一台设备可以收到同一个网络上的其他设备发来的数据包，因此对于这个协议，同轴电缆工作得很好。从图 5.4 我们可以看到设备 D1 ~ D7 和路由器 R1 由同轴电缆连接。图 5.4 也显示了设备 D6 如何传输一个数据包，以及数据包在两个方向上的传输。

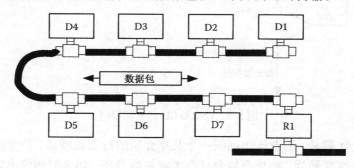

图 5.4 同轴电缆以太网

以太网协议的设计很简单。它的主要功能是以一种方式提供对共享介质的访问，对所有连接到同样的共享介质的设备可以同等地访问。有线以太网使用的协议称为载波侦听多路访问/冲突检测（Carrier Sense Multiple Access with Collision Destection，CSMA/CD）[9]。这种协议背后的思想是由网络控制器在介质上监听，看看是否有其他设备正在传输（载波），如果没有其他设备在发送，那么监听的设备就可以发送数据包了。

因为两台或两台以上的设备在网上同时静默监听是可能的，那么打算发送信息的某台设备，必须一直监听，看是否有其他设备准备同时发送信息，这就称为冲突（冲突检测）。在冲突发生期间，打算发送信息的所有设备必须在当前的时间内继续发送，以确信网上的所有设备看到冲突。一旦发生冲突的设备完成了一次碰撞，它们将等待再试。为了确保所有设备不同时再试，在试图再一次发送信息之前，它们必须选择一个等待的时间随机数。注意，冲突只在共享介质内发生，而不会通过如路由器设备那样传播到别的网络上，这就是常说的冲突域。图 5.5 显示的是 CSMA/CD 以太网协议流程图，正如从图 5.5 看到的，在信息发送时，传输设备要监听，如果有冲突，设备会发送更多的数据，并在 1 到 N 之间选择一个随机数。如果有冲突,那个数据包的 N 会加倍,直到 N 为 16。如果 N 到了 16,那么以太网控制器将退出发送那个数据包的尝试。

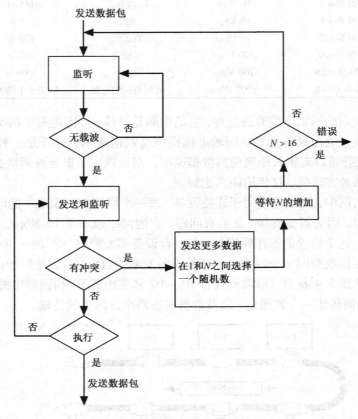

图 5.5 CSMA/CD 以太网协议

以太网的一个问题是,随着连接到同一个共享介质的设备数增加,冲突概率也在增加,这将导致网络的整体性能降低,如果有数台具有大流量的设备,那么问题的出现是肯定的。

随着电子技术的改进,以太网有了很大的发展,每台设备之间的连接已可以直接回到中心点。这样设备的插入与拔出都很容易。由于以太网从使用同轴电缆改为使用双绞线,从而使线路得到简化,正如本章前面讨论过的,为了以太网协议正常工作,每台设备都要监听其他设备,为此,早期的双绞线系统中使用了一种叫集线器的设备。由于让每台设备监听连接到集线器上的其他设备,这就产生了在同轴电缆系统中的同样问题,此外集线器可以像瀑布一样形成设备树,如图 5.6 所示是一个典型的使用集线器的配置。第一个基于集线器的以太网的速率为 10 Mbps。随着技术的进步,速率增加到 100 Mbps。从安全角度讲,基于集线器和基于同轴电缆之间没有实质性的区别。

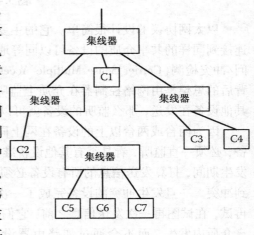

图 5.6 集线器配置

无论哪一种，网上的每一台设备都可以监听同一个网络上的其他设备的流量。这使得对网上的任何设备实施嗅探攻击很容易。

以太网络的进一步改进是采用了网络交换机，网络交换机增加了设备的智能性，计算机可以直接连接到网络上。交换机是以太网协议的比较活跃的部分，好像每一台设备和交换机之间形成了一个独立的以太网。以太网交换机维护每一台设备的硬件地址表，地址表是和交换机的每一个端口直接有关的。以太网交换机会检查接收到的数据包，如果目标地址与表中的地址匹配，那么数据包就被发送到端口上的设备；如果目标地址和表中的地址不匹配，则数据包就被发送到设备上的每一个端口的每一台设备。图 5.7 所示的是一个典型的交换机端口配置表。以太网交换机极大地改进了以太网的性能，因为冲突减少，流量只发送到需要它的设备上。

正如从图 5.7 看到的，如果交换机 4 上的设备 C7，从端口 P4 发送一个数据包到端口 P3上的设备 C6，那么设备 C5 是看不到这个数据包的。数据包也不会被发送到交换机 2 上。如果设备 C7 发送的目标为 R1，则设备 C6、C5、C2 和 C1 及交换机 3 是看不到这个数据包的。除了流量的隔离，以太网交换机可以允许数据同时发送和接收，这称为全双工（full duplex）。集线器是半双工方式，因为在一段时间内只有一台设备可以发送，所有其他设备都要等待。全双工网络比半双工网络性能更好。以太网交换机对网络安全和管理产生了重要影响。由于一个设备只能看到目标是自己的流量，这使得其他设备的偷听很难，因为在交换机内具有伪码表，从而使得嗅探交换网络上的流量也是不可能的。

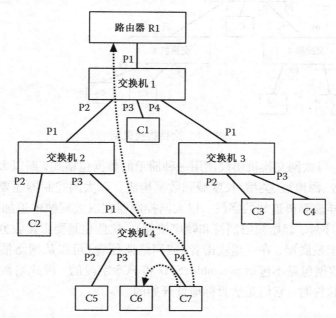

交换机 2 端口表

端口	硬件地址
P1	上连
P2	C2
P3	多路连接

交换机 4 端口表

端口	硬件地址
P1	上连
P2	C5
P3	C6
P4	C7

图 5.7　以太网交换机配置

由于在大多数局域网上交换机的使用，因此引起了一个麻烦，即有些情况下网络管理员为了网络诊断或性能监控需要监听网络上的所有流量。从网络安全角度出发，有几种设备（如入侵检测系统）需要看到网络上的所有流量，以保证网络能正常工作。如图 5.8 所示，可以有几种不同的方法来解决这个问题。许多交换机都支持生成树端口（spanning port）或镜像端口（mirrored port），所有的数据包的副本被发送到这个端口。这就出现了速度问题，例如，一个 16 个端口的交换机上每一个端口都是 100 Mbps，而镜像端口只能传输 100 Mbps，或总的流量的 1/16。第二个解决方案是使用带交换机的集线器。这也会产生另外的问题，因为集线器的峰值是 100 Mbps，且为半双工，而以太网交换机可以达到 10 Gbps。第三个解决方案是网络捕捉器，它是一种设备，插入在流量经过的线路上，并做数据的电子副本。在全双工网络中，捕捉器将提供两个输出口，捕捉器与集线器的问题是能够看到所有流量，如图 5.8 所示，捕捉器和集线器可以看到交换机和路由器之间的流量，这对当进入和离开一个机构时对流量的监控很有用，但不能提供跨单位间的流量监控。下面描述以太网数据包中的每一个域的功能。

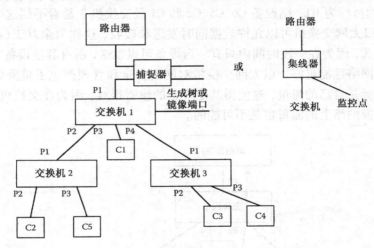

图 5.8　交换机捕捉点

如图 5.9 所示，以太网交换机协议使用一种简单的数据包格式，而以太网控制器产生一种帧，该帧由目标地址、源地址、类型/长度域和数据构成。以太网控制器还要追加附加字段，接收到数据包时再同样地剥离追加的字段。以太网控制器在以太网帧中追加的几个字段是：preamble、SFD 和 FCS（序号、起始帧限制符和帧序检查），这些也是要由接收方的网络控制器剥离的。网络控制器处于最底层，在这里攻击者（或网络监控者）可以从网络抽取数据包。需要注意的是，被抽取的数据包是不包括 preamble、SFD 和 FCS 字段的，因此当数据包由硬件控制器提交给物理网络层软件时，它们是从目标地址开始的。

7	1	6	6	1	46 ~ 1500	4 字节
序号	起始帧限制符	目标地址	源地址	类型/长度	数据	帧序检查

图 5.9　以太网帧格式

序号：一个 7 字节的序号段，由接收方用于同步以太网帧的时钟。这个字段是在帧发送时由硬件控制器插入的。

起始帧限制符(SFD):1 字节长字段,在进行同步时钟时,用于指示同步。这个字段是在帧发送时由硬件控制器插入的。

目标地址:6 字节的字段,用于指出目标地址,这个字段是为硬件控制器提供的,它用于接收方硬件控制器决定数据是否要读取,如果与控制器的地址不匹配,帧的余下部分被忽略。

源地址:6 字节长字段,发送方的硬件地址,由硬件控制器提供。

类型/长度字段:1 字节长,用于识别低层协议应该处理的数据包。这个数据包取决于它的值有两个含义。这是两个标准妥协的结果。如果字段的值是 1536(0x600)或更大,那么就是类型字段,它的值表示协议类型包含在帧的数据部分中。表 5.2 说明了几个常用的值,从表 5.2 中可以看到,这是互联网协议。如果值小于 1518,那么这个值就是数据段的长度。采用长度域最常见的协议是路由协议。

数据:数据段包含的是数据,这个字段的长度限制在 1500 字节之内,这样就确保同等访问介质。以太网有一个最小的数据长度,46 字节长,它用于冲突检测。如果上一层载荷小于 46 字节,那么必须追加到 46 字节,并由上一层负责处理字节的追加和剥离。

帧序检查(Frame check sequence,FCS):这个字段用于证实帧在传输期间没被破坏。它采用了一种称为周期冗余效验码(cyclic redundancy check code)的技术。注意,以太网协议是不负责帧的重传的,当接收到坏 FCS 帧时,该帧被丢弃,且接收方的硬件控制器也不负责通知上一层。

表 5.2 说明了以太网帧中类型字段的几个常用值。这几个协议将在第 6 章讨论。

表 5.2　常用类型字段值

十六进制值	协议
0x800	IP
0x806	ARP
0x86dd	IPv6

正如图 5.9 所示,以太网包含两个地址段,这正如在第一部分所讨论的,同一个网络内的地址必须是唯一的,称其为硬件地址域。在硬件地址域内,所有的以太网地址都必须是唯一的。前面讲述过,像路由器这样的设备会重写地址,因此产生了不同的硬件地址域。

以太网地址段是 6 字节长,且有 3 种不同的地址类型,最常用的是单播(unicast)地址,用于唯一地识别单一的设备。第 2 种类型是多播(multicast)地址,用于识别一组设备。多播地址仅用于目标地址。为使多播地址能正常工作,有协议负责产生设备组,并赋予设备组的地址。一个设备除了有可选的多播地址,还有单播地址。第 3 种类型是广播(broadcast)地址,只用于目标地址。其广播地址作为目标地址的帧在硬件地址域内每一台设备都能收到。表 5.3 说明了 3 种不同地址类型的值。注意,表示一个以太网地址的通常方法是用冒号分开的 6 个十六进制值。

表 5.3　以太网地址类型

地址类型	值
单播	上位是 1 个 0
多播	上位是 1 个 1
广播	FF:FF:FF:FF:FF:FF

正如前面所讨论的，以太网需要确保在硬件地址域内每一个地址是唯一的，这是由给每一个以太网控制器分配一个唯一的地址来实现的。方法是将硬件地址的前 3 字节分配给硬件控制器提供商，同时允许提供商分配后 3 字节。前 3 字节决定硬件控制器的类型，这样有助于诊断网络问题。然而，正如前面讨论的，以太网控制器使用的硬件地址是存储在只读存储器中的，并在系统启动时由软件复制到控制器中。这意味着以太网地址可以通过软件修改，因而使得地址欺骗成为可能。

在以太网协议中有几种漏洞，可以按照分类法将其分类。下面将描述这几种漏洞及应对策略。应该注意的是，许多对策实际上涉及到上几层协议，本章的后面会更详细地讨论这个问题。还有，正如第 3 章及本章讨论的，对以太网协议的攻击是在以太网硬件地址域内发生的，这意味着对有线以太网的攻击相对较少。

5.2.2　基于头部的攻击

因为在以太网中，有 3 个字段不是由硬件控制器来处理的，因此基于头部的攻击数量是有限的。攻击类型之一是把源和目标地址设置成一样，有些网络交换机在过去对这样的情况处理上有问题。对这类攻击没有实际的对策，仅仅靠设备自身的安全。因为这类攻击的实施需要借助网络上的一个设备来完成。另一种类型的攻击是产生数据包，使数据包的长度要么过短（小于 46 字节），要么过长（大于 1500 字节）。首先，硬件控制器不允许这样的数据包传输到网上，但怎么说呢，它们却的确传输到网上了。接收方硬件将扔掉它们，无论它们是过短或过长。

5.2.3　基于协议的攻击

有线以太网协议是很简单的，同时因为它主要是由硬件实现的，所以它没有任何基于协议的漏洞，唯一基于协议的漏洞是设备是否与 CSMA/CD 协议有冲突。这种情况可能在硬件控制器失败时发生，但这不被认为是攻击。我们之所以在这里提到，是因为有故障的网络控制器的行为引起的完全的网络瘫痪，与攻击类似。

5.2.4　基于验证的攻击

考察基于验证的攻击可能发生的地方，应该把焦点放在源和目标地址上，目标以太网地址验证连接到网络上接收数据帧的物理控制器。如果一个攻击者使一台设备相信有企图的硬件地址就是攻击者的以太网地址，那么攻击者能够读到所有的数据帧；如果攻击者使目标设备路由器也相信，那么流量将很顺利地通过路由器。这与嗅探流量的效果是相同的，只不过这是在交换机环境下实施的。图 5.10 示意了攻击者成为路由器时一种可能的攻击。

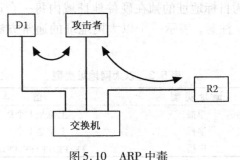

图 5.10　ARP 中毒

在这个例子中，攻击者使设备 D1 相信它的硬件地址就是路由器 R1 的硬件地址，因此从 D1 到 R1 的流量就全部通过了攻击者机器。注意，这些设备是通过以太网交换机连接的，攻击者不能嗅探 D1 上的流量，但通过使流量经过攻击者，它就能够捕捉到 D1 到路由器之间的所有流量。攻击者只需要把所有的流量复制到路由器上即可。当然攻击者也需要让路由器相信它就是 D1。因为目标硬件地址是通过地址解析协议（Address Resolution Protocol，ARP）得到的，所以就存在着攻击的可能性，这种攻击称为 ARP 中毒（poisoning）。ARP 是 IP 协议层使用的协议，用于确定目标设备的硬件地址。第 6 章还会更详细地讨论 ARP 协议。

对于 ARP 中毒没有什么好的对策[10~13]。为了攻击能够奏效，攻击者必须访问物理网络，有一些物理网络层加密协议可以减少这种攻击。这一节我们将讨论一般的对策，它们可以减少几种验证和嗅探攻击。

以太网源地址传统上并不用于验证，然而，有几种新的方法使用源地址对发送者进行验证。方法之一是网络访问控制（network access control，NAC），它的设计意图就是确保让有效的计算机可以访问网络。后面在讨论对策时会对 NAC 加以讨论。

源地址也被用于验证连接到 ISP 的设备。对于 ISP 使用电缆 TV 系统访问互联网是很正常的。它们使用源硬件地址注册连接到网络上的设备，这样做是为了防止那些没给 ISP 付费的用户安装他们自己的电缆调制解调器，同时在有些情况下确保让一间屋子里多个计算机都要付费。这也许被认为是一种 NAC 的很简单的形式。由于现在消费市场上的大多数路由器可以改变它们的源地址，因而使用源地址来控制连接到 ISP 的设备数量不再管用，所以一个用户所要做的全部就是将已经注册的以太网地址复制到路由器上。

另外一种源地址基于验证的攻击是发送带不同源地址的数据包，试图填满以太网交换机地址表，或让交换机相信是另一台设备发来的数据包，这种攻击是专门针对交换机提供商的，有些交换机，当地址表填满了的时候，或者交换机两个端口有同样的源地址的时候，默认递交所有的流量。

在攻击者使用交换机上的另一个端口的设备源地址时，有些交换机只是把流量传递给两个端口，这样攻击者能嗅探到流量；或者交换机修改地址表，流量会被传输到源地址出现的最后一个端口。当然，这也会引起问题，因为由同样的上一层来的数据包在两个端口之间可能会被拆分。减少这种类型的攻击也很困难。有一些软件可以监控硬件地址到端口和设备的映射。另外，NAC 方法可以帮助减少这种攻击。

可能发生的另一种攻击是将一个设备的源地址设置为与同一以太网硬件地址域中的另外一台设备的地址相同。如上述讨论的，如果不重视这个由于交换机引起的问题，则可能会引起上一层协议的问题。会出现当一个数据包被发送到两台机器的目标地址时，两台设备可能都会响应的情况。一般来说，匹配硬件地址的两台设备会出现网络使用上的问题，这不是有效的攻击，而是使网络上的另一台设备无法工作。如果用户绕过 NAC 改变它们的以太网地址，那么这种问题偶尔也会发生。对于这种攻击没有什么好的减灾方法，只能让上不了网的用户改变硬件地址。在网络上发生的这种问题，也是很难跟踪的。某些高端的交换机可以告诉你哪个源地址和哪个端口连接，这可以用来跟踪问题。

一般来说，攻击者难以实施对有线以太网基于验证的攻击。只有他们可以访问网络上的某台设备时才能奏效。

5.2.5　基于流量的攻击

以太网上最常见的基于流量的攻击是流量嗅探。发起这种攻击很容易，因为大多数以太网硬件控制器可以设置成混杂模式，这样他们就能够读取与硬件地址无关的所有流量。可以开发几种防止嗅探的减灾方法。

采用交换式网络环境，即同一个端口上只有一台设备（一般来说，每个端口一台设备）可以减少嗅探。我们在讨论基于验证的攻击时谈到过，有几种方法可以造成交换机将其他流量传递到这个端口，从而引起嗅探网络上的其他设备。另外一个减灾方法是采用称之为虚拟局域网(Virtual local area network，VLAN)的方法，该方法将流量隔离在虚拟网络，让你只能看到你的虚网上的流量。这是一个对有线和无线局域网常见的对策，后面会讨论到这个问题。

使用加密方法也可以减少嗅探，因为攻击者读不到数据。加密的流量可以发生在 TCP/IP 协议堆栈的许多协议层。有线的以太层加密很少见，常见的是在高层或无线以太网上加密，因此我们将在后面讨论这些协议。

基于流量的第二类攻击是用大量的流量造成网络崩溃。这可以造成发送到网络上的真实流量减少，在某些情况中，实际流量可以降到零。通过广播地址就可以造成大流量。当广播包发生时，以太网硬件地址内的每一台机器都会收到数据包，且不得不处理它，如果一个攻击者产生足够多的广播包，那么网络上的设备速度将降低，整体真实流量会降低。这种类型的攻击会通过直接连接到网络上的一台设备来实施。减少这种攻击很困难，因此需要对网络上的设备进行防护。如果一个攻击者已经访问到网络上的一台设备，他就能发动这种攻击。

有几种方法可以通过互联网进行这种攻击，但需要使用广播协议。ARP 协议要求广播模式，并可以在互联网上起作用。我们将在第 6 章讨论这种攻击，因为它的减灾方法需要在 IP 协议介绍之后才能介绍。

定　义

广播地址

一种地址，用于发送数据包到网络中的所有设备。

广播域

一组设备，可以收到同一域内的某台设备发来的广播地址。

CSMA/CD

载波侦听多路访问/冲突检测，以太网使用的协议，用于管理对共享介质的访问，通常称为"先听后谈"协议。因为设备在发送信息之前先要等待网上空闲。如果多台设备同时发送，则它们都要退出发送，等待介质再次空闲。

冲突域

一组设备，可以是产生以太网冲突的一部分。

以太网

一种局域网协议，用于多台设备共同访问同一个物理网络。协议产生于 1973 年，是使用最广泛的局域网协议。

以太网集线器

一种采用双绞线电缆互联的以太网设备。集线器可以组成大型的共享网络。

以太网交换机

　　一种网络设备，用于与以太网设备互联。交换机可以把每一个连接（即端口）当成一个独立的以太网冲突域。交换机只会将流量发送给目标设备所在的端口，这样就减少了到每一台设备的全部流量。

以太网捕捉器

　　一种设备，位于两个以太网设备之间，它将所有流量复制到另外一个以太网段。捕捉器只能读到流量。

硬件地址域

　　通过网络互联的一组设备。在这里，为了识别每一台可能的设备，硬件地址必须是唯一的。

局域网

　　小范围的一组设备网络，通常部署在一个房间或几个房间内。局域网可以通过路由器互联。

多播地址

　　一种地址，用于发送数据包到一组设备。

混杂模式

　　硬件控制器被设置成可以读取网络上出现的所有数据包的一种状态，用于嗅探网络流量。

镜像端口

　　以太网交换机上的一种端口，可以对流量进行监控，交换机可以从一个标准端口将流量复制到镜像端口。

单播地址

　　一种用于识别单一设备的地址，且总是用做源地址。

广域网

　　一种由局域网互联的网络，这种网络一般跨越很大的地理区域。

5.3 无线网络协议

　　无线网络协议由于其低实现成本和设备的广泛可携带性而越来越普遍，最常见的无线网络协议就是以太网协议，无线以太网的命名惯例是 802. 11（a～z），这里字母表示版本号[14～17]。版本之间的主要区别是使用的载波频率和数据速率。无线以太网使用的频率并不只用于无线以太网。出现的问题是协议使用的频率是 2.4 GHz，这个频率也是便携式电话使用的常用频率，电话出现问题是因为与无线以太网频率发生冲突。表 5.4 也给出了无线网络的常用名称和数据速率。

　　应该注意，表 5.4 中给出的设备间的最大距离是基于一定条件的，实际距离在某些情况下可能更少或更大。正如将在后面看到的，它不像有线以太网有安全的保障，有线的网络流量是局限于有线的。在无线网络里，流量是不受局限的。无线网络信号会受到一些物体，如墙壁的影响。信号会以一个合适的角度穿过物体到源，当角度偏离 90° 时信号会因物体而发生反射。图 5.11 所示的是信号反射的例子。

表5.4   常见无线以太网协议

名　　称	频　　率	数 据 速 率	设备间的最大距离
802.11a	5 GHz	54 Mbps	30 m
802.11b	2.4 GHz	11 Mbps	30 m
802.11g	2.4 GHz	11～54 Mbps	30 m
802.11n	2.4 GHz	200～500 Mbps	50 m

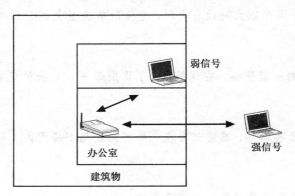

图5.11   信号反射

　　如图5.11所示，信号强度上的变化会引起安全问题，因为当你在一座建筑物的室内时，信号较弱，而在窗外的停车坪信号会很强。由于要屏蔽一个建筑物，需要花费大量的资金，因而在这上面大量投入的不多见。有些方向上的天线可以减少某些方向的信号强度，但它们常常很难界定，我们将会看到，在无线网络中网络嗅探是最大的安全漏洞。

　　无线网络通过采用特殊的天线，也可以用于更长距离的(几英里)传输，主要是用于那些ISP的有线网络无法到达的地方。有一些特别的天线可以用于捕捉较弱的无线信号。这些天线的使用将在讨论基于流量的攻击时详细讨论。

　　无线以太网协议是基于有线以太网协议的，两者的主要区别是无线以太网协议不能检测冲突，无线以太包需要发回一个应答数据包以响应已发送的数据包。在我们考察这个协议之前，先考察实现这个协议需要的技术。与有线以太网协议不同，这里每一台设备都执行同样的协议，没有哪一台设备会特殊。无线以太协议需要有一台设备负责网络，这台设备即为访问接入点(access point，AP)，它有两个主要功能：第一，产生无线网络，并管理对网络的访问；第二，提供对有线网络的访问。应该注意，还有一种为自由方式(点对点方式——译者注)，这种模式不需要主设备，产生网络的设备可以是任意一台。由于本书的篇幅所限，我们不探讨自由以太网协议。然而，其存在着同样的安全问题。图5.12所示的是具有3个访问接入点和几台无线设备的无线网络。

　　在图5.12中我们可以看到3个无线网络和5个无线设备。一个设备成为无线网络的一部分有几个步骤。第一步是发现设备能到达的无线访问接入点，这既可以通过留心听信号，即传输网络识别到访问接入点的信号，称为服务装置识别(service set identity，SSID)，也可以通过事先知道的SSID发现。第二步是接入网络，告诉访问接入点，说明你想成为网络的一部分。第三步是使用以太网协议在设备与访问接入点之间发送流量。

　　正如图5.12所示，访问接入点都有SSID，假设访问接入点A和B正在广播它们的SSID，而访问点C没有，广播SSID的过程称为信号指示(beacon)。移动设备可以听到信号指示，表示有访问接入点存在。当一台无线设备准备和访问接入点联系时，它可以发送一个探测包，访问接入点会对探测包做出回应。探测回应包会反馈同样的信号作为信号指示，信号指示和探测的使用的过程就建立了现有设备访问接入点表，这就是发现的步骤。

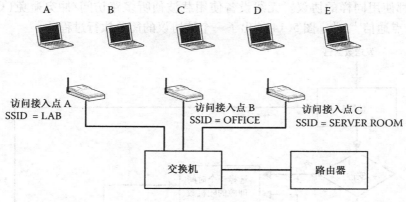

图 5.12　无线网络环境

第二步是开始接入，这时无线设备收到无线访问接入点信号，并发送联系请求包给选择好的访问接入点。注意，如果无线设备已经知道它要连接的访问接入点，则它可以不必发送探测包，而直接发送联系请求包，跳过发现这一步。访问接入点会以联系响应包来回应联系请求包。这时，无线设备将会和访问接入点发生联系。注意，信号指示包、探测包、联系请求和联系回应包都包含设备信息和功能信息。对这些数据包的探讨超出了本书的范围。图 5.13 给出了图 5.12 中关于设备的发现和接入的过程。

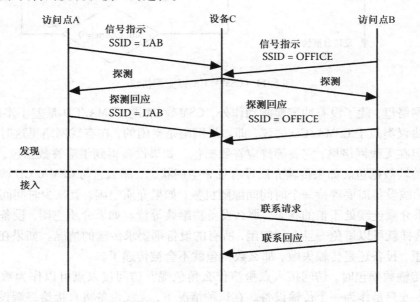

图 5.13　无线以太网发现与接入协议

正如从图 5.13 看到的，设备 C 想接入无线网络，图 5.13 显示了收到访问接入点 A 和 B 的信号指示包的设备，每一个都有各自的 SSID。设备 C 也会发送一个探测包请求访问接入点响应。一旦设备 C 选择了访问接入点 B，它可以发送联系请求包，并等待联系响应包。一旦设备 C 收到了响应包，它就和访问接入点 B 联系成功。后面还会看到，还会有另外一个验证请求和一个访问接入点联系。

一旦无线设备和一个访问接入点联系成功，它就可以开始通信。所有的通信(包括发现和接入数据包)都使用同样的协议。无线设备使用载波侦听多路访问/冲突避免(CSMA/CA)协议和访问接入点通信[18~20]。图 5.14 给出了一个该协议的简单执行过程。

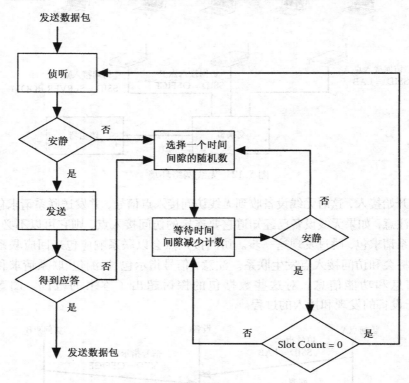

图 5.14　CSMA/CA 以太网协议

在无线网络里，除了没有冲突检测动作外，CSMA/CA 与 CSMA/CD 是差不多的。图 5.14 说明了这个协议类似于 CSMA/CD 协议，即如果网络是空闲的，在有线网络里这时设备可以传递数据包。但在无线网络里，它要等待应答数据包。如果设备得到了应答数据包，那么设备就可以成功地传输数据包。如果传输介质没有处于空闲状态，那么它与 CSMA/CD 协议的区别就看出来了，无线设备需要等待一个时间间隙随机数，如果介质空闲，就减少时间间隙计数。换句话说，如果介质连续处于忙的状态，那么设备将继续等待。如果介质空闲，设备将再等一个片段时间，这样就可以避免一旦介质空闲，所有的设备都要求传输的情况。如果在一个轮回的足够的时间里，设备还是传输失败，那么数据包就不会被传递了。

当设备传输数据包时，访问接入点扮演什么角色呢？访问接入点可以作为数据包的物理网络层目标，或只是作为一个传输设备。在这种情况下，无线设备将直接给终端设备发送数据包，访问接入点只是作为中继使网络延伸。最通常的做法是把访问接入点作为物理网络层目标，也就是通常说的无线路由器。一个无线路由器就是内置路由器的访问接入点。具有无线路由器的无线网络是一个独立网络，流量将跨过任意两个网络之间的路由器。图 5.15 说明了通过访问接入点来延伸的网络和由路由器与访问接入点组成的网络两者之间的区别。

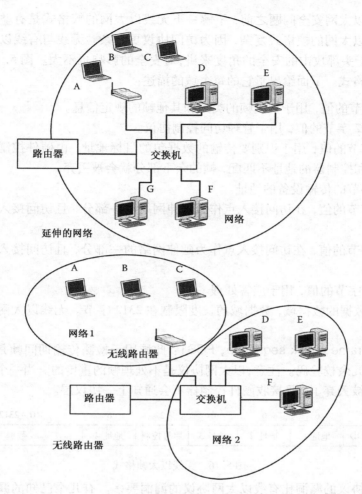

图 5.15 访问接入点配置

由图 5.15 可以看出，一个延伸的网络就是使用访问接入点来形成的一个更大的以太网网络。例如，假如无线设备 C 希望将数据包发送到有线设备 D，它首先要将数据包发送到访问接入点，数据包这时的目标地址就是访问接入点，数据包中还包含有线网络上的最终目标地址。访问接入点从设备 C 收到数据包后，生成一个有线以太网数据包，并将其发送到最终目标地址。当有线设备 D 要将数据包发送到无线设备 C 时，它要发送一个带无线设备的最终目标地址的数据包。访问接入点作为中继，再将它发送到无线设备。这种方式配置的访问接入点对有线网络是透明的，因而会产生安全问题，后面会讨论这个问题。

第二种配置是访问接入点作为路由器的一部分，它将产生两个独立的硬件地址域。在图 5.15 中，设备 C 想给设备 D 发送数据包，它首先将数据包发送到访问接入点，这时它像是一个连接到设备 C 的路由器，访问接入点会把数据包路由到设备 D。当设备 D 希望将数据包发送到无线设备 C 时，它将首先将数据包发送到无线路由器，无线路由器接着通过访问接入点将数据包发送到目标地址。到目前为止我们关心的是有线网络，无线网络路由器与其他的路由器类似。从安全的角度来讲，无线路由器有其内在的安全特征，它能够在无线和有线网络之间提供更好的独立性。第 6 章将讨论路由器的安全问题。下面将讨论关于无线网络的安全问题。

在讨论无线以太网安全问题之前，了解一下无线以太网的帧格式是有益的。无线以太网的帧格式比有线以太网的帧格式复杂，因为访问协议更复杂。无线与有线以太帧格式之间的区别不大，从基于头部攻击的安全的角度来讲，对安全的影响也不大。图 5.16 给出了一个简明的无线以太帧格式。下面给出了它的每个域的描述：

帧控制：2 字节的值，用于识别帧的类型和其他帧的规定信息。

延展性/ID：2 字节的值，用于管理访问控制协议。

地址 1：6 字节的值，用于识别要传输的数据包的目标地址，由硬件控制器用于决定帧是否要读，如果它和控制器的地址不匹配，帧的余下部分就会被丢弃。

地址 2：6 字节的传输设备的地址。

地址 3：6 字节的值，在访问接入点作为延伸网络的一部分，且访问接入点作为流量中继时使用。

地址 4：6 字节的值，在访问接入点作为延伸网络的一部分，且访问接入点作为流量中继时使用。

序号控制：2 字节的值，用于应答处理。

数据：承载数据的数据域，数据域的长度限制在 2312 字节。无线以太网没有最小数据长度限制。

帧序检验（Frame check sequence，FCS）：此域用于检测传输期间帧是否被破坏，它使用的方法是循环冗余校验码。注意，以太网协议是不处理帧的重传的。当一个帧标志为一个坏的 FCS 时，帧就被丢弃了，且接收硬件控制器不会通知上一协议层。

2	2	6	6	6	2	6	0~2312	4 字节
帧控制	延展性/ID	地址 1	地址 2	地址 3	序号控制	地址 4	数据	FCS

图 5.16　无线以太帧格式

无线以太网协议的漏洞比有线以太网协议的漏洞要多。有几个已知的漏洞按照分类方法进行了归类，下面将对其及其对策进行描述。应该指出的是，有些对策实际上涉及上一层协议，后面的章节会更详细地讨论它。正如第 3 章和本章讨论的，对以太网协议的攻击需要发生在以太网地址域内。不像有线以太网，对介质的直接访问很困难，无线以太网允许有天线或接近传输设备的任何人访问数据包，这样对无线以太网的攻击也比对有线以太网的攻击更常见。

5.3.1　基于头部的攻击

与有线以太网类似，无线以太网帧中的大多数域是由硬件控制器来处理的，因而基于头部的攻击数量是有限的。大多数基于头部的攻击会导致攻击设备不能正常通信，一个攻击设备可以在帧控制器中设置值，以混淆其他无线设备。这会导致设备与访问接入点的联系出现故障，而不能访问网络。对于这类攻击并没有真正的对策，因为很难阻止设备传输信号。

5.3.2　基于协议的攻击

无线以太协议要比有线以太协议更加复杂，因为一个攻击者可以将数据包嵌入到介质中，这样一些基于协议的攻击可以顺利实施。然而，由于协议主要是以硬件方式实现的，因此基于协议的攻击实施起来是很复杂的。

可以将使用 SSID 的访问接入点广播，以便确定访问接入点的位置和存在的攻击看成一个基于协议的攻击。这个过程称为探测或钓鱼(wardriving)[21~24],当探测与实际协议不发生冲突时,就的确以非故意的方式使用了协议。当访问接入点广播了它的 SSID 时,具有无线访问控制器的任何计算机都会收到信号,这样设计是为了帮助设备找到访问接入点并与之连接。在探测目标时,为了发现访问接入点并匹配它们的位置,这本身并不是真正的攻击。当有人使用了这个信息去连接访问接入点,且又没有被验证,他就成了一个攻击者。有一种公共域软件可以记录它能听到的所有访问接入点的 SSID,如果有一个 GPS 连接到计算机上,则它就可以记录计算机发现访问接入点的位置。此外,攻击者可以给计算机加入一个低成本的外部天线,将侦察范围增加到几英里。笔者已经捕捉到使用公共域软件和外部天线,从 Ames 到 Iowa 的 Des Moines 的 40 英里距离的 500 多个 SSID。

有几种方法可以减少探测。然而要问的第一个问题是,需要减少吗?如果访问接入点是提供给公共使用的,那么广播 SSID 是应该的。即便访问接入点不是提供给公共使用,广播 SSID 仍然有必要,这是因为如果有多个访问接入点,则用户需要选择使用哪一个。如果没有必要广播 SSID,那么就要关闭访问接入点的广播。减少探测的一个常见的方法是采用加密手段或网络访问控制器(network access control,NAC)。当访问接入点采用加密手段时,SSID 广播信息将包含访问接入点需要加密的信息。探测者还是可以看到那个接入点,但接入点被标志为已加密。如果探测者想使用已经加密的访问接入点,则这种攻击就转换为基于验证的攻击。我们将在讨论基于流量的攻击时讨论无线加密方法,因为加密也可以减少基于流量的攻击。

广播 SSID 的另外一个有趣的方面是人们用什么作为 SSID 的名字。笔者已经看到有人用人的名字、家庭地址和公司名称等。这类信息可以方便攻击者识别为可能的攻击目标。这并不是真正的基于网络的攻击,这类信息是由无线访问接入点的用户配置提供的。

可以对 CSMA/CA 协议发动攻击,由于设备处于被攻击状态,因而会导致对网络的拒绝访问。例如,一个攻击者可以发送大量信号(on top of the signals),迫使一个设备不能接收应答信号,这就是阻塞。阻塞的无线信号可以使设备不能对网络连续访问。有一些对由无线以太网用来防止流量嗅探的加密协议的攻击,这类攻击将在讨论加密协议时讨论。

5.3.3 基于验证的攻击

有两个方面的无线网络验证:设备验证和访问接入点配置验证。设备验证指某台无线设备验证访问接入点(即访问接入点验证)以便知道它正在连接的是不是一个有效的访问接入点。访问接入点也会验证这个想连接到网络的无线设备(即无线设备验证)。在某些情况下,还可能会验证这台无线设备的用户。访问接入点配置验证是指一个攻击者企图访问指定的访问接入点的配置菜单,试探能否修改访问接入点的网络安全特性。

在访问接入点验证中,有两种主要类型的攻击很相似,但它们有两个不同的目的。第一种是一个有效的网络用户安装了一台无线访问接入点,但不告知接入单位,这叫做恶意访问接入点[25~27]。第二种是一个攻击者安装了一台访问接入点,并伪装成有效访问接入点,这叫做非法访问接入点[28,29]。图 5.17 所示的是一个恶意访问接入点,图 5.18 所示的是一个非法访问接入点。

在图 5.17 中,一个用户能够把访问接入点连接到指定单位的内部网络上。根据用户的老练程度,这个恶意用户可以屏蔽 SSID 广播,因而产生一个隐藏的恶意访问接入点。即使这个用户使 SSID 恢复广播了,仍然很难决定是否已经安装了恶意访问接入点。有几种安全风险和这个恶意访问接入点有关系。首先,这种安装本身就不安全,可能为一个攻击者提供对内部网络的访问渠道，即便恶意访问接入点使用的是无线网络协议，因为协议本身有漏洞，攻击者仍然可以进行访问。另一类安全威胁是恶意网络可以允许用户绕过内部安全网络，例如网络访问控制，因此，降低了整个网络的安全性。

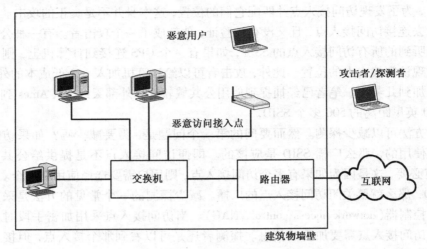

图 5.17　恶意无线访问接入点

　　恶意无线访问接入点的减灾是很难的，因为它们很难被定位，尤其是在单位也有无线网络的情况下。减少恶意访问接入点的一种方法是，按照用于有线网络的停止授权的同样方法，例如 NAC 或其他上层安全协议方法，这种方法可以阻止访问接入点访问有线网络，至少可以防止未授权的用户访问有线网络。另外一种方法是通过寻找无线信号扫描恶意访问接入点。还可以寻找 SSID 广播信息，也可以嗅探流量和寻找访问接入点与无线设备之间的数据包。做到这些也不容易，它要求监控所有的无线流量，尤其是处于具有无线网络的单位的办公室中，这是很难做到的。

　　第二种访问接入点验证攻击如图 5.18 所示。这里，一个攻击者安装了一台非法的访问接入点装置，伪装成单位的一台合法的访问接入点。

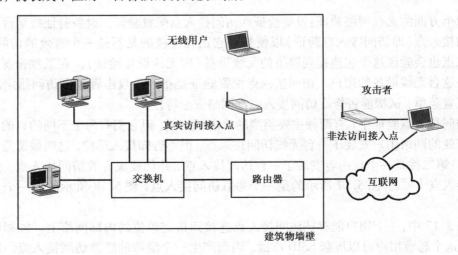

图 5.18　非法访问接入点

　　这种攻击允许攻击者捕获无线设备上的所有流量。这类攻击需要克服几个问题才能成功。第一个问题是如果把一个无线设备接入到一个非法的访问接入点上，则需要提供它对网络的访问。设置一个非法的访问接入点，让它看起来像是一个内部的安全网络是很难的，除非攻击者已经能够安全地访问网络。如果这个攻击者处于单位内部网络，那么这应该是个恶意访问接入点，目标就是捕获流量。

　　另外一个问题是，如果非法访问接入点没有采取无线加密（除非攻击者知道真实访问接入点的加密密钥），那么这类攻击才能奏效。如果这类攻击只对不加密的访问接入点奏效，那么攻击者捕获无线设备和已有的访问接入点之间的流量是很容易的。那么这类攻击又归于基于流量的攻击。可以通过无线加密协议或通过上层安全协议来减少非法访问接入点的攻击。

　　在访问接入点配置验证中，攻击者取得了对访问接入点的控制软件的访问权。对控制软件的访问可以通过无线网络来实现，控制软件由密码保护。如果一个攻击者取得了对访问接入点的控制软件的访问权，则他就可以修改加密密钥。首先读取密钥，然后禁用密钥，最后加入另外的密钥，然后就可以对访问接入点进行其他各种恶意的攻击了。为了减少这类攻击，用户应该修改访问接入点的默认密码，使得攻击者不能访问无线网络的配置菜单（如果可能的话）。应该指出的是，有一些 Web 网站，可以提供大多数网络设备的默认密码清单。

　　正如有线以太网，对于减少基于验证的攻击需要另外的协议协同，在某些情况下，需要依靠上层协议提供解决方案。

5.3.4　基于流量的攻击

　　大多数基于流量的攻击是无线网络流量嗅探。正如我们已经看到的，无线信号是不能被控制的。有时在标准规定的最大距离之外，还是能捕捉到信号。正像有线以太网，无线以太网的网络控制器可以被配置成忽略目标地址（混杂模式），因此可以捕捉所有的流量。当然，和有线以太网不一样的地方是，无线的信号很容易被捕捉。为了减少这类攻击，无线以太网标准增加了加密机制，让攻击者无法对无线以太网的数据包中的数据进行破解。最常见的对无线以太网基于验证的攻击的减灾方法也是使用加密方法。这一节我们将探讨用于无线以太网验证和加密的两种常见的方法。这些加密协议对无线设备和访问接入点之间的流量进行加密，但不提供端到端的加密。有其他高层协议提供端到端的加密，本章后面讨论这个问题。

　　有线对等私钥（Wired Equivalent Privacy，WEP）就是一个这样的协议，它可以提供简单的验证和加密[30~32]。WEP 标准是在 1997 年制定的，并设计了简单的安全机制，符合加密出口法。图 5.19 说明了 WEP 在访问接入点和无线设备之间的使用。

　　在图 5.19 中访问接入点和无线设备之间有一个共享的密钥，用于加密数据帧。密钥大小为 40~128 位，验证通过共享密钥来完成。无线设备在发送一条联系请求信息之前，先发送一条用共享密钥加密的信息来验证它本身，这并不是一种很强的验证，而且不能用于验证一个用户。一个访问接入点也许只支持小的密钥集（常常一条密钥就够了），这样一条单一密钥常常由通过同一个访问接入点访问网络的所有设备使用。验证证明的唯一一件事情，就是知道了密钥的某台无线设备正在发送数据包，知道密钥的某个访问接入点也正在发送数据包。WEP 可以通过使用几种公共域软件包来破解。WEP 并不是一个很强的协议。尽管有这些弱点，WEP 在今天仍然在使用。

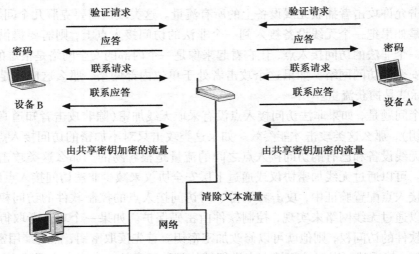

图 5.19　WEP

在 2002 年制定了一个强大的新的协议,即 Wi-Fi 访问保护协议(Wi-Fi Protected Access, WPA)[33~37],WPA 同时使用验证和加密来提供安全。WPA 是为用于家庭环境而设计的,此时验证过程是自含的;它也用于团体环境,此时验证绑定在基于验证系统的合作用户上。图 5.20 说明了家庭环境中的 WPA。

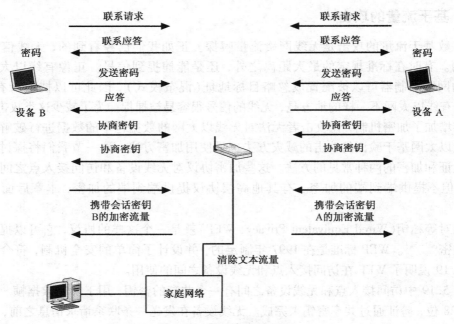

图 5.20　基于家庭的 WPA

在图 5.20 所示的家庭环境中,无线设备和访问接入点仍然共享一个共同的密码,但这个密码用于验证,而不是加密。无线设备首先联系访问接入点,然后以单向散列函数的形式发送一条密码,用于验证用户和设备。使用这个访问接入点的所有设备和用户共享这个相同的密码。一旦这台无线设备得到访问接入点的验证,那么两台设备就开始协商会话加密密钥,该密钥用于无线设备和访问接入点之间的数据包交换。会话密钥对于每一台无线设备来说是随机选择的,它直到设备和访问接入点中断之前一直有效。在图 5.20 中,两台无线设备都有它们自己的密钥,尽管它们有着同样的密码。这样使得对加密进行破解和发现会话密钥很难。即便会话密钥被发现了，也只是对一台无限线设备且在一个很短的时间内有效。会话密钥的长度是 128 位。

在团体环境中，验证每一个用户，而不只是验证设备。WPA 就是为与验证服务器进行交互而设计的。图 5.21 说明了团体环境下的 WPA。

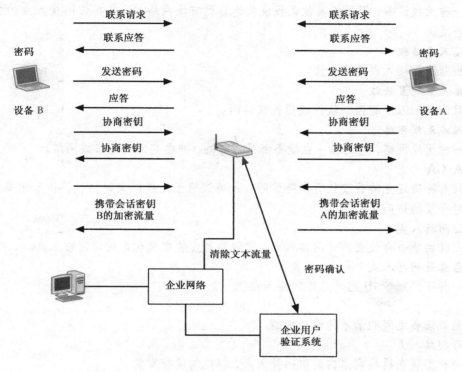

图 5.21　企业 WPA

在图 5.21 中，无线设备首先和访问接入点联系，但是访问接入点不能提供对团体网络的访问，无线设备用户会给访问接入点提供验证信息，访问接入点会确认验证信息。如果无线设备用户未被授权使用网络，访问接入点会继续阻止用户对团体网络的访问。如果无线设备用户被授权使用网络，那么无线设备和访问接入点会协商一个会话加密密钥。注意，在会话密钥协商和分配上团体模式与家庭模式是相同的。会话密钥用于无线设备和访问接入点之间的数据加密。

在 WPA 中的漏洞与 WEP 中发现的漏洞类似。如果一个攻击者可以看到足够的流量，那么加密密钥仍然可以被发现。因为这些密钥只是短期内有效，密钥泄密的影响是很小的。在家庭环境中，仍然有一个密码，但是因为它不用于加密密钥，所以是很难被破解的。一个攻击者可以捕获验证会话，并使用公用软件工具试图猜测密码。如果发现验证密码，那么攻击者就可能连接到访问接入点，并进而访问到网络。在团体环境下，猜测密码更加困难。尽管有这些弱点，WPA 仍然被推荐用于减少嗅探和基于验证的攻击。

无线网络在遭遇雪崩式攻击时，既可以使得设备无法访问网络，也能降低整个网络数据的速率。并不是所有的无线雪崩都是一种攻击。过量的流量往往归因于多个互相接近的访问接入点。如果雪崩是恶意的，那么几乎不可能阻止这种攻击。当然一个攻击者阻塞无线网络也是可能的，这就是物理攻击，它同样也很难阻止。

一般来说，即使 WPA 有缺陷，还是推荐它用于私人的无线网络。WPA 仍然可以让攻击者很难嗅探到流量。如果对嗅探数据比较关注，可以关注一些用于上层协议或应用的一部分的其他协议。本章后面将讨论这些协议。

定　义

访问接入点

一种无线设备，用于将其他无线设备连接到有线网络，设备在访问接入点的控制下共享介质。

访问接入点验证

检验访问接入点是否合法。

访问接入点配置验证

对访问接入点的控制软件进行授权访问。

对等模式无线网络

一种无线网络，它的每一台设备都是对等的，并由它们自己组成网络。

CSMA/CA

具有冲突避免的载波侦听多路访问。此协议用于无线以太网协议，并允许多种设备共同对介质的访问。

非法访问接入点

一种由攻击者设置的访问接入点，它假装是安装在机构内的访问接入点。

隐蔽恶意访问接入点

一种不广播 SSID 的恶意访问接入点。

阻塞

无线设备之间的信号传输被中断。

恶意访问接入点

一种安装在机构网络内的访问接入点，但机构没有发觉。

SSID

服务设施识别器，这是由访问接入点使用的名字，用于识别网络。访问接入点使用 SSID 判断无线设备希望接入哪一个网络。

探测或钓鱼

使用无线的计算机和软件去发现无线访问接入点、登录 SSID、访问接入点类型和计算机的位置。

WEP

有线对等密钥，一种协议，用于提供访问接入点和无线设备之间的验证和加密，使用的是共享密钥。

无线设备验证

为希望与访问接入点连接的无线设备提供验证，并授权使用指定的访问接入点。

无线路由器

一种与路由器相连的访问接入点，由访问接入点构成的无线网络与由路由器连接的有线网络是分开的。

WPA

Wi-Fi 安全访问。一种协议，用于访问接入点和无线设备之间的验证和加密。验证基于共享信息，但密钥是双方协商的。

5.4　常用对策

正如我们在本章已经看到的，类似的攻击既可能发生在有线网络，也可能发生在无线网络，攻击的区别在于实现的难易性和减灾的难易性上。有几种常用的对策可以用于减少物理网络攻击。有些措施实际上是属于上层协议的，因此不在本章讨论。例如，有些协议是执行端到端流量加密的。这些协议既可以减少嗅探攻击，也可以减少验证攻击。这一节我们考察的是常用对策，它们是物理网络层的一部分，一般用于减少嗅探和验证攻击。

5.4.1　虚拟局域网(VLAN)

第一个常用的措施称为虚拟局域网(virtual local area network，VLAN)[38~39]，VLAN 的实际目标是在超出交换机的物理网络的基础上构建逻辑网络。如果你还记得，在一个交换环境下，我们已经隔离了网络流量。这种隔离不会扩展到广播域以外。在一个 VLAN 中，广播流量被限制在 VLAN 中。图 5.22 显示了一个具有 3 个交换机和两个 VLAN 的简单 VLAN。

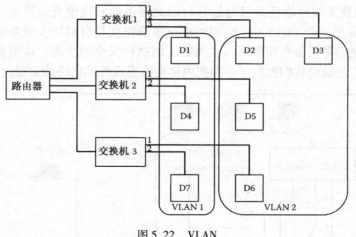

图 5.22　VLAN

正如从图 5.22 看到的，每一台设备都连接到交换机的一个端口上，每一个端口都分配到两个 VLAN 之一中。从 VLAN1 来的所有流量和 VLAN2 的流量是被隔离的。如果 D2 想和 D1通信，必须经过路由器，这就产生了两个网络，逻辑上如图 5.23 所示。

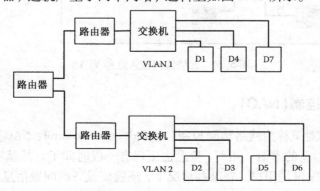

图 5.23　VLAN 的逻辑视图

　　有两种类型的 VLAN，一种是静态的 VLAN，它是基于固定端口划分的。一种是动态 VLAN，它是基于设备的硬件地址的。在图 5.22 中显示了一个静态 VLAN，连接到交换机 1 端口 3 上的任何设备都划归 VLAN1。从安全的角度来看，静态 VLAN 对 ARP 中毒提供了某种程度的保护，并防止了对交换机的端口映射表的攻击。然而，正如图 5.23 所示，一个 VLAN 就是一个小型的网络，每一个网络仍然有同样的问题。

　　动态的 VLAN 配置是根据设备的硬件地址划分 VLAN 的。这提供了一定程度的安全性，因为只知道那个网络的设备的硬件地址。可以划分尽量多的动态 VLAN 系统，把未知的设备划分到某个 VLAN 中，以便限制甚至不允许访问。从安全的角度来看，一个动态 VLAN 通过根据硬件地址对设备的验证提供了额外的保护。由于硬件地址可以被修改，动态 VLAN 对安全的提升是有限的。

　　在两种类型的 VLAN 中，潜在地增加了安全系数，因为所有的 VLAN 之间的流量都必须经过路由器，这使得安全性有所增加，第 6 章会讨论这个内容。VLAN 也可以用做网络管理工具，因为它们在物理网络基础上产生了逻辑网络。

　　保护无线网络只是利用 VLAN 的一个方法。访问接入点可以放置到一个或一个以上的 VLAN 中，这就迫使无线网络流量只通过它自己的路由器和其他安全设备。如图 5.24 所示，访问接入点被划分在一个 VLAN 中，它们的流量被限制在具有附加安全功能的设备上。这些设备是同样类型的，都具备在互联网与主网络之间执行安全的功能。这里我们不准备讨论这些设备，但 VLAN 的确给我们提供了一种把内部网络当成外部网络的途径。

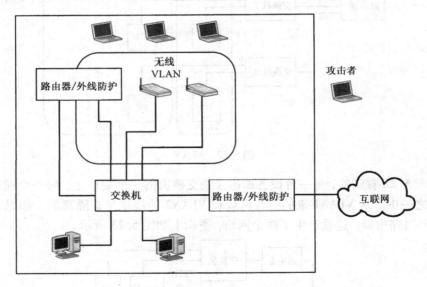

图 5.24　无线访问接入点和 VLAN

5.4.2　网络访问控制（NAC）

　　另外一个一般的对策称为网络访问控制（network access control，NAC）[38, 39]。在网络安全方面 NAC 是一个相对新的术语。然而，概念也出现有一段时间了。其基本想法是验证网络上的每一台设备，而不仅仅是用户。在某些情况下，还验证设备的配置信息，从而连续监控设备以决定设备是否应该保留在网络上。对于 NAC 环境的部署没有普遍的公认的标准，有几个基于提供商的解决方案，但在实现手段上每一个都有不同的地方。本书只考察 NAC 的一般概念。图 5.25 示意了 NAC 环境的一般架构。

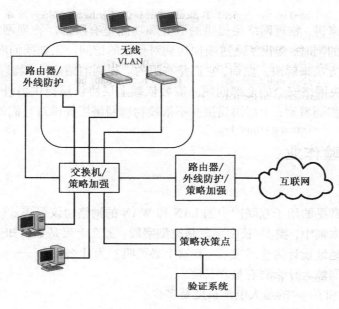

图 5.25　NAC 框架

当一台设备连接到网络上时，它自身会进行验证。这正是用户验证的一部分。设备验证以机构的策略为基础，常常由设备的信息构成。常用的设备信息包括操作系统和应用系统的版本号与补丁级别。根据用户和设备验证的结果，NAC 会决定设备有什么样的访问权限。NAC 环境通常使用动态 VLAN 强制通过基于策略分隔的设备执行策略，这与我们将要在后面讨论的基于用户的验证是不同的。当使用 NAC 时，如果设备没有授权，那么将不允许它访问网络或隔离成一个独立的网络。

由 NAC 提供的安全重点在防护网络错误配置或受感染的设备上。这个目标是很好的，但 NAC 并没有推广使用。这在某种程度上可以归咎于实现的复杂性或对投资的不确定性的回报。这种情况在机构不划分 VLAN 或没有使用支持 NAC 的提供商的设备时更加突出。

定　义

动态 VLAN

　　一种 VLAN，它的划分依据是设备提供的信息，一般是根据设备的硬件地址。

网络访问控制（Network access control，NAC）

　　一种对网络访问进行控制并依据用户验证、系统配置信息的系统。未授权的设备不能访问网络，或被隔离到一个独立的网络。

静态 VLAN

　　一种 VLAN，它的划分是根据网络的交换机端口，并通常是不改变的。

虚拟局域网（Virtual local area network，VLAN）

　　一种使用交换机将设备划分到一个独立的局域网中的系统，它们甚至可以共享交换机。

5.5　一般结论

从安全的角度来讲，物理网络层提供的服务和功能是有限的。物理网络层的最大安全问题是对介质的访问的同时，提供了通过嗅探达到对数据的访问。正如我们看到的，这个问题可以通过几种不同的方法来解决。然而，它们是有限的。得到的结论是，物理网络层的安全很重要，但它们不能解决网络安全的全部问题。需要依赖上层协议层提供另外的安全来克服物理网络层的问题。我们还看到，上层协议层并不依赖物理网络层提供对它们的安全防护。

课后作业和实验作业

课后作业

1. 绘制一个常见的用于互联网中的 LAN 和 WAN 的网络协议列表。
2. 如果在以太帧中，类型/长度字段是类型字段，那么上层是如何知道帧的长度的？
3. 将以太网地址设计为全球唯一，有这个必要吗？为什么？
4. 有线以太网帧为什么要有最小长度？
5. 100 Mbps 和 Gbps 的最大电缆长度是多少？
6. 最大长度如何扩展？
7. 为什么大多数协议试图避免使用广播包？
8. 在互联网上搜索可以改变源以太网地址和嗅探网络流量的工具，并从防护和攻击方面对这些工具加以评价。
9. 在互联网上搜索可以侦探硬件地址欺骗的工具。
10. 在互联网上搜索探测工具，并从防护和攻击方面对这些工具加以评价。
11. 是什么使得 WPA 协议比 WEP 协议更安全？
12. 为什么 WPA 和 WEP 都很难用于公共无线网中，如果实现的话，它们能提供更高级别的安全吗？
13. 如何侦探恶意访问接入点？
14. 利用互联网，研究 NAC 市场，并给出主要的提供商和市场大小，并对你已经发现的和未来市场的走向加以评论。

实验作业

1. 登录到测试实验室的一台计算机中，并给出这台计算机的硬件地址。
2. 使用 tcpdump 或 wireshark 命令找出测试网络实验室中每一台设备的以太网地址和提供应商 ID。
3. 使用 tcpdump 或 wireshark 命令找出测试网络实验室中在 10 分钟期间广播包的数量，并与这段时间内总的数据包进行比较。
4. 如果你的实验室有无线网络，试着嗅探无线流量，包括加密的和非加密的流量，并指出两者的特点。
5. 使用探测工具，看看你能发现多少访问接入点，非加密的占多大比例？

编程题

1. 由 ftp://www.dougj.net 网站下载文件 netdump.tar。这个程序是简单数据包嗅探器的基本代码。在随后的章节中涉及到一些编程问题时，还将扩充该代码的功能。把这个文件解压到一个目录文件夹中，用 make 命令产生文件的 netdump。使用命令 run_dump 运行这个程序。注意，有 C 和 Unix 两种教案，它们以附录 B 的形式放在 Web 网站中。执行下列步骤：

   a. 运行程序捕捉文本文件中的流量，考察文件中存储的流量的格式。

   b. 修改文件 netdump.c 并增加代码解释以太网头部，并以可读格式打印头部，以十六进制打印地址。每个字节之间加"："号（如 DA = 00：16：22：F3：33：45，SA = 00：FF：34：78：CD：22）。以 Type =（十六进制），Len =（十进制）的格式打印类型/长度域。

   c. 如果类型域给出的载荷是 IP(0x800)，那么打印 Payload = IP。如果类型给出的载荷是 ARP(0x806)，那么打印 Payload = ARP。

   d. 在程序中增加一个计数器代码，计算出广播包、IP 包和 ARP 包的数目。增加一段代码，打印出这些计数器的值，将这段代码添加到子程序 program_ending( ) 中。注意，子程序中已经有打印数据包总数的代码了。

参考文献

[1] Zimmermann, H. 1980. OSI reference model —The ISO model of architecture for open systems interconnection. *IEEE Transactions on Communications* 28：425-32.

[2] Comer, D. E. 1995. *Internetworking with TCP/IP*. Vol. 1. *Principles*, *protocols and architecture*. Englewood Cliffs, NJ：Prentice Hall.

[3] IEEE 802 standards, http://www.ieee802.org/.

[4] Simon, D., B. Aboba, and T. Moore. *IEEE 802.11 security and 802.1 x*, p. 802.11-00.

[5] Templeton, S. J., and K. E. Levitt. 2003. Detecting spoofed packets. Paper presented at Proceedings of DARPA Information Survivability Conference and Exposition. Washington, DC：164-176.

[6] Medhi, D. 1999. Network reliability and fault tolerance. In *Wiley Encyclopedia of Electrical and Electronics Engineering*. New York：John Wiley & Sons.

[7] Shake, T. H., B. Hazzard, and D. Marquis. 1999. Assessing network infra structure vulnerabilities to physical layer attacks. In *22nd National Information Systems Security Conference*, Arlington, VA：18-21.

[8] Held, G. 2003. *Ethernet networks*：*Design*, *implementation*, *operation*, *management*. New York：Wiley.

[9] Lundy, G. M., and R. E. Miller. 1993. Analyzing a CSMA/CO protocol through a systems of communicating machines specification. *IEEE Transactions on Communications* 41：447-49.

[10] Whalen, S. 2001. An introduction to ARP spoofing [online]. *Node99*, April.

[11] Wagner, R. 2001. *Address resolution protocol spoofing and man-in-themiddle attacks*, www.sans.org

[12] Kwon, K., S. Ahn, and J. W. Chung. 2004. Network security management using ARP spoofing. Paper presented at Proceedings of ICCSA. Assis：Italy.

[13] Crow, B. P., et al. 1997. IEEE 802.11 wireless local area networks. *IEEE Communications Magazine* 35：116-26.

[14] O'Hara, B. 2004. *The IEEE 802.11 handbook*：*A designer's companion*. IEEE Standards Association. Piscataway, NJ.

[15] Brenner, P. 1992. *A technical tutorial on the IEEE 802. 11 protocol.* BreezeCom Wireless Communications. San Jose, CA.

[16] Ramanathan, R. , J. Redi, and B. B. N. Technologies. 2002. A brief overview of ad hoc networks : Challenges and directions. *IEEE Communications Magazine* 40 : 20-22.

[17] Cali, F. , M. Conti, and E. Gregori. 2000. IEEE 802. 11 protocol : Design and performance evaluation of an adaptive backoff mechanism. *IEEE Journal on Selected Areas in Communications*, 18(9).

[18] Carney, W. , W. N. B. Unit, and Texas Instruments. 2002. *IEEE 802. 11 g new draft standard clarifies future of wireless LAN.* Texas Instruments.

[19] Wardriving home page. http://www. wardriving. com/.

[20] Shipley, P. 2003. Open WLANs : The early results of wardriving. www. dis. org-filez-openlans.

[21] Kim, M. , J. J. Fielding, and D. Kotz. 2006. Risks of using AP locations discovered through war driving. In *Proceedings of the 4th International Conference on Pervasive Computing* (*Pervasive 2006*), Dublin, Ireland : 67-82.

[22] Freeman, E. H. 2006. Wardriving : Unauthorized access to wi-fi networks. *Information Systems Security* 15 : 11-15.

[23] Maxim, M. , and D. Pollino. 2002. *Wireless security.* New York : McGrawHill/Osborne.

[24] Beyah, R. , et al. 2004. Rogue access point detection using temporal traffic characteristics. In *IEEE Global Telecommunications Conference* (*GLOBECOM' 04*), Dallas, TX : 4.

[25] Welch, D. , and S. Lathrop. 2003. Wireless security threat taxonomy. In *IEEE Systems, Man and Cybernetics Society Information Assurance Workshop.* Washington, DC : 76-83.

[26] Fleck, B. , and J. Dimov. 2003. Wireless access points and ARP poisoning. Online document (accessed October 12, 2001). www. cigital. com

[27] Lim, Y. X. , et al. 2003. Wireless intrusion detection and response. In *IEEE Systems, Man and Cybernetics Society Information Assurance Workshop.* Washington, DC : 68-75.

[28] Cam-Winget, N. , et al. 2003. Security flaws in 802. 11 data link protocols. *Communications of the ACM* 46 : 35-39.

[29] Miller, S. K. 2001. Facing the challenge of wireless security. *Computer* 34 : 6-18.

[30] Craiger, J. P. 2002. 802. 11, 802. 1 x, and wireless security. www. sans. org/ reading-room/whitepapers/ wireless/171 . php

[31] Arbaugh, W. A. 2003. Wireless security is different. *Computer* 36 : 99-101.

[32] Wong, S. 2003. The evolution of wireless security in 802. 11 networks : WEP, WPA and 802. 11 standards. 28 : 5. http://www. sans. org/rr/ whitepapers/wireless/1109. php.

[33] Edney, J. , and W. A. Arbaugh. 2004. *Real 802. 11 security : Wi-fi protected access and 802. 11 i.* Reading, MA : Addison-Wesley Professional.

[34] Boland, H. , and H. Mousavi. 2004. Security issues of the IEEE 802. 11 b wireless LAN. In *Canadian Conference on Electrical and Computer Engineering*, 1. Sashatdon, Sashatchewan, Canada.

[35] Moen, V. , H. Raddum, and K. J. Hole. 2004. Weaknesses in the temporal key hash of WPA. *ACM SIGMOBILE Mobile Computing and Communications Review* Philadelphia, PA : 8 : 76-83.

[36] Bridges, V. IEEE p802. lap/d3, 0.

[37] Zhu, M. , M. Moile, and B. Brahman. 2004. Design and implementation of application-based secure VLAN, *29th Annual IEEE Conference on Local Computer Networks CLCN '04.* Tampa, FL : 407. 408.

[38] Shi, L. , and P. Sjodin. 2007. A VLAN Ethernet backplane for distributed network systems. In *Workshop on High Performance Switching and Routing* (*HPSR '07*). New York, NY : 1-4.

[39] Ferraiolo, D. F. , D. R. Kuhn, and R. Chandramouli. 2003. *Role-based access control.* Boston, MA : Artech House.

第6章 网络层协议

网络层的设计,用来提供多个网络间的互连,并允许多种设备接入到网络[1,2]。过去几年,已经有几个网络层标准得以开发,这些标准可分成两类。第一类用于将某个设备接入某个网络并负责端到端的数据传输。端到端的网络通常是由一个单独的机构维护的封闭网络,如基于电话的网络,这种类型的网络称为网络访问协议网络(network access protocol network)。第二类网络层协议称为网际协议(internetwork protocol)[3~5]。这就是说,这里同样的网络层协议是网内每一个设备的一部分。图6.1显示了这两类协议的不同之处。

如图6.1(a)所示,网络访问协议将一个设备或网络接入到一个端到端网络。网络访问协议控制设备和专用网络间的交互。专用网络被看成到达最终目标地址的直通路径,专用端到端网络负责将数据传输到网络的最终客户端。独立网络访问协议用来连接远程设备和专用端到端网络。网络访问协议为专用端到端网络提供了目标地址,专用端到端网络处理所有流量的路由。这种配置设计之初是用来构建类似于当今互联网的大型网络。这些网络仍然存在,并且用于提供专用网络,也用于互联网中的网络互连。从安全角度来讲,通常将专用端到端网络看成设备间的点到点连接,因为专用端到端网络是由一个单独的机构控制和管理的。

图6.1(b)显示了第二种类型的网络层协议,此处的通用网络层协议是网内每个设备的一部分,并且网络层协议产生一个端到端的数据流。这种类型的网络层协议用于互联网(称为网际协议,IP)。正如在图6.1(b)中所见,每个设备都有一个网络层负责为源设备到目标设备的数据包提供路由,这使网络层协议成为一个主要的攻击目标。网络层协议也负责为各种类型的物理网络提供接口。

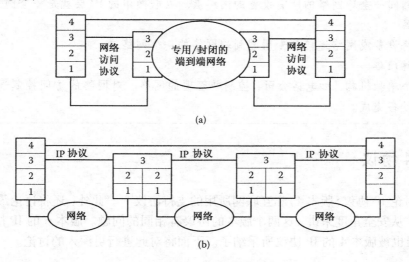

图6.1 网络层协议

正如在第5章所看到的,有几种不同类型的物理网络,并且每一种都有其唯一特性。为了提供端到端的数据传输,网络层需要弥补各种物理网络层间的区别。表6.1列出了这些区别,也给出了网络层处理这些区别所提供的弥补方式。

表6.1　网络间的区别

区　别	弥　补
物理网络层寻址方案	网络层需要适应不同物理层寻址类型，这在路由器一类的设备中将更加困难
最大及最小包尺寸	网络层需要实现拆分和重组
网络访问方式	网络层需要提供缓存以便处理不同访问方式，特别是在路由器中
错误和流控制	网络层需要处理丢失和延迟的包
设备及用户验证	若需要，网络层应对物理网络提供验证

如前面提到的，网络访问协议可用于互联网上的网络互连。图6.2显示了网际互联（IP层）层的网络层如何将网络访问层当成物理网络层，因此将端到端网络当成点到点物理网络。网络访问层的安全一般由网络提供者控制和管理。从互联网安全角度来看，我们通常不用担心网络访问协议。

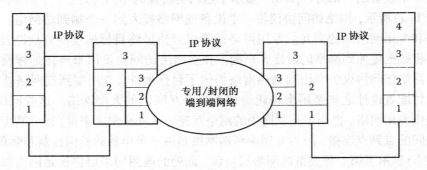

图6.2　在互联网中使用专用端到端网络

定　义

网际互联层

连接到同一全球网络的所有设备的网络层。互联网中的IP层就是一个例子。

网络访问层

用于将设备或网络连接到专用端到端网络的一个网络层。

专用端到端网络

由一个单独机构，如电话公司，控制并管理的网络。对网络的访问控制通过构成网络的物理设备完成。

6.1　IPv4 协议

本节将讨论IP协议（版本4）和互联网所用的支持协议[6]。此外，还将讨论最新版的IP协议（版本6）。从安全角度来讲，这两个版本的协议有相同的问题。版本6的IP协议有安全拓展，这些拓展也被版本4的IP协议所采纳了。下面将对此进行更深入的讨论。

6.1.1　IP 寻址

IP地址被设计为全球唯一的，因此在学习数据包如何在互联网上传递之前，我们需要理解IP地址是如何分配和指定的。IP地址由两部分组成：网络部分和主机部分。因此，理解互联网的一个方法是将互联网看成唯一寻址的网络集合，集合中的每个网络包含一定数量的唯一寻址的主机。在 IPv4 协议中，地址空间的长度是 32 位。IP 地址由圆点符号分隔成四个数。这样分是为了使 IP 地址易于使用。四个数中的每一个代表 32 个比特位中的 8 位。图 6.3 显示了两个网络及其网络和主机的地址分配。

在图 6.3 中，网络 1 的 IP 地址为 197.12.15.0。给网络分配地址作为指代网络的一种方法。若不给网络分配地址，网络地址就不会在任何数据包中出现。网络 1 可以有 254 个与其相连接的设备，IP 地址范围从 197.12.15.1 到 197.12.15.254。不允许主机地址是 0，并且主机地址 255（全 1）是一个保留地址。同样，图 6.3 显示了网络 2 中可能有 254 个主机地址。也应注意的是，分配给相邻网络的 IP 地址它们相互间没有数字关系。

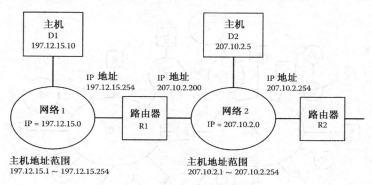

图 6.3　IP 地址举例

并非所有网络地址都分配了相同数量的主机数。如图 6.3 所示，每个网络能有 254 台主机。设想 IP 地址空间由大量小网络构成。为容纳这样的安排，IP 地址空间被分成五类，其中每一类在网络地址部分和主机地址部分的划分是不同的。此外，有几种 IP 地址范围被分配用于特殊目的，并非这些类中的所有 IP 地址都可公开使用；有几个范围被保留用于专用 IP 地址，稍后将讨论它。表 6.2 和表 6.3 给出了几种被保留的 IP 地址范围和单个地址。表 6.2 给出的是 IPv4 的五个地址类。应当注意的是，在 IPv6 协议中的地址空间要大得多（128 位）。

表 6.2　IP 地址空间分配

类	第一个网络	最后一个网络	网　络　数	每个网络中的主机数
A 类	1.0.0.0	126.0.0.0	126	16 777 214
B 类	128.0.0.0	191.255.0.0	16 384	65 534
C 类	192.0.0.0	223.255.255.0	2 097 152	254
D 类	224.0.0.0	239.0.0.0	多播	
E 类	240.0.0.0	255.255.255.254	保留	

表 6.3　保留 IP 地址

网络部分	主机部分	目　　的
网络	全 0	网络地址——不在数据包中使用
网络	全 1	定向广播——只包含目标地址
全 1	全 1	广播地址——只包含目标地址
全 0	全 0	这个网络的主机——只包含源地址
全 0	主机	这个网络上的特定主机——只包含目标地址
127	任何	回送地址

　　A 类地址空间是为互联网服务提供商设计的，B 类地址空间是为大型组织机构设计的，C 类地址空间是为小型组织机构设计的。图 6.4 显示了最初是如何设计地址空间分配的。

　　正如在图 6.4 中所见，互联网 A 类地址用于互联网的骨干网，B 类和 C 类通过 A 类网络互联。单个主机能够连接到任何一个网络上。这只是通常意义上互联网的配置，然而有些情况下 B 类和 C 类网络并不是通过 A 类网络互联的。互联网内的路由并不依靠图 6.4 所示的层次方式。值得注意的是，某类分配的地址和与它们相连的网络之间并没有关联。换言之，一个连接到 A 类网络的 B 类地址可能使用地址 129.188.0.0，使用另一个 B 类地址的网络（129.189.0.0）可能连接到一个不同的 A 类网络。

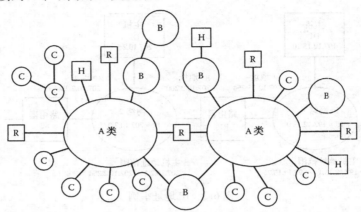

图 6.4　IP 地址空间

　　如前所述，并非所有 IP 地址都可以在互联网上公开使用，有些只能在特殊情况下使用，如表 6.3 所示。从安全角度来讲，这些地址值得关注，因为如果对它们使用不当会带来问题。

　　如表 6.3 所示，两类地址（主机部分全 1）用于向某一网络内的所有设备发送广播。广播包能用来对网络进行基于流量的攻击。全 1 广播包不被路由，只能影响发送设备所连接的网络。定向广播能在互联网上路由，因此它可以发送到互联网上的任何地方的某一网络。已经有利用定向广播包进行的攻击，它使得多个主机对一个单一的数据包进行回应。对于协议所使用的全 0 的保留地址，发送者是不知道其自身 IP 地址的。回送地址用来测试主机内的协议栈。当某一应用指定这个地址作为目标地址时，数据包将向下传递到 IP 层，IP 层将通过协议栈转发这些数据包到传输层。

　　最初部署 IP 协议时，网络上的计算设备是很少的。地址空间的分配建立在先来先分配的基础上。地址的网络部分分配给请求地址的组织，接着分配地址的主机部分。一个组织也能将它的地址空间分成更小的网络。在路由的帮助下，通过网络掩码区别一个地址的哪一部分是网络，哪一部分是主机。网络掩码被规定为像一个 IP 地址一样由圆点符号分隔的四个数组成。当转换成 32 位二进制值时，值为 1 的地址部分代表网络地址。例如 255.0.0.0 的前 8 位为 1，因此将是 A 类网络的掩码。

　　现在的问题是，当已经有网络类别定义了网络部分和主机部分时，为什么还需要网络掩码呢。主要理由是为了把一个网络分割成许多子网。例如，一个 B 类网能被分割成 256 个 C 类子网。这将提高网络性能并使网络更易于管理。表 6.4 给出了每类网络的网络掩码。

表 6.4　网络掩码值

类	网络掩码
A	255.0.0.0
B	255.255.0.0
C	255.255.255.0

图 6.5 给出了一个 B 类网分割成多个 C 类网的例子。图 6.5 中每个子网的网络掩码是 255.255.255.0，要注意图 6.5 中也给出了网络地址。例如，172.16.1.0 是其中某个网络的地址。注意，即使给出了网络地址，网络自身并非是流量到达的目标。一个子网不一定必须是某一类别网络的大小，它可以更小。比如，一个 C 类网络还能被分割成多个子网。互联网服务提供商经常给个人分配网络掩码为 255.255.255.254，这表示个人在其子网中只有一个地址。

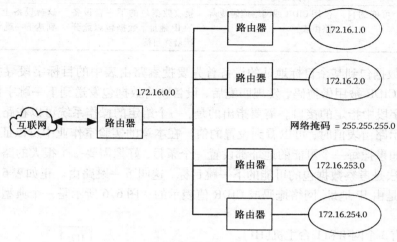

图 6.5 子网

标识网络的另一种方法是使用称为无类域际路由（Classless Interdomain Routing，CIDR）[8] 的概念。每一个 CIDR 地址由圆点符号分割的地址并跟着"/"和一个表示地址的网络部分的数字来表示。6.1.2 节有网络掩码或 CIDR 使用的例子。表 6.5 表示的是每一类的 CIDR 地址。

表 6.6 给出了几个常用的 CIDR 值下的网络和主机的数目。

表 6.5 每一类 IP 地址的 CIDR 值

类	网 络 掩 码	CIDR	CIDR 地址例子
A	255.0.0.0	/8	15.35.26.234/8
B	255.255.0.0	/16	129.186.34.54/16
C	255.255.255.0	/24	192.168.1.30/24

表 6.6 常用的 CIDR 值

CIDR	网 络 数	每个网络中的主机数	CIDR	网 络 数	每个网络中的主机数
/30	1/64	4	/21	8	2048
/29	1/32	8	/20	16	4096
/28	1/16	16	/19	32	8192
/27	1/8	32	/18	64	16 384
/26	1/4	64	/17	128	32 768
/25	1/2	128	/16	256（B 类）	65 536
/24	1（C 类）	256	/15	512	131 072
/23	2	512	/14	1024	262 144
/22	4	1024	/13	2048	524 288

6.1.2 路由

要理解 IP 地址是如何定义的，首先需要明白互联网是如何使用地址来递交数据包的。互联网上设备的 IP 地址与网络的物理位置或网络的互连是没有关系的。因此，互联网上设备使用的分布式的路由方法是必要的。这种路由方法是基于互联网每一台设备知道一个数据包要被送到相邻的每一个可能的目标。这是通过一个路由表告诉设备发送的数据包可能到达的每一个目标及哪一台设备(下一跳)将帮助数据包到达目标。下一跳是由 IP 地址和接口(例如路由器,也许有两个或两个以上的接口)指定的。表 6.7 给出了路由表中用来路由数据包的域。

表 6.7　路由表域

目　　标	CIDR/网络掩码	下 一 跳	接 　口
互联网上每一个可能的目标 IP 地址	使用 CIDR 或网络掩码搜索路由表	接收数据包的下一台设备的 IP 地址。数据包以此到达最终目标	这台设备上的接口,用于到达下一跳

希望发送数据包到某个目标地址的设备首先要搜索路由表中的目标字段寻找匹配。当搜索目标字段时 CIDR 被用做掩码,发现匹配后,设备就将数据包发送到下一跳字段中指定的设备,使用接口字段中指定的接口。需要指出的是,一个给定的操作系统可以在路由表中设置其他的值,在显示路由表值时,可以看到设置的值。在本章的实验室作业中可以证明这一点。

乍一看,如果把每一个可能的地址都设置一个条目,好像需要一个很大的路由表。考察路由表的最好方法是考察数据包的可能的下一跳目标,这叫下一跳路由。正如表 6.7 所示,路由表中目标条目是由 IP 地址、网络掩码或 CIDR 值表示的。图 6.6 所示是一个典型的网络其可能的下一跳目标。

图 6.6 中有 3 个网络和 1 台主机(H1)。从主机 1(H1)的角度来看,发送数据包到下一个设备有 3 个选择。H1 发送数据包到"我的网络"的目标主机 H2,在这种情况下,H1 可以把数据包直接发送到目标,而不需要借助其他设备的帮助。当主机要把数据包发送到它知道的"邻近网络"的主机 H3 时,它需要首先把数据包发送到路由器 R1,R1 会把数据包发送到

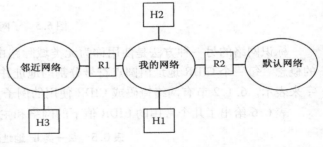

图 6.6　下一跳路由

最终目标。最后一种情况是 H1 不知道如何得到目标地址(目标网络不在路由表中),这时就要用默认路由,由路由器 R2 表示。当主机 H1 的目标地址与路由表中的所有条目都不匹配时,就把数据包发送到默认路由器。应该指出的是,在许多情况下,一个主机没有任何指定的邻近网络,这时路由表中就只有"我的网络"和默认路由。

现在我们来看一个简单网络的路由表的例子。先看图 6.7 显示的一个实际的例子,图 6.7 有两个不同的场景,一个是主机(H1 和 H2)不知道任何邻近网络,另一个是主机(H3 和 H4)有邻近网络。场景 1 涉及到主机 1,其目标网络有两个选择。一是可以把数据包直接发送给连接到同一网络的(不需要路由器)设备(如主机 H2),二是可以把数据包发给和 H1 不在同样网络的设备,即发送给路由器 R1(默认路由器)。因此,主机 H1 的路由表有两个条目,本网络上(192.168.1.0/24 目标地址表示本网络)的每个设备一条,默认路由 R1 一条(以默认目标地址表示)。路由表中的第 3 条是回送地址(127.0.0.1)。关于回送地址已经在本章前面讨论过,就不进一步讨论了。应该指出的是,不同的操作系统在路由表中可能有附加的条目,例如,有些操作系统会把在同一网络上发现的设备的地址追加到路由表中。

我们首先考察主机 H1 路由表的第 1 个条目,目标地址指定为 CIDR,目标地址从 192.168.1.1 到 192.168.1.255 之间的任何一条都可能匹配第 1 条。路由表中的第 1 条的下一跳字

段有主机 H1 的 IP 地址,这表示目标设备和主机 H1 在同一网络中。当一台主机需要发送数据包时,它首先要采用网络掩码或每一条的 CIDR,把目标地址和路由表中目标列中的每一条进行比较,如果主机 H1 想把数据包发送到主机 H2(IP 地址为 192.168.1.25),它会查询路由表,在采用地址掩码后,把目标地址和路由表中的每一条进行比较。该例的第 1 条是网络 192.168.1.0/24。当 192.168.1.25 采用 24 位 CIDR 掩码后,地址是 192.168.1.0,它与路由表中的第 1 条匹配。由于第 1 条的下一跳 IP 地址是主机 H1(本机),这样主机就知道了它需要直接把数据包发送到目标地址,而不必经过路由器。

路由器 R1 路由表

目标	下一跳	接口
192.168.1.0/24	192.168.1.30	eth0
192.168.5.0/24	192.186.5.250	eth1
127.0.0.1	127.0.0.1	lo0
默认	192.168.5.254	eth1

(eth:以太网口——译者注)

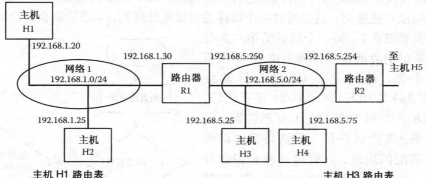

主机 H1 路由表

目标	下一跳	接口
192.168.1.0/24	192.168.1.20	eth0
127.0.0.1	127.0.0.1	lo0
默认	192.168.1.30	eth0

主机 H3 路由表

目标	下一跳	接口
192.168.5.0/24	192.168.5.25	eth0
192.168.1.0/24	192.186.5.250	eth0
127.0.0.1	127.0.0.1	lo0
默认	192.168.5.254	eth0

数据包地址表

条目	源/目标 IP		数据包	硬件地址	
	源	目标		源	目标
1	H1	H2	1	H1	H2
2	H1	H3	1	H1	R1
			2	R1	H3
3	H1	H5	1	H1	R1
			2	R1	R2
4	H3	H4	1	H3	H4
5	H3	H1	2	H3	R1
			1	R1	H1
6	H3	H5	2	H3	R2

图 6.7　路由表示例

现在主机 H1 知道了数据包要去的下一跳,它就通过路由表中指定的接口把数据包发送到主机 H2。下面的问题是主机 H1 如何取得主机 H2 的目标硬件地址,因为它所知道的只是主机

H2 的 IP 地址。对于以太网络，地址解析协议（Address Resolution Protocol，ARP）用于查询本地网络上的设备的硬件地址，这个协议会发送广播包到网络上的所有设备，去查询本地网络上的所有设备是否有请求的 IP 地址。当设备收到了 ARP 请求时，会检查请求的 IP 地址。如果 IP 地址匹配，主机必须用它的硬件地址作为回应。我们将在本章的后面详细讨论这个协议。现在只需要知道有这个协议存在就可以了。一旦主机 H1 取得了主机 H2 的硬件地址，它就可以发送数据包了。数据包以主机 H1 的硬件地址作为源硬件地址，以主机 H2 的硬件地址作为目标硬件地址，图 6.7 所示的数据包地址表的第 1 条说明了这一点。由主机 H1 发送到主机 H2 的下一个数据包仍然与上面所描述的一样，使用这个路由表，唯一的不同是 ARP 请求只是在每一个数据包其目标为同一设备时才需要，因为 ARP 结果已经存放在缓冲区了。我们还会看到，当存放的没有激活的条目达到一定量时，ARP 缓冲区就会发生溢出。它的路由过程可以用图 6.8 所示的流程图来说明。

图 6.8 给出了上面所描述的步骤，只是加上了一条，即当设备没有回应 ARP 请求时的处理。没有 ARP 请求回应表示目标设备没有回应。发送 ARP 请求的设备将会让数据包的发送者知道数据包没有被递交。这是通过一个特殊的协议来处理的，本章后面会讨论这个问题。

再回过头看图 6.7，第一个场景的第二部分是主机 H1 希望把数据包发送到主机 H3。主机 H1 查询路由表，并把主机 H3 的目标地址（192.168.5.25）与 192.168.1.0/24 进行比较，因为 192.168.5.0 与 192.168.1.0 不匹配，接着检查下一条，即默认条目。默认条目可以匹配所有没有匹配的地址，同时也是被查询的最后一个条目。下一跳字段包含路由器 R1 的 IP 地址，因此主机 H1 需要通过 R1 的硬件地址把数据包发送到路由器 R1，并保持源和目标 IP 地址不变。主机 H1 需要使用 ARP 协议来取得路由器 R1 的硬件地址。当路由器 R1 收到主机 H1 的数据包时，它会查询数据包有是否指的本路由器。如果数据包与路由器的 IP 地址不匹配，路由器会查询路由表看这个地址是否与表中的其他条目相匹配。与路由表的第 1 个条目显然不匹配，因为 192.168.5.0 与 192.168.1.0/24 是不匹配的。与路由表的第 2 条匹配，并标明主机 H3 是直接连接到同一网络的（路由表中的下一跳地址是接口为 eth1 的路由器的 IP 地址）。路由器会在不改变源和目标 IP 地址的

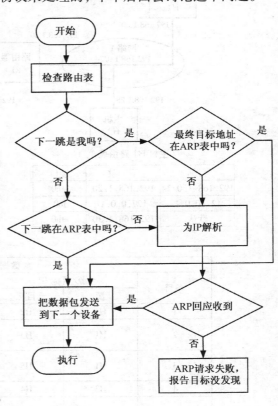

图 6.8　路由处理流程图

情况下把数据包发送到 H3。目标硬件地址就是主机 H3 的硬件地址，当然，路由器还得使用 ARP 协议获得主机 H3 的硬件地址，源硬件地址是路由器 R1 上的接口 2 的硬件地址。图 6.7 的数据包地址表中的第 2 个条目即为这两个数据包的说明。

如果主机 H1 要发送的数据包的最终目标地址不在网络 1 或网络 2 上（比如，主机 H5），那么路由器 R1 会将数据包路由到 R2（它的默认路由），R2 再试图路由数据包到下一个路由器，

直到数据包到达最终目标。这两个数据包的说明在图 6.7 的数据包地址表的第 3 条中。注意，尽管到目前我们讨论的都是主机 H1，对于主机 H3 及跨路由器 R1 的任何设备的路由都是同样的。如果一个路由器不能把数据包递交到目标地址，路由器会回送一个数据包给发送者，说明路由出了问题。

第二个场景是使用主机 H3 作为数据包源。H3 的路由表有 3 个条目，因为它发送数据包有 3 个选择：网络 2、网络 1（穿过 R1）和默认（穿过 R2）。在场景 1 和场景 2 中，发送数据包的方法是有区别的。因为主机 H3 知道有两个网络而不是一个网络。仍然用图 6.8 的流程图，在图 6.7 中给出的数据包地址表的第 4~6 条说明的是主机 H3 给主机 H4、H1 和 H5 发送数据包。

整个互联网的路由都是按上面描述的方法处理的。应该指出的是，有大量的协议用于产生和调整路由表，产生和调整的根据来自从网络和外界的输入得到的信息。这些路由协议常常用于大型网络，因此是值得研究的，并且也的确有些潜在安全问题。如果路由协议受到攻击，会引起互联网出问题。然而，本书不会讨论这些协议，因为它们是很难被攻击的，并受到严密监控。

在考察 IP 协议的漏洞之前，我们需要考察 IP 数据包的格式，以及两个支持协议，ARP 和 ICMP（Internet Control Messaging Protocol，网际控制消息协议）。

6.1.3　数据包格式

本节我们简要考察一下数据包头部字段。IP 数据包是由 20 字节的固定长度头部，并跟着一个可选头部和一个可变长度的载荷构成的。图 6.9 所示即是 IP 数据包头部。

版本号	头部长度	服务类型	总长度	
ID			标志	偏移值
有效期		协议	校验和	
源 IP 地址				
目标 IP 地址				
可选项				
数据				

图 6.9　IP 头部格式

版本号（4 比特）：IP 协议的版本号，值是 4 或 6。版本 4 是整个互联网在用的协议，然而版本 6 正由几个大的组织在推进，目标是取代版本 4，版本 6 将在本章后面讨论。

头部长度（4 比特）：这是 4 字节字的表示 IP 头部的长度，默认值为 5。

服务类型（8 比特）：设置这个字段是用于标记各类服务等级的网络。早期认为有不同类型的网络，它们可以提供不同的服务，数据包是根据服务类型来递交的。这个字段一般不用，通常都设置为 0。

长度（16 比特）：这个字段用于指出用字节表示的载荷的长度。

ID（16 比特）：这个字段包含一个识别标志（ID），用于唯一识别由设备发送的每一个数据包，这个字段用于支持拆分和重组。当一个数据包被拆分时，每一个片段包含一个原始的 ID 值，以便当片段被收到时进行重组。

标志（3 比特）：这 3 个比特包含两个标志。第 1 位被保留，并设置为 0，第 2 位是"不拆分"（D）标志。当该位由数据包的发送者设置成 1 时，数据包在向互联网传输的过程中，路由器不能对它拆分。如果路由器需要拆分数据包，但由于低层尺寸的限制和设置了 D 标志，数据包就会被丢弃,并回送一条信息给发送者。第3位是"更多"(M)标志,当这一位被设置成1时,表示这个数据包是一组被拆分的数据包的一部分,但不是拆分片段中的最后一个片段。如果M标志设置为0,则这个片段是一组被拆分中的最后一段,如果没有片段,则M标志也设置成0。

相对值(13比特):这个字段用于指出片段应该放在重组缓冲区中的什么位置,相对值乘以8就是缓冲区的实际相对值。图6.10给出了一个被拆分的IP数据包及其长度、标志和相对字段值,由原始数据包过来的其他字段也被复制到片段中。

字段	原始数据包	片段1	片段2	片段1a	片段1b
版本号/头部长度	4/5	4/5	4/5	4/5	4/5
类型	0	0	0	0	0
长度	2520	1500	1040	980	540
ID	2356	2356	2356	2356	2356
标志	0	0 0 1	0 0 0	0 0 1	0 0 1
相对值	0	0	185	0	120
有效期	150	要计算	要计算	要计算	要计算
协议	TCP	TCP	TCP	TCP	TCP
效验和	要计算	要计算	要计算	要计算	要计算
源IP	IP1	IP1	IP1	IP1	IP1
目标IP	IP2	IP2	IP2	IP2	IP2
数据长度	2500	1480	1020	960	520

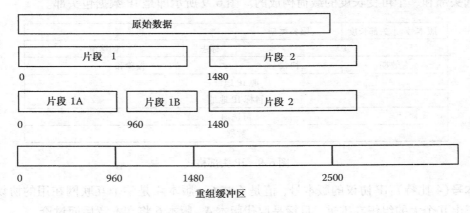

图6.10　IP拆分

如图6.10所示,源数据包被拆分成两个片段,片段1是1480字节长,它是8的倍数。所有片段的长度,除了最后1个片段,都必须能被8整除。因为相对值乘以8指明了它在缓冲区的位置。片段2的相对值是185(1480/8)。注意,每个片段头部的总长度被修改成新的长度。这意味着原始数据包的总长度在头部不存在了,只有在所有的片段重组后才能计算出来。我们也可以看到,片段1的M值是1。片段2的M值是0,表明它是最后一个片段。图6.10显示的是片段1被进一步拆分成1a和1b。再强调一次,片段的长度必须能被8整除。当3个片段到达目标时,它们未必是按序到达的。这些片段根据相对值被放置在重组缓冲区中,当最后一个片段到达时,我们就知道了总的长度。当缓冲区所有的空都填满后,数据包就完整了。它的ID用于片段到缓冲区的匹配。

有效期(TTL)(8 比特):这个字段是当数据包在互联网上无限期地传输且不能到达目标时来禁止数据包的。处理 IP 数据包的每一个路由器在头部将 TTL 字段减 1,直到将 TTL 减少至 0 时路由器,就删除那个数据包,并回送一个信息给发送数据包的设备,并指明 TTL 过期。这个字段也可以用于决定路由器的地址,将数据包送到目标地址,这个过程称为寻径(traceroute)[9~11]。为了寻径,发送者给目标发送一个数据包,并将 TTL 置 1。第一个路由器将值减至 0,并返回一个错误信息。发送者发送另外一个数据包,其 TTL 值设为 2。在线的下一个路由器将 TTL 减为 0,并返回一个错误信息。这样一直下去直到到达目标,并发送一个回应给发送者。默认情况下,寻径使用 ICMP(Internet Control Message Protocol)协议,后面将讨论这个问题。有攻击者使用其他协议类型使对策失效,取得了同样的效果。

协议(8 比特):这个字段表示来处理数据包的上层协议,定义的值很多,常用的值是,1 表示 ICMP 协议,6 表示 TCP 协议,17 表示 UDP 协议。

校验和(16 比特):这个字段用于错误检验,它是整个数据包的校验和。不过在路由器改变了头部时会引起问题,因此必须重新计算校验和。还有,如果数据包被拆分,校验和要对每一个片段进行重新计算。这都是需要时间的,随着网络越来越大,越来越快,路由器就成了瓶颈。我们把这个问题留给读者自己去研究,查找一些参考书,找到校验和的计算方法。

源 IP 地址(32 比特):这个字段包含的是发送方的 IP 地址。

目标 IP 地址(32 比特):这个字段包含的是目标方的 IP 地址。

选项(可变的):IP 的选项字段很少使用,因此本书不讨论它。但它们也有漏洞,并且有针对这个字段的攻击,不过情况很少,其减少攻击的方法同样是使用头部的固定部分。

数据(可变的):数据可以是任何值,最大长度为 65 536 减去头部的长度。

6.1.4 地址解析协议(ARP)

正如在 6.1.1 节所讨论的,ARP 协议用来在只知道 IP 地址的情况下去发现硬件地址。ARP 协议设计的目的是用于不同的物理网络层,最常用的物理层网络协议是以太协议,我们将重点讨论这个协议。因为请求的设备不知道目标的硬件地址,所以它必须使用以太广播包给网络上的每一台设备发送 ARP 请求,当一台设备收到一个 ARP 请求数据包时,它用它自己的 IP 地址与头部的 IP 地址进行比较。如果匹配,这个设备就会给发送 IP 请求的设备发送一个 ARP 回应数据包。ARP 回应数据包并不是广播包,当请求设备收到 ARP 回应时,它会把结果放在 ARP 缓冲区中。只要设备给缓冲区中的某个目标发送数据,缓冲区就是有效的。这样有助于减少网络上广播包的数量。如果设备在一段时间内退出发送数据,那么缓冲区暂停,条目被清除。缓冲区一般暂停 5 分钟。

如果在一定的时间后对 ARP 的请求没有回应,发送方会再试,在多次再试后,发送方放弃,并返回目标设备没发现的报告。暂停值和再试次数各个设备是不同的。ARP 数据包有个简单的格式,如图 6.11 所示。

图 6.11 给出了 ARP 头部的格式,以及演示了 ARP 头部如何被封装成以太数据包。正如图 6.11 所示,ARP 头部的设计可以支持多个物理网络协议。数据包的字段如下:

硬件类型(16 比特):ARP 协议起作用的物理网络类型,以太协议使用的值是 1。

协议类型(16 比特):使用 ARP 协议的协议。IP 使用的值是 0x800。

硬件长度(8 比特):在头部硬件地址段以字节表示的长度,以太协议使用的值是 6。

协议长度(8 比特):上层协议地址的长度,IPv4 使用的值是 4。

运算(16 比特)：该字段指出是请求数据包(值是 1)还是回应数据包(值是 2)。

发送方硬件地址(可变的)：数据包发送方的硬件地址，以太协议中该字段使用的值为 6 字节。

发送方协议地址(可变的)：发送方的 IP 地址，IPv4 使用的值为 4 字节。

目标硬件地址(可变的)：目标设备的硬件地址，以太协议中这个字段使用的值为 6 字节。在 ARP 请求时这个字段是全 0。

目标协议地址(可变的)：目标 IP 地址，IPv4 使用的值为 4 字节。

图 6.11 还说明了 ARP 数据包在一个以太帧中作为载荷的情况，可以看出，ARP 请求将目标以太地址设置为广播包，同时源硬件地址是请求方的地址，以太协议类型字段设置为 0x806。回应数据包使用发送方和接收方源和目标硬件地址。图 6.11 还给出了 ARP 头部末尾的补丁，由于 ARP 头部的长度比最小以太数据包的尺寸要小，因此需要补丁。

ARP 头部

硬件类型		协议类型	
头部长度	数据包长度	运算	
发送方硬件地址(0~3 字节)			
发送方硬件地址(4~5 字节)		发送方 IP 地址(0~1 字节)	
发送方 IP 地址(2~3 字节)		发送方硬件地址(0~1 字节)	
目标硬件地址(2~5 字节)			
目标 IP 地址(0~3 字节)			

ARP 请求

以太头部			数据	
广播	源:硬件	0x806	ARP 头部	补丁

ARP 回应

以太头部			数据	
目标:硬件	源:硬件	0x806	ARP 头部	补丁

图 6.11　ARP 数据包格式

ARP 请求一个有趣的使用是要确定两台设备是否有同样的 IP 地址。当某台设备首先要使 IP 协议堆栈激活时，它应发送一个 ARP 请求去询问已经知道了 IP 地址的设备硬件地址，设备不应该得到 ARP 请求的任何回应。如果设备收到了 ARP 请求的回应，则设备会报告出错。发送 ARP 回应的设备应该能注意到错误，因为它绝不会看到一个 ARP 请求发送了一个与它本身匹配的 IP 地址。当一台设备侦察到有地址冲突时，它如何反应取决于它的实现。有些设备在一段时间内阻止了所有网络的访问，然后再试。另外一些设备忽略这个错误，这就可能出现有趣的攻击。如果攻击者取得了对网络的访问，它会产生 ARP 请求数据包，使得其他设备认为出现了地址冲突，从而引发拒绝服务。当然，如果两台设备(设备 A 和设备 B)的确发生了 IP 地址冲突，并继续在工作，那么结果是很奇怪的。由于 ARP 回应了设备 A 的硬件地址，因此设备 A 可以通信，而设备 B 因为没有得到 ARP 回应，而被终止了会话。

这种现象会使你想到，利用 ARP 回应来戏弄发送者，使他把数据包发送到错误的地方[12~14]，这就称为 ARP 欺骗，或 ARP 缓冲区中毒，同样这种手法也可以被攻击者在同样的网络上利用，使发送者成为牺牲品。我们将在讨论基于验证的攻击时更加详细地讨论这些内容。

6.1.5　网际控制消息协议(ICMP)

ICMP(Internet Control Messaging Protocol)用于对运行 IP 的设备的询问,并报告在 IP 数据包寻径和递交时出错的报告。ICMP 是 IP 协议的组成部分,它起辅助 IP 的作用。然而,ICMP 数据包是作为载荷携带在 IP 数据包中的。从这个角度来讲,ICMP 看起来是上层协议。我们将引入几个常用的 ICMP 消息类型,并讨论它们对安全的影响。漏洞和攻击在讨论 IP 层漏洞时进行讨论[15]。图 6.12 显示了 ICMP 数据包的格式,以及它是如何被封装到 IP 数据包的。

版本	头部长度	服务类型	总的长度	
ID		标志	相对值	IP头部
有效期	1		校验和	
源IP地址				
目标IP地址				
类型	代码		校验和	ICMP头部
参数				
信息				

图 6.12　IP 数据包中的 ICMP 数据包格式

正如在图 6.12 中看到的,ICMP 数据包有一个 8 比特位类型字段和一个 8 位编码字段,它们用来表明正使用何种类型的 ICMP 消息。类型字段用于区分 ICMP 数据包类型,且每个类型可能由编码字段设计了一个或多个功能。校验和用于错误检测,头部的剩余部分分成参数和数据段,其划分基于特定的消息类型。表 6.8 显示了常用 ICMP 消息的值,接下来将更详细地讨论这些值。

表 6.8　ICMP 消息

类　型	编　码	参　　数	数　　据	名　　称
常用请求消息				
0	0	标识(16)+序列号(16)	用户指定	回应应答
8	0	标识(16)+序列号(16)	用户指定	回应请求
13	0	标识(16)+序列号(16)	初始时间戳(32 位)	时间戳请求
			接收时间戳(32 位)	
			传输时间戳(32 位)	
14	0	标识(16)+序列号(16)	初始时间戳(32 位)	时间戳应答
			接收时间戳(32 位)	
			传输时间戳(32 位)	
常用错误消息				
3	1~15	0	初始 IP 头加 8 字节载荷	目标不可达
11	0 或 1	0	初始 IP 头加 8 字节载荷	超时
5	0~3	新路由器 IP 地址	初始 IP 头加 8 字节载荷	重定向

1. ICMP 回应请求(类型=8)和应答(类型=0)

回应请求和应答消息用来探测一个设备是否回复。这些消息时常称为 ping 请求和 ping 应答。ping 是用来发送和接收 ICMP 回应数据包命令的名字。ping 请求使用一个标识号,这个标识号对一组 ping 请求是唯一的。通过这种方式，如果两个或更多 ping 命令实例运行在同一台主机上，那么数据包是不相同的。序列号用来区分某个特定命令发送的各个数据包。每发送一个数据包将序列号加 1。回应请求支持用户定义的载荷，回应应答数据包返回此载荷。ping 命令使用回应请求和回应数据包测量一个数据包往返一次所花费的时间。ICMP 回应消息对诊断网络故障及判断一个设备是否在运行非常有用。ICMP 消息也被攻击者用来确定一台主机是否正在运行。安全专家对是否允许来自互联网的回应请求数据包进入网络存在争议，因为这些数据包可用来发现多少主机正在运行。读者可以 ping 几个流行的 Web 站点进行实验，来看看有多少回应。

2. ICMP 时间戳请求(类型 =13)和时间戳应答(类型 =14)

ICMP 时间戳请求和时间戳应答像回应请求与回应应答一样工作，不同的是它们在数据字段放入时间值，以确定到达目标地址的时间及返回的时间。在互联网上 ICMP 消息并不常见。

3. ICMP 目标不可达(类型 =0)

目标不可达消息用来表明数据包不能到达其目标地址。编码字段数据包含数据包不能到达目标的原因，数据字段数据包含 IP 头部及可以到达目标的 IP 数据包 8 字节载荷。表 6.9 显示了一些常用编码值及对应编码的描述。

4. ICMP 超时(类型 =11)

如果编码字段是 0，则超时消息表明存活时间字段减少到了 0，且数据包被删除了。如果编码字段是 1，则数据包被拆分了但接收设备在时钟过期后没有收到所有片段。在这两种情况下，ICMP 数据包数据字段中的 IP 头部外加 8 字节初始数据包载荷被返回。

表 6.9　ICMP 目标不可达编码值

编　码	原　　因
0	网络不可达
1	主机不可达
2	目标主机协议不可达
3	目标主机端口不可达
4	需要拆分但设置了"不可拆分"值
5	源路由失败

路由跟踪程序使用 ICMP 过期消息获取路径上的路由器 IP 地址。如前所述，路由跟踪程序发送数据包时设置开始存活时间为 1，它一直增加这个值直到到达目标。当路由跟踪程序收到 ICMP 过期消息时，它从 IP 数据包头中抽取发送 ICMP 过期消息设备的 IP。路由跟踪的标准模式是发送 ICMP 回应请求消息，但是由于回应请求数据包有时被阻止，因此产生了使用其他数据包的模式。

5. ICMP 重定向(类型 =5)

路由器使用重定向消息告知本地同一网络中的主机，有到达目标的更好路由存在。不像其他 ICMP 错误消息，这个数据包路由器不丢弃。参数字段包含将使用的路由器 IP 地址。表 6.10 列出了编码字段及其消息。IP 头外加 8 字节初始数据包载荷在 ICMP 数据包的数据字段中返回。

表 6.10　ICMP 重定向编码值

编　码	含　　义
0	基于网络的重定向
1	基于主机的重定向
2	基于网络指定服务类型的重定向
3	基于主机指定服务类型的重定向

6.1.6　把它们组合在一起

到此我们已经讨论了 IP 协议及其支撑协议，那么再看一个多场景的例子将很有帮助。这些场景将演示如何使用协议，以及网络中的数据包看上去是什么样的。图 6.13 所示是一个与我们讨论 IP 路由时所用网络相似的一个网络。

在图 6.13 中，我们看到通过路由器相互连接的有三个网络，并都连接到了互联网上。我们将查看每个场景中需要生成的数据包数量，以及数据包的地址字段。对这个例子而言，我们假定主机 H1 向各个主机(H2、H3、H4 和 H5)按序发送 ICMP 回应请求。我们也假设每个设备都设置 ARP 缓存，并在开始时清空，且放到 ARP 缓存中的条目在余下的场景中将一直存在。最后两个场景显示 ICMP 向并不存在的目标主机发送回应请求，一个在网络 1 中，一个在网络 2 中。图 6.13 也显示了设备的路由表。注意，环回测试条目已经从所有路由表中删除了，接口栏已经从主机路由表中去掉了。

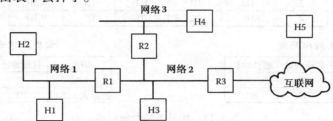

路由表 H1 和 H2

目标地址	下一跳
网络 1	我
默认	R1

路由表 R1

目标地址	下一跳	接口
网络 1	R1	接口 1
网络 2	R1	接口 2
网络 3	R2	接口 2
默认	R3	接口 2

路由表 H4

目标地址	下一跳
网络 3	我
默认	R2

路由表 R2

目标地址	下一跳	接口
网络 1	R1	接口 1
网络 2	R2	接口 1
网络 3	R2	接口 2
默认	R3	接口 1

路由表 H3

目标地址	下一跳
网络 1	R1
网络 2	H3
网络 3	R2
默认	R3

路由表 R3

目标地址	下一跳	接口
网络 1	R1	接口 1
网络 2	R3	接口 1
网络 3	R2	接口 1
默认	下一跳	接口 2

图 6.13　IP 层例子

1. 场景 1(H1 到 H2)

图 6.14 显示了网络 1 中主机 H1 向主机 H2 发送 ICMP 回应请求，以及主机 H2 使用回应应答数据包进行回应时，依次所发送的数据包。图 6.14 也显示了数据包流动过程中各时段相关 ARP 表的内容。

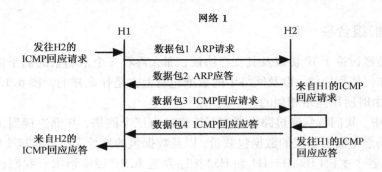

数据包	硬件地址		IP 地址		载荷
	目标地址	源	目标地址	源	
1	广播	H1	N/A	N/A	ARP
2	H1	H2	N/A	N/A	ARP
3	H2	H1	H2	H1	ICMP
4	H1	H2	H1	H2	ICMP

H1 的 ARP 表

时间	目标地址	硬件地址
开始	空	空
数据包 2 之后	H2	H2

H2 的 ARP 表

时间	目标地址	硬件地址
开始	空	空
数据包 1 之后	H1	H1

图 6.14　场景 1 的数据包流

如图 6.14 所示，主机 H1 封装一个 ICMP 回应请求数据包，内容为主机 H2 的目标 IP 地址和主机 H1 源 IP 地址。主机 H1 的 IP 层使用它的路由表查看到达目标地址 H2 的下一跳。路由表表明可以直接将数据包发送到目标地址，因此目标硬件地址需要的是 H2 的硬件地址。由于主机 H1 的 ARP 缓存中不包含主机 H2 的条目，因此主机 H1 向网络 1 中的所有设备广播一个 ARP 请求数据包（数据包 1）。主机 H2 收到这个 ARP 请求并确定此 ARP 请求正查询它的硬件地址。主机 H2 直接向 H1 发回一个 ARP 应答（数据包 2）。主机 H2 也将主机 H1 的硬件地址添加到它的 ARP 缓存中。当主机 H1 收到这个 ARP 应答时，它把从这个 ARP 应答中收到的值填充到目标硬件地址字段，完成 ICMP 回应请求的创建。H1 也将主机 H2 的硬件地址添加到它的 ARP 表中。主机 H1 向主机 H2 发送 ICMP 回应请求（数据包 3）。主机 H2 收到这个 IC-MP 回应请求数据包，并使用这个 IP 头抽取主机 H1 的 IP 地址，将其作为 ICMP 回应应答数据包的目标地址。主机 H2 创建一个 ICMP 回应应答数据包，并检查它的路由表以查找将这个数据包发往何处。路由表表明主机 H2 可以直接向主机 H1 发送这个数据包。主机 H2 发送这个 ICMP 回应应答（数据包 4）。注意，H2 不需要对主机 H1 的硬件地址进行 ARP，因为它能从来自主机 H1 的 ARP 请求包含的信息中将主机 H1 的条目添加到它的 ARP 缓存中。

在这个场景中 4 个数据包在网络中传递。从安全角度来讲，这个通信将不会离开网络 1，因此数据包只能被网络内部设备嗅探到。网络 1 之外的设备想扰乱主机 H1 和主机 H2 间的通信是根本不可能的。

2. 场景 2（H1 到 H3）

图 6.15 显示了主机 H1 向主机 H3 发送一个 ICMP 回应请求，以及主机 H3 用一个 ICMP ARP 应答数据包回应这个请求时，跨越网络 1 和网络 2 按序发送的数据包。

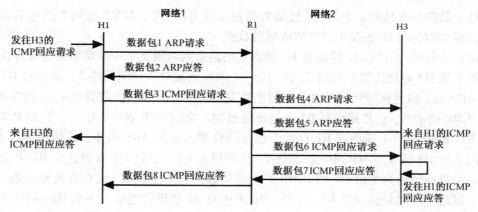

数据包	硬件地址		IP 地址		载荷
	目标地址	源	目标地址	源	
1	广播	H1	N/A	N/A	ARP
2	H1	R1(接口 1)	N/A	N/A	ARP
3	R1(接口 1)	H1	H3	H1	ICMP
4	广播	R1(接口 2)	N/A	N/A	ARP
5	R1(接口 2)	H3	N/A	N/A	ARP
6	H3	R1(接口 2)	H3	H1	ICMP
7	R1(接口 2)	H3	H1	H3	ICMP
8	H1	R1(接口 1)	H1	H3	ICMP

H1 的 ARP 表

时间	目标地址	硬件地址
开始	H2	H2
数据包 2 之后	R1	R1(接口 1)

H3 的 ARP 表

时间	目标地址	硬件地址
开始	空	空
数据包 4 之后	R1	R1(接口 2)

R1(接口 1) 的 ARP 表

时间	目标地址	硬件地址
开始	空	空
数据包 1 之后	H1	H1

R1(接口 2) 的 ARP 表

时间	目标地址	硬件地址
开始	空	空
数据包 5 之后	H3	H3

图 6.15　场景 2 的数据包流

如图 6.15 所示，主机 H1 封装了以主机 H3 目标 IP 地址为内容的一个 ICMP 回应请求。主机 H1 检查它的路由表，发现下一跳是路由器 R1（默认路由）。主机 H1 检查它的 ARP 表，由于没有 R1 的条目，它向网络 1 中的所有设备发送一个 ARP 请求（数据包 1）。当路由器 R1 收到这个 ARP 请求数据包时，它将主机 H1 的地址信息插入到它的 ARP 缓存中。路由器 R1 用主机 H1 的 硬件地址作为目标硬件地址，用一个 ARP 应答回应这个 ARP 请求（数据包 2）。主机 H1 把来自 这个 ARP 应答的地址信息插入到它的 ARP 表中，将 ICMP 回应数据包的目标硬件地址设为路由 器 R1 的硬件地址，并将这个数据包发送到路由器 R1（数据包 3）。注意，用于这个 ICMP 回应请 求数据包的 IP 地址是发起者的 IP（主机 H1）和最终目标地址 IP（主机 H3）。

路由器 R1 收到这个 ICMP 回应应答数据包，根据目标 IP 地址确定这个数据包不是发往路 由器 R1 的，因此应该将这个数据包路由到其他地方。路由器 R1 将存活时间字段减小，并判 断数据包是否已经达到它的最大跳数。如果这个数据包已经到了它的存活终点，那么路由器将丢弃这个数据包并且将一个 ICMP 过期数据包发回 H1。这个 ICMP 过期数据包的载荷中包含了被丢弃数据包的 IP 头及 8 字节的数据包数据。

假定存活时间没有到期，路由器 R1 检查它的路由表以确定下一步将数据包发往何处。路由表表明主机 H3 直接连接到网络 2，路由器 R1 能使用接口 2 访问网络 2。路由器 R1 检查接口 2 的 ARP 表，确定它需要向网络 2 中的主机发送一个 ARP 请求(数据包 4)。当主机 H3 收到这个 ICMP 请求后，它将路由器 R1 的地址信息插入它的 ARP 表中，并用一个 ARP 应答回应路由器 R1(数据包 5)。路由器 R1 将这个地址信息插入它的 ARP 表中，并使用主机 H3 的硬件地址向主机 H3 转发 ICMP 回应请求数据包(数据包 6)。主机 H3 收到这个 ICMP 回应请求并创建一个目标地址为主机 H1 的 ICMP 回应应答数据包。主机 H3 检查它的路由表，确定下一跳。它发现下一跳是路由器 R1，并且 ARP 表中有 R1 的硬件地址。主机 H3 向 R1 发送这个 ICMP 回应应答数据包(数据包 7)，路由器 R1 将这个数据包路由回 H1(数据包 8)。

在这个场景中，有 4 个数据包在网络 1 中传递，4 个数据包在网络 2 中传递。从安全角度来讲，这个流量能被网络 1 和网络 2 上的设备发现。可以访问其中任意一个网络的攻击者能够探测到这个流量，并且能够扰乱 H1 和 H3 之间的流量。我们也能看到，一个网络中的设备仅仅向这个网络发送一个数据包就能够引起几个数据包的产生。

3. 场景 3(H1 到 H4)

图 6.16 显示了主机 H1 向主机 H4 发送一个 ICMP 回应请求，以及主机 H4 用一个 ICMP ARP 应答数据包回应这个请求时，跨越网络 1、网络 2 和网络 3 按序发送的数据包。这个场景假定 ARP 缓存中留有前两个场景留下的值。

如图 6.16 所示，主机 H1 以 H4 为目标 IP 地址封装一个 ICMP 回应请求。主机 H1 检查它的路由表，发现下一跳是路由器 R1(默认路由)。主机 H1 检查它的 ARP 表，从表中得到路由器 R1 的硬件地址。主机 H1 把 ICMP 回应数据包的目标硬件地址设为路由器 R1 的硬件地址，并将这个数据包发送到路由器 R1(数据包 1)。

路由器 R1 收到这个来自主机 H1 的 ICMP 回应请求数据包，它根据目标 IP 地址确定这个数据包不是发往路由器 R1 的，因此应该把这个数据包路由到其他地方。路由器 R1 将存活时间字段减小，并判断数据包是否已经达到它的最大跳数。假定这个数据包没有过期，路由器 R1 检查它的路由表，确定要将数据包发往何处。路由表表明主机 H4 要通过接口 2 使用路由器 R2 才能访问。路由器 R1 检查它接口 2 的 ARP 表，确定它需要向网络 2 中的主机发送一个 ARP 请求(数据包 2)，询问路由器 R2 的硬件地址。路由器 R2 将来自这个 ARP 请求的地址信息插入它的 ARP 表中，并用一个 ARP 应答回应路由器 R1(数据包 3)。路由器 R1 将这个地址信息插入它的 ARP 表中，并且向路由器 R2 转发这个 ICMP 回应请求数据包(数据包 4)。

路由器 R2 收到这个 ICMP 回应请求数据包，确定需要将这个数据包路由到主机 H4(假定存活时间还没过期)。它的 ARP 表表明路由器 R2 需要向主机 H4 发送一个 ARP 请求，询问主机 H4 的硬件地址(数据包 5)。这个 ARP 请求允许主机 H4 将地址信息添加到它的 ARP 表中，并且用一个 ARP 应答回应路由器 R2(数据包 6)。路由器 R2 将地址信息添加到它的 ARP 表中，并且用来自这个 ARP 应答的目标硬件地址向主机 H4 转发这个 ICMP 回应请求(数据包 7)。主机 H4 收到这个 ICMP 回应请求，从 IP 头中抽取主机 H1 的 IP 地址。主机 H4 创建一个目标地址为主机 H1 的 ICMP 回应应答数据包。主机 H4 检查它的路由表，确定下一跳，并且检查 ARP 表中下一跳的硬件地址。它发现下一跳是路由器 R2，并且 ARP 表中有路由器 R2 的硬件地址。主机 H4 向路由器 R2 发送 ICMP 回应应答数据包(数据包 8)，路由器 R2 将这个数据包路由回路由器 R1(数据包 9)，路由器 R1 将这个数据包路由到主机 H1(数据包 10)。

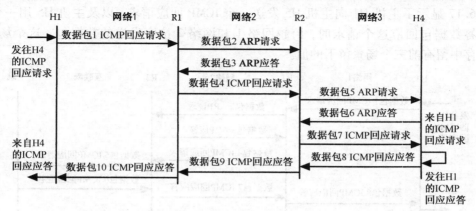

数据包	硬件地址		IP 地址		载荷
	目标地址	源	目标地址	源	
1	R1(接口 1)	H1	H4	H1	ICMP
2	广播	R1(接口 2)	N/A	N/A	ARP
3	R1(接口 2)	R2(接口 1)	N/A	N/A	ARP
4	R2(接口 1)	R1(接口 2)	H4	H1	ICMP
5	广播	R2(接口 2)	N/A	N/A	ARP
6	R2(接口 2)	H4	N/A	N/A	ARP
7	H4	R2(接口 2)	H4	H1	ICMP
8	R2(接口 2)	H4	H1	H4	ICMP
9	R1(接口 2)	R2(接口 2)	H1	H4	ICMP
10	H1	R1(接口 1)	H1	H4	ICMP

H1 的 ARP 表

时间	目标地址	硬件地址
开始	H2	H2
	R1	R1(接口 1)

R1(接口 1) 的 ARP 表

时间	目标地址	硬件地址
开始	H1	H1

R2(接口 1) 的 ARP 表

时间	目标地址	硬件地址
开始	空	空
数据包 2 之后	R1	R1(接口 2)

H4 的 ARP 表

时间	目标地址	硬件地址
开始	空	空
数据包 5 之后	R2	R2(接口 2)

R1(接口 2) 的 ARP 表

时间	目标地址	硬件地址
开始	H3	H3
数据包 3 之后	R2	R2(接口 1)

R2(接口 2) 的 ARP 表

时间	目标地址	硬件地址
开始	空	空
数据包 6 之后	H4	H4

图 6.16　场景 3 的数据包流

在这个场景中，两个数据包在网络 1 上传递，4 个数据包在网络 2 和网络 3 上传递。从安全角度来讲，主机 H1 和 H4 间的通信能被网络 1、网络 2 和网络 3 上的设备发现。可以访问其中任意一个网络的攻击者都能探测并扰乱 H1 和 H4 间的通信。这显示了对传递流量的网络访问其安全的重要性。

4. 场景4(H1 到 H5)

图 6.17 显示了主机 H1 向主机 H5 发送一个 ICMP 回应请求，以及主机 H5 用一个 ICMP ARP 应答数据包回应这个请求时，跨越网络 1 和网络 2 按序发送的数据包。这个场景假定 ARP 缓存中留有前三个场景留下的值。

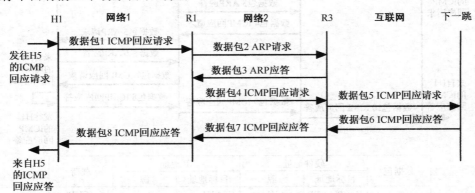

数据包	硬件地址		IP 地址		载荷
	目标地址	源	目标地址	源	
1	R1(接口 1)	H1	H5	H1	ICMP
2	广播	R1(接口 2)	N/A	N/A	ARP
3	R1(接口 2)	R3(接口 1)	N/A	N/A	ARP
4	R3(接口 1)	R1(接口 2)	H5	H1	ICMP
5	下一跳	R3(接口 2)	H5	H1	ICMP
6	R3(接口 2)	下一跳	H1	H5	ICMP
7	R1(接口 2)	R3(接口 1)	H1	H5	ICMP
8	H1	R1(接口 1)	H1	H5	ICMP

H1 的 ARP 表

时间	目标地址	硬件地址
开始	H2	H2
	R1	R1(接口 1)

R1(接口 1)的 ARP 表

时间	目标地址	硬件地址
开始	H1	H1

R3(接口 1)的 ARP 表

时间	目标地址	硬件地址
开始	空	空
数据包 2 之后	R1	R1(接口 2)

H4 的 ARP 表

时间	目标地址	硬件地址
开始	空	空
	R2	R2(接口 2)

R1(接口 2)的 ARP 表

时间	目标地址	硬件地址
开始	H3	H3
	R2	R2(接口 1)
数据包 3 之后	R3	R3(接口 1)

图 6.17　场景 4 的数据包流

如图 6.17 所示，主机 H1 以 H5 为目标 IP 地址封装一个 ICMP 回应请求。主机 H1 检查它的路由表，发现下一跳是路由器 R1(默认路由)。主机 H1 检查它的 ARP 表，从表中得到路由器 R1 的硬件地址。主机 H1 将 ICMP 回应数据包的目标硬件地址设为路由器 R1 的硬件地址，并将这个数据包发送到路由器 R1(数据包 1)。

路由器 R1 收到这个来自主机 H1 的 ICMP 回应请求数据包，它根据目标 IP 地址确定这个数据包不是发往路由器 R1 的,因此应该将这个数据包路由到其他地方。路由器 R1 将存活时间字段减小,并判断数据包是否已经达到它的最大跳数。假定这个数据包没有过期,路由器 R1 检查它的路由表,确定要将数据包发往何处。路由表表明主机 H5 要通过接口 2(默认路由)使用路由器 R3 才能访问。路由器 R1 检查它接口 2 的 ARP 表,确定它需要向网络 2 中的主机发送一个 ARP 请求(数据包 2),询问路由器 R3 的硬件地址。路由器 R3 将来自这个 ARP 请求的地址信息插入它的 ARP 表中,并用一个 ARP 应答回应路由器 R1(数据包 3)。路由器 R1 将这个地址信息插入它的 ARP 表中,并且向路由器 R3 转发这个 ICMP 回应请求数据包(数据包 4)。

路由器 R3 将这个数据包发送到互联网。我们假定路由器 R3 知道如何将这个数据包传递到下一跳,并且这个数据包将在互联网上被路由,直到它到达主机 H5。主机 H5 从收到的 IP 数据包(主机 H1)中得到源 IP 地址,创建一个 ICMP 应答数据包,并将其路由回路由器 R3(数据包 6)。路由器 R3 将这个数据包转发到路由器 R1(数据包 7),路由器 R1 将这个数据包转发到主机 H1(数据包 8)。

在这个场景中,两个数据包在网络 1 中传递,4 个数据包在网络 2 中传递。从安全角度来讲,这个通信能被网络 1 和网络 2 中的设备发现。能访问其中任意一个网络的攻击者都能探测并扰乱主机 H1 和 H5 之间的通信。这四个场景中另一个安全问题是网络安全设备的放置。如果我们想监控全部四个场景的通信,需要放置多个监控器(通常是每个网络一个),因为没有一个地方能够监控所有通信。

5. 场景 5(H1 到网络 1 中不存在的主机)

图 6.18 显示了主机 H1 按序向网络 1 中一个并不存在的主机发送 ICMP 回应请求。这个场景假定 ARP 缓存中留有前四个场景留下的值。

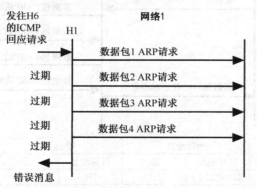

数据包	硬件地址		IP 地址		载荷
	目标地址	源	目标地址	源	
1	广播	H1	N/A	N/A	ARP
2	广播	H1	N/A	N/A	ARP
3	广播	H1	N/A	N/A	ARP
4	广播	H1	N/A	N/A	ARP

H1 的 ARP 表

时间	目标地址	硬件地址
开始	H2	H2
	R1	R1(接口 1)

图 6.18　场景 5 的数据包流

如图 6.18 所示,主机 H1 以 H6(假定主机 H6 的地址在网络 1 中,但并没有地址是 H6 的设备)为目标 IP 地址,以主机 H1 的 IP 地址为源地址,封装一个 ICMP 回应请求。主机 H1 的 IP 层使用它的路由表查看到达目标 IP 地址 H6 的下一跳。路由表表明可以直接将数据包发送到目标地址，因此目标硬件地址需要是 H6 的硬件地址。由于主机 H1 的 ARP 缓存中不包含主机 H6 的条目，主机 H1 向网络 1 中所有设备广播一个 ARP 请求数据包(数据包 1)。当主机 H1 没有收到对这个 ARP 请求的回应时(经过一段时间)，主机 H1 重新发送这个 ARP 请求。几次尝试后(数据包 2 和数据包 3)，主机 H1 不再尝试，并且表明主机 H6 是不可达的。这个通知发送到试图发送这个数据包的应用中。大部分应用在收到这个通知后，停止尝试发送这个数据包。

在这个场景中我们看到，在主机 H1 确定没有主机 H6 之前，有 4 个 ARP 请求数据包在网络 1 中传递。从安全角度来讲，这个问题是一个潜在的广播包雪崩，它能够影响网络和网络中的主机性能。这不是一个很有效的攻击方法，因为攻击者与目标主机处在同一个网络中，且能够被定位。在一个大型网络中如果 IP 地址被盗，则很难跟踪 ARP 请求的发送者。当 IP 地址到硬件地址的映射发生变化时，有能够监控 ARP 请求并且创建记录消息的程序。

6．场景 6(H1 到网络 2 中不存在的主机)

图 6.19 显示了主机 H1 按序向网络 1 和网络 2 中并不存在的一个主机发送一个 ICMP 回应请求的场景。

如图 6.19 所示，主机 H1 以 H7 为目标 IP 地址，以主机 H1 的 IP 地址为源地址，封装一个 ICMP 回应请求(假定主机 H7 的地址在网络 2 中，但并没有地址是 H7 的设备)。主机 H1 查找它的路由表，发现下一跳是路由器 R1(默认路由)。主机 H1 检查它的 ARP 表，从表中得到路由器 R1 的硬件地址。主机 H1 将路由器 R1 的硬件地址设为 ICMP 回应数据包的目标地址，并且将这个数据包发送到路由器 R1(数据包 1)。

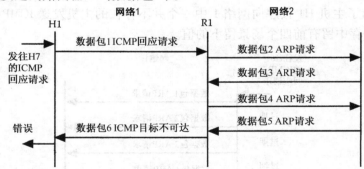

数据包	硬件地址		IP 地址		载荷
	目标地址	源	目标地址	源	
1	R1(接口 1)	H1	H7	H1	ICMP
2	广播	R1(接口 2)	N/A	N/A	ARP
3	广播	R1(接口 2)	N/A	N/A	ARP
4	广播	R1(接口 2)	N/A	N/A	ARP
5	广播	R1(接口 2)	N/A	N/A	ARP
6	H1	R1(接口 1)	H1	R1	ICMP

H1 的 ARP 表

时间	目标地址	硬件地址
开始	H2	H2
	R1	R1(接口 1)

R1(接口 2)的 ARP 表

时间	目标地址	硬件地址
开始	H3	H3
	R2	R2(接口 1)
	R3	R3(接口 1)

R1(接口 1)的 ARP 表

时间	目标地址	硬件地址
开始	H1	H1

图 6.19　场景 6 的数据包流

　　路由器 R1 收到这个 ICMP 回应请求数据包，根据目标 IP 地址确定这个数据包不是发往路由器 R1 的，因此应该将这个数据包路由到其他地方。路由器 R1 将存活时间字段减小，并判断数据包是否已经达到它的最大跳数。假定存活时间没有过期，路由器 R1 检查它的路由表，确定要将数据包发往何处。路由表表明主机 H7 直接连接在网络 2 中，路由器 R1 可以使用接口 2 访问网络 2。路由器 R1 检查它接口 2 的 ARP 表，确定它需要向网络 2 中的主机发送一个 ARP 请求（数据包 2），询问主机 H7 的硬件地址。当路由器 R1 没有收到对这个 ARP 请求的回应时（经过一段时间），路由器 R1 重新尝试传递这个 ARP 请求。经过几次重试（数据包 2 和数据包 3），路由器 R1 表明主机 H7 是不可达的。

　　路由器 R1 可以创建一个 ICMP 目标不可达的数据包，并将其发送回主机 H1（数据包 4）。并不是所有路由器都配置有返回 ICMP 目标不可达数据包，在这种情况下发送者可能不停地发送数据包。如果主机 H1 收到一个 ICMP 目标不可达数据包，应用通常停止发送数据包。

　　在这个场景中，我们看到单一的 ICMP 回应数据包和 ICMP 目标不可达数据包在网络 1 中传递。我们看到在路由器 R1 确定主机 H7 不存在前，有 4 个 ARP 请求数据包在网络 2 中传递。从安全角度来讲，这个问题和场景 5 一样，不一样的是引起 ARP 请求数据包产生的设备（主机 H1）是在一个不同的网络中。这个场景表明，一个远程计算机能够向一个网络发送数据包，并且引起多个广播的产生。由于路由的 ARP 表从未填充，因此每一个来自外界的请求都将产生一个 ARP 请求。

　　当多个攻击者向一个网络中多个不存在的主机发送数据包时，这确实能成为一个问题。比如，如果一个攻击者使用公开地址遍扫一个网络中少量主机地址，则将产生数量巨大的 ARP 请求数据包。如果多个攻击者瞄向同一个网络，结果可能是一个网络中的 ARP 雪崩。

　　正如将要看到的，会有一些漏洞和以 IP 层及支撑协议（ARP 和 ICMP）为目标的攻击。一些攻击涉及多种协议间的交互，而其他一些攻击瞄准的是一些特定的协议。接下来四节将分类探讨对这些协议的攻击。

6.1.7　基于头部的攻击

　　针对 IP 协议的部能够实现几种攻击。引起最大麻烦的是长度、标志和偏移值字段。其他许多字段如果无效会造成数据包被拒绝。由于互联网上任意一个设备都能创建一个 IP 数据包，并且将它传递到一个特定主机，这使针对头部的攻击具有潜在的危险。从安全角度来讲，可以将 IP 头部字段分成两类。第一类（端点字段）主要由端点使用的端点字段构成，端点字段在传递过程中是不进行检测的。第二类（传递字段）主要由各个路由器进行检测，并且在传递过程中可能被修改的字段构成。端点字段包括长度、标识、标志、偏移、协议和源 IP 地址。即使路由器能够改变长度、标志和偏移值字段的值，如果数据包需要拆分，它们也被认为是端点字段。因为大多数攻击使用这些字段瞄向端点。对传递字段的攻击经常引起路由器对数据包的丢弃。

　　对端点字段最出名的攻击是死亡之 ping，第 4 章已对此进行了描述[16~18]。利用源地址和目标地址的攻击经常归入验证攻击类。有些对设备的攻击将源地址和目标地址设成相同值，这会使设备崩溃。也有一些攻击将源地址设成广播地址，这在标准上来说是不允许的。

　　通过使用网络安全设备减少针对头部的攻击可能很难办到。单个客户端设备却需要减少针对头部的攻击。例如，在有些被感染的操作系统中，死亡之 ping 是通过修改汇编代码固化在系统中的。

　　极少有对 ARP 和 ICMP 协议进行针对头部攻击的。以 ARP 协议为例，任何针对头部的攻击将必须由与目标设备处在相同网络中的设备实施。无效的 ARP 数据包通常被设备抛弃。ICMP 头部很简单，没有太多针对头部的攻击。

6.1.8　基于协议的攻击

IP 和 ICMP 协议比较简单，因为通过网络传递数据的设备间没有数据包的交换。大多数针对 IP 和 ICMP 的攻击瞄向数据包的路由，并且设法引起数据包错误路由。有使用各种路由协议对路由表进行的攻击。这些攻击的重点目标是作为互联网骨干的大型网络。这些攻击超出了本书的讨论范围。事实证明，很少有针对 IP 协议本身的攻击。大多数攻击使用 IP 数据包运载负荷，其目标是高层协议。

路由跟踪程序可看成一种针对协议的攻击，因为它使用 IP 和 ICMP 协议来发现到目标设备的路由。如前面所讨论的，路由跟踪有一个有用的应用。对于在 IP 协议中使用存活时间(TTL)功能来发现到达目标的路径的攻击是不好减灾的，因为即使是 ICMP 回应请求被阻住了，攻击者还能使用任何有效的 IP 数据包跟踪路由，因为存活时间功能是 IP 协议一个完整的部分。

在有些攻击中，攻击者使用 ICMP 错误消息引起服务拒绝，或者将流量重定向到错误的地方。这些攻击要求攻击者能够沿路径嗅探流量以发现 IP 数据包。然后攻击者根据一个已嗅探到的数据包的头部信息产生一个 ICMP 错误消息。例如，如果攻击者嗅探到由 Alice 到 Bob 的数据包，他就能向 Alice 发送一个 ICMP 目标不可达的消息，告诉 Alice 的计算机目标计算机是不可达的。

ARP 协议也能被处在相同网络上的设备攻击而成为受害者。一个常见的攻击是，攻击者发现了一个 ARP 请求，并用无效的 ARP 应答回应。这能造成 ARP 缓冲区中填满了错误的信息。由于 ARP 请求是广播包，因此网络中的每个设备都将发现这个请求。攻击者需要在真正的 ARP 应答到达前，向受害者发送 ARP 应答。一些主机将探测到因相互冲突的结果导致的多个 ARP 应答，并标志为一个警告。攻击的结果是一个无效的硬件地址被放到受害者的 ARP 缓存中，这将阻止受害者与目标设备间的联系。另一个结果是在攻击者发送带有硬件地址的虚假 ARP 应答给另一攻击者时，就能造成收到这个 ARP 应答的设备把它的数据包发送到错误的主机。这常常称为 ARP 缓存区中毒。如果攻击者将这个数据包从受害者转发到正确的目标地址，他就能将自己设置为获取流量或通过受害者发送流量，并允许攻击者捕获所有来自受害者的流量。虽然这种攻击是不正确使用 ARP 协议的例子，但最好将其划分到针对认证的攻击。

6.1.9　基于认证的攻击

IP 地址是用来识别互联网中的设备的唯一标识符。与任何标识符一样，我们也可以把它用做一个验证设备的方法。很多应用在提供服务前，使用 IP 地址作为验证设备的方法。发送者将源和目标 IP 地址插入数据包头中，并且数据包在互联上传输时源和目标 IP 地址保持不变。这里我们不考虑翻译这些 IP 地址的设备，本章还会将其作为一个常用对策进行讨论。由于把 IP 地址插入数据包中是发送者的事，因此目的主机必须信任发送者。互联网上的设备创建一个其源 IP 地址与它自身 IP 不相同的数据包(IP 地址欺骗)[19~22]是有可能的。图 6.20 显示了一个 IP 地址欺骗的例子。

如图 6.20 所示，攻击者向计算机 A 发送一个返回地址为计算机 B 的数据包。根据上层协议，计算机 B 可能试图向数据包的发起者发回一个数据包。计算机 A 创建一个目标地址是计算机 B 的数据包，这可能引起一些很常见的攻击。

一类能造成问题的 IP 欺骗攻击是, 攻击者使用一个欺骗性 IP 地址向网络中发送一个 ICMP 回应请求数据包。这引起目标计算机向欺骗性 IP 地址(受害者)发送一个 ICMP 回应应答数据包。当只有一个数据包时这并不会成为一个问题, 但攻击者可以有多种方法放大这个攻击。一种方法是从一个攻击者或从多个攻击者发送多个请求。另一种方法是发送一个直接的 IP 广播包。在这种情况下, 如果路由器处理进入的广播包, 它接受这个欺骗性 ICMP 回应请求数据包, 并且将它广播到目标网络中的设备。然后所有计算机都用一个 IC-MP 回应应答数据包回应受害计算机。这个攻击可以通过将路由器配置成不允许内部广播, 或者不允许某些 ICMP 协议从外部进入来减灾。此外, 这种使用 IP 欺骗进行的攻击也能使用其

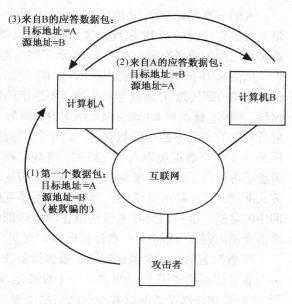

图 6.20　IP 地址欺骗

他协议实现。使得这种攻击奏效的关键是找到一个协议, 这个协议为了回应单一 IP 数据包需要回送一个 IP 数据包。

一个不正确的观念是, 在隐藏你的真实身份或者让它看上去是另一个设备所为的情况下, 不可能使用 IP 地址欺骗盗取一个设备的身份。这经常称为 IP 会话欺骗(IP session spoofing)。两个设备为了通信, 它们需要交换数据包。再看一下图 6.20, 我们能发现使用欺骗性 IP 地址进行多数据包交换的问题。我们能使第一个数据包到达目标地址, 但是回应不会回到攻击者。如果攻击者能访问受害者所在的同一网络, IP 欺骗就能够完成。在那种情况下, 攻击者经常使用 ARP 协议使路由器确信, 它是一个具有受害者 IP 地址的设备。如前所述, 如果受害者计算机正在工作, 那么这种方法就有些问题。一个更常见的场景是, 盗取一个可访问网络的未使用的 IP 地址。如在讨论无线网络时所讨论的, 这正是不安全的无线网络的一个问题。如第 5 章所讨论的, 如果攻击者能够从物理上访问网络, 那么不使用网络访问控制就难以消除这样的攻击。我们将在第 7 章看到, 有一个结合使用 IP 会话欺骗和针对传输层协议的攻击, 来阻断传输层连接的方法。然而, 正如将要看到的, 这种攻击要求攻击者能够看到流量。

同样的问题也会发生在应用端口号上, 因为源端口也可能是一个欺骗端口。因此真正的问题是, 当目标地址接收到一个数据包时它知道些什么? 目标设备知道这个数据包是由同一网络中的设备发送的, 要么是这个设备自身产生了这个数据包, 要么是从互联网上其他设备转发的这个数据包。目标设备也知道一个设备产生的数据包具有一个源 IP 地址和一个源端口号。然而目标设备不能知道是哪个设备产生了这个数据包。

刚才所描述的看上去可能是很差的设计。然而, 我们已经使用类似的系统 200 多年了。美国邮政服务允许发信人提供全部信息, 包括返回地址。我们并不能确切知道信件已经走了多远? 也不知道信件是从哪进入邮政系统的。邮政系统若取消了邮票, 并在去除邮票后印上邮局的名字, 则能使收信人看出信件的出发地。我们的确不知道信件来到我们手上所经历的路径, 除非我们看到邮差将信件放到我们的邮箱, 我们甚至不能确信信件是从邮政系统发来的。

人们一直想设法使 IP 地址欺骗变得困难。大多数路由器被配置成检查与它直接相连的网络上发数据包设备的 IP 地址。这只对与路由器直接相连的设备有效，或者说对在一个常用的路由器之后的设备有效。图 6.21 显示了路由器如何能够消除 IP 欺骗。

如图 6.21 所示，路由器 R1、R2 和 R3 能阻止任何发往外部其源 IP 地址与对应网络不匹配的数据包。同样，路由器 R4 能够阻止组织内任何源 IP 地址与它的子网不匹配的数据包。这个问题的实质是一旦一个数据包进入了互联网，这些阻断就可能不再可行了。这也要求所有路由器都按这种方式配置，并且是可信任的。当然这并不是互联网中的案例。这种消除技术没法阻止网络内部的攻击者使用同一网络中另一台计算机的 IP 地址。

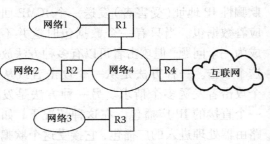

图 6.21　避免 IP 地址欺骗

IP 数据包的另一个验证问题是很多设备使用 IP 地址作为验证网络中设备的方法。例如，一台服务器可能使用 IP 地址确认一个设备是否能够访问这台服务器。网络安全设备也可能使用 IP 地址允许网络访问或者提供网络活动报告。正如将在 6.1.10 节看到的，IP 地址的动态分配将使这个问题变得更加困难。

就 ICMP 而言，没有对发送者的验证。由于它使用 IP 协议传输数据，因此在 IP 层它将遭受同样类型的攻击。最难避免的攻击是欺骗性 ICMP 错误消息。如前所述，它能够引起服务拒绝。ARP 协议也是非验证的，这一点我们已经看到了，这也能引起问题。针对验证的 ARP 攻击局限于攻击者所在的网络中，因此任何消除方法都应在本地网络一级。

6.1.10　基于流量的攻击

在 IP 层基于嗅探的攻击比基于本地网络的嗅探攻击更加复杂，且有些情况在我们的控制之外。图 6.22 显示了一个 IP 嗅探的例子。

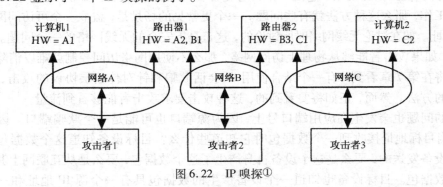

图 6.22　IP 嗅探①

攻击者 1 能够嗅探网络 A 中的流量，但不能嗅探网络 B 或 C 中的流量。一个值得关注的问题是，如何嗅探像网络 B 一样的中间网络中的流量？网络 B 中的攻击者 2 能够嗅探网络 B 中任何它能看到的流量。如果流量是在计算机 1 和计算机 2 之间传递的，那么攻击者 2 能够嗅探计算机 1 和计算机 2 间的流量。这就引出这样一个问题，攻击者能嗅探互联网上的流量吗？典型情况下骨干网络是物理保护的，这使得嗅探骨干网非常困难。一般情况下，一旦流量

---

　　① HW 即硬件（Hardware）。——译者注

进入互联网服务提供商，我们就不担心嗅探问题了。对数据包的嗅探最常见的地方是在无线网络中，像那些位于咖啡馆里具有免费无线互联网接入的地方。

IP 层嗅探经常被网络安全设备用于监控流量并确定流量中是否包含攻击。这些设备典型情况下部署在网络边界点，正如第 5 章所讨论的，有几种方法能够用来允许这些设备嗅探网络流量。值得注意的是，在本章末尾所提出的一种消除嗅探的方法，即 IP 载荷加密，它能使网络安全设备失去作用。这在安全专家中引起了关于加密及哪些应当加密的争议。从嗅探角度来讲，一方面，加密可以防止别人看到数据。另一方面，加密能够阻止确定数据中是否包含不应当流出该组织的秘密信息，或者包含不应当被用户访问的信息（不合适的 Web 内容等）的流量监控。

由于 IP 层允许攻击者向一个目标网络或主机发送数据包，因此有导致雪崩的可能。在最简单的情况中，攻击者仅仅向一个网络发送大的流量就可能使路由器或目标主机崩溃。有时会偶然出现这种情况。例如，一个变得非常热门的 Web 站点可能由于收到太多请求，以至于路由器或主机无法处理流量。消除这些攻击也没有好的办法。有些设备可以根据流量特征减少进入网络的流量，这些设备一般工作在传输层。也有些情况是大量攻击者都瞄着一个网络或网络中的一台主机。攻击形成了如此多的流量，以至于介于攻击者和目标主机间的路由器都受到了影响。互联网路由协议甚至试图将流量重定向到载荷经过的路由器以外，但是在一些情况下重定向流量是不可能的。对一个客户端用户来说，消除互联网中引起路由器停止运转的攻击是非常困难的。像红色代码或其他针对网络的蠕虫病毒在广泛传播过程中会出现这种情况[23~25]。读者可以去研究这些攻击对互联网的影响。

有些基于雪崩的攻击使用 IP 广播地址。最常见的是前面讨论的，攻击者向一个远程网络发送一个 IP 广播包并且使所有主机应答。其目标是引起网络中大量设备的回应以致使网络形成雪崩。通过禁止直接广播通过路由器进入网络可以消除这种攻击。

另一种雪崩攻击是使用 ARP 协议。我们知道攻击者能够在他或她所连接到的网络中使用 ARP 协议造成问题。有一种攻击，攻击者能够远程制造一个 ARP 广播雪崩。图 6.23 显示了一个 ARP 广播雪崩的例子。

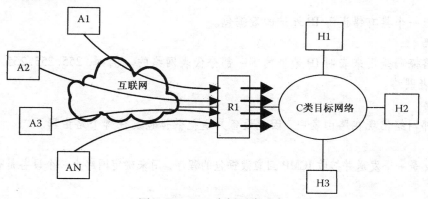

图 6.23　ARP 广播雪崩攻击

如图 6.23 所示，目标网络是一个 C 类网，主机不多。前面在描述过，当一个来自另一个网络的数据包其目标是目标网络中的主机时，路由器检查它的 ARP 表以确认它是否需要向目标发送一个 ARP 请求。如果攻击者向目标网络中的各个地址发送一个数据包，则攻击者在完成攻击后，路由器 ARP 表将包含 4 个条目。由于主机数目可能达到 254 台，因此路由器可能发送多达 253 个 ARP 请求。这 253 个 ARP 请求中，249 个是没有回应的，并且一般情况下路由器对每个请求重新尝试 4 次，这将导致近 1000 个 ARP 请求的产生，这对其自身来说可能不是一个问题。但是，若攻击者继续扫描目标网络地址空间，向每台可能的主机发送一个数据包。每次扫描目标网络能够导致路由器发送 1000 个 ARP 请求。那么可以试想，多个攻击者以相同方式瞄向同一个网络，这样就能够导致成千上万个广播包的产生。

这种攻击可能是另一种攻击的后果。举例来说，来自上万个攻击者的分布式攻击，每个攻击扫描数百个目标网络，就能够对一个平时不被关注的网络造成 ARP 请求雪崩。笔者曾经见到过这种类型的攻击，它造成了一个网络的崩溃。这个网络中的每个地址每秒收到上万个 IC-MP 回应请求。ICMP 回应请求是作为另一个攻击的一部分发送的，但结果却是它们的网络垮掉了。通过在路由器上禁止 ICMP 回应请求数据包的进入，能够消除这种攻击。

定　义

ARP 缓存中毒

　　攻击者使用 ARP 欺骗将伪值放入受害者的 ARP 表中。

ARP 欺骗

　　攻击者在网络上侦测到一个 ARP 请求数据包，它伪装成被请求的 IP 地址的主机。

无类别域间路由（Classless Interdomain Routing, CIDR）

　　像网络掩码一样，但是使用一个数字表示地址中网络部分的位数。

默认网络

　　指目标 IP 地址在路由表中找不到时，所有数据包都发往的网络。

直接网络

　　指设备所连接的网络，它负责把数据包传递到直接网络上的设备。

IP 环回测试地址

　　这是一个保留地址（一般是 127.0.0.1），用于测试内部 IP 协议栈。发送到这个地址的数据包由 IP 栈返回到应用，这个地址不是网络中的数据包的一个有效地址。

IP 欺骗

　　发送一个具有错误源 IP 地址的数据包。

网络掩码

　　网络掩码是用来表明 IP 地址的哪一部分代表网络的。例如，255.255.255.0 表明前 24 位代表网络。

相邻网络

　　相邻网络出现在路由表中，因此设备知道把数据包发往哪个路由器。

Ping

　　Ping 是一个发送并接收 ICMP 回应数据包的程序，用来确定网络上一个设备是否在线。

路由表

　　互联网上的每个设备都有一个路由表，用来确定数据包的下一跳，直到数据包到达目标地址。

子网

　　当一个网络使用路由器划分成小的网络时，被划分的小网络称为这个大网络的子网。

路由跟踪

　　路由跟踪是一段程序，用来确定把数据包从源设备发送到目标设备的路由器的 IP 地址。

可以采取一些常见方法来消除这种攻击，即通过路由器或其他网络设备限制进入网络的数据包数量。这能有助于消除雪崩式的攻击，但新的问题是当这些设备阻塞或阻止了过多的流量时，一些合理的流量可能受到影响。一般来讲，针对流量的攻击是难以制止的。

6.2　引导协议(BOOTP)和动态主机配置协议(DHCP)

我们知道，IP 地址是给互联网中设备指定的全球唯一标识符。同时地址是按地址段指定给组织机构，组织机构又把各个地址分配给单个设备的。我们知道地址段是由一些组织控制和分配的。我们还没有讨论网络中一个设备是如何得到它的 IP 地址的。有两种分配 IP 地址的方法。第一种是静态的，这种情况下设备的地址是分配的，一般是手工分配地址和网络掩码。第二种方法是动态的，这种情况下使用一个协议来分配地址。

在互联网早期，几乎所有的设备都是静态分配 IP 地址的。很多网上精英用户使用 IP 地址访问设备，而不使用设备名称和域名服务器。唯一具有动态 IP 的是无盘设备，这些设备在断电时没有任何方法记住它们的 IP 地址。即使在这种情况下，每当它们启动并得到它们的 IP 地址时，它们得到与断电前相同的地址。对打印机和无盘工作站来说这是常见的情况。在那个时代，在 IP 地址和物理设备间进行匹配对于追踪宕机问题或处理安全问题是有用处的。当网络管理员看到一个 IP 地址，他们就能确切知道设备的位置。当然，使用静态 IP 地址分配的最大问题是需要有人维护指定的 IP 地址表，并且处理 IP 地址的追加或删除事务。网络管理员还必须花费时间配置设备使其能访问互联网。

今天的网络已经变得很大，并且设备数量继续增加。我们也看到了移动计算的增长，这种情况下设备从网络中进进出出，就需要大规模采用动态 IP 地址分配方法。大多数计算机采用默认的动态 IP 地址分配。有两种协议支持动态 IP 地址分配。第一种是一种老协议，称为引导协议(BOOTP)，使用的不是很多。第二种是一种新协议，称为动态主机配置协议(Dynamic Host Configuration Protocol，DHCP)，今天正广泛使用。两个协议将在以下各节加以讨论[26~28]。

需要注意的是，对于管理一个静态分配的网络容易，还是管理一个动态分配的网络容易，仍旧有争议。一些网络管理员发现对一个静态分配地址的网络排除故障及安全防护更容易，因为知道 IP 地址就能知道设备的位置。某些网络安全设备在静态 IP 分配环境中提供更好的报告，因为每台设备每次都固定了同一个 IP 地址。另外一些人则认为采用动态 IP 地址分配方法的简单性盖过了任何故障排除所耗费的精力。即使使用动态地址分配，某些设备也从不变换它们的指定 IP 地址。这些设备通常是公共服务器、打印机和路由器。

6.2.1　引导协议(BOOTP)

BOOTP 的设计是用来支持无盘工作站和网络打印机的。它每次将同一个 IP 地址分配给同一台设备。这种分配基于请求 IP 地址设备的硬件地址。BOOTP 协议要求一台 BOOTP 服务器，这台服务器有一个配置文件，配置文件中含有设备的硬件地址和与之对应使用的 IP 地址。除了设备的 IP 地址，BOOTP 服务器也能提供网络掩码、路由器 IP 地址及域名服务器 IP 地址及其他几个参数。表 6.11 显示了一个打印机 BOOTP 配置条目示例。

BOOTP 协议的设计较简单，它使用的是用户数据报协议(User Datagram Protocol，UDP)。下一章将讨论 UDP。本章可将 UDP 看成一种直接使用 IP 协议的方法。UDP 协议有端口号，用来区分当前使用这个协议的应用。图 6.24 显示了 BOOTP 协议及数据包头中所使用的一些值。

表6.11 BOOTP 配置条目示例

BOOTP 条目	目标地址
hp255:\	条目名称
:ht = ether:vm = rfc1048:\	以太网类型
:ha = 080000105634:\	打印机的以太地址
:ip = 192.168.5.7:\	打印机的 IP 地址
:sm = 255.255.255.0:\	网络掩码
:gw = 192.168.5.254:\	默认路由 IP 地址
:lg = 192.168.5.200:\	日志服务器 IP 地址
:T144 = "hp. printer"	可使用简单文件传输协议(Trivial File Transfer Protocol, TFTP)传输的文件名

如图 6.24 所示,希望得到 IP 地址的设备(客户端)将从 68 号端口向 67 号端口发送一个 UDP 广播包,数据包中包含了 BOOTP 数据包作为其载荷。数据包中将目标 IP 地址和目标硬件地址设为广播,网络中的每个设备将收到这个数据包。只有一个具有 BOOTP 服务应用并在等待 67 号端口数据的设备接收这个数据包。所有其他设备将丢弃这个数据包。BOOTP 服务器利用配置文件中的信息通过一个 BOOTP 回应数据包对这个 BOOTP 请求进行应答。BOOTP 回应数据包放置在一个 UDP 数据包中,其目标硬件地址设为请求 IP 地址分配的设备硬件地址。注意,BOOTP 服务器的 ARP 表中不含有请求 IP 地址分配的设备地址。服务器不能使用 ARP 解析请求 IP 地址分配的设备硬件地址,因为请求 IP 地址分配的设备没有 IP 地址。因此,服务器需要从它接收的 BOOTP 请求数据包中提取客户端硬件地址。

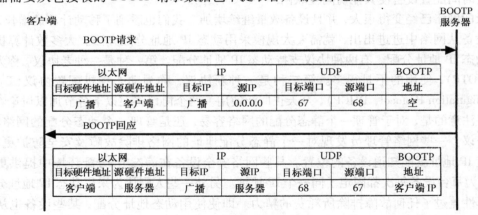

图 6.24 BOOTP 协议

由于 BOOTP 请求数据包是作为一个硬件广播包发送的,因此它局限于请求设备所连接的网络。这表示每个网络都需要有一台 BOOTP 服务器和一台设备能和 BOOTP 服务器进行对话。为了克服这一局限,设计出了 BOOTP 中继。图 6.25 显示了具有 BOOTP 中继的配置。需要注意的是,DHCP 协议将起 BOOTP 中继作用,因此同样的中继适用于这两种协议。

如图 6.25 所示,BOOTP 中继获取 BOOTP 请求(数据包 1),并使用它自身的 IP 地址将这个数据包转发到 BOOTP 服务器(数据包 2)。BOOTP 服务器回应这个 BOOTP 中继,假定这个中继就是请求 IP 地址的设备(数据包 3)。然后 BOOTP 中继像 BOOTP 服务器一样回应 BOOTP 客户端(数据包 4)。每个网络只需要一个中继,且只要一台 BOOTP 服务器及一个配置文件就能服务多个网络。

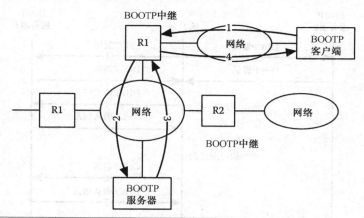

图6.25　BOOTP 中继

数据包	以太网		IP		UDP		BOOTP
	目标硬件地址	源硬件地址	目标 IP	源 IP	目标端口	源端口	地址
1	广播	客户端	广播	0.0.0.0	67	68	空
2	服务器	中继	服务器	中继	67	68	空
3	中继	服务器	中继	服务器	68	67	客户端 IP
4	客户端	中继	广播	中继	68	67	客户端 IP

由于 BOOTP 协议的数据包格式与 DHCP 协议的数据包格式相同，将在下一节讨论它。

从安全角度来讲，BOOTP 能被攻击，但只能被同一网络中的设备攻击。由于它是一个广播协议，因此网络上任何设备都很容易看到这个数据包和回应。如果攻击者能够改变设备地址，这将造成问题。然而，这种攻击要求攻击者与被攻击主机同在一个网络中。

6.2.2　DHCP 协议

BOOTP 协议的 IP 地址和硬件地址间的映射是静态的。BOOTP 协议仍然要求网络管理员配置服务器，并知道所有设备的硬件地址。这个协议无法在移动设备或设备不断追加或卸载的网络中运行。动态主机配置协议（DHCP）的设计用来支持 IP 地址动态分配。DHCP 服务器支持 BOOTP 协议，并且 DHCP 协议支持同一个设备总是得到同一个 IP 地址这种 IP 地址分配模式。

DHCP 有两个 IP 地址池可以向客户端分配 IP 地址。第一个 IP 地址池是静态池，它如同 BOOTP 一样运行。如果请求设备硬件地址匹配静态池中的条目，设备就得到了那个 IP 地址。第二个 IP 地址池是动态池，它能够分配请求设备的 IP 地址。动态池中的地址能够分配给硬件地址并不明确的设备。与静态池不同，动态池由服务器配置决定将一个动态 IP 地址分配给设备一段时间，这称为租期（lease）。当这个租期到期时，客户端必须请求重租地址，如果服务器拒绝重租，那么设备必须放弃这个 IP 地址。图6.26 显示了 DHCP 协议。

如图6.26 所示，DHCP 客户端和服务器使用与 BOOTP 客户端和服务器相同的端口号。DHCP 客户端发布一个 DHCP 查找数据包，这个数据包在网络上广播。网络上任何 DHCP 服务器都能用一个 DHCP 提供数据包进行回应。这个数据包指示提供一段租期的 IP 地址。DHCP 提供数据包包含了租期。当 DHCP 服务器发出提供数据包时，它锁定这个 IP 地址。如果客户端在两秒内没有收到一个提供数据包，那么它发送另一个 DHCP 查找数据包。客户端在放弃前发送 5 个 DHCP 查找数据包。客户端可以在 5 分钟后重新尝试。

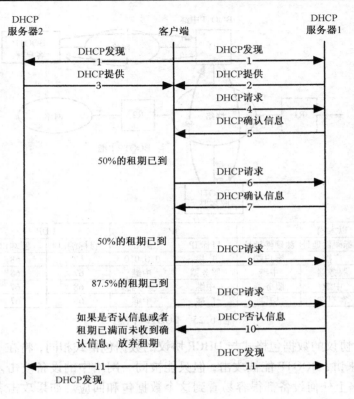

数据包	以太网		IP		UDP		DHCP
	目标硬件地址	源硬件地址	目标 IP	源 IP	目标端口	源端口	
1	广播	客户端	广播	0.0.0.0	67	68	发现
2	客户端	服务器 1	广播	服务器 1	68	67	提供
3	客户端	服务器 2	广播	服务器 2	68	67	提供
4	服务器 1	客户端	服务器 1	0.0.0.0	67	68	请求
5	客户端	服务器 1	广播	服务器 1	68	67	确认信息
6	服务器 1	客户端	服务器 1	客户端	67	68	请求
7	客户端	服务器 1	广播	服务器 1	68	67	确认信息
8	服务器 1	客户端	服务器 1	客户端	67	68	请求
9	服务器 1	客户端	服务器 1	客户端	67	68	请求
10	客户端	服务器 1	广播	服务器 1	68	67	否认信息
11	广播	客户端	广播	0.0.0.0	67	68	发现

图 6.26　DHCP 协议

　　如果客户端得到一个或更多的提供数据包，则它会选择一个提供数据包，并且向 DHCP 服务器发送一个 DHCP 请求。DHCP 服务器用一个 DHCP 确认信息数据包进行回应。这告诉客户端它现在能使用这个地址了。当客户端使用这个数据包到租期的 50% 时，它将发送一个 DHCP 请求数据包要求续租。如果 DHCP 服务器用一个 DHCP 确认信息数据包进行回应，那么客户端要重设它的租期时钟。如果服务器用一个 DHCP 否认信息数据包回应，那么客户端必须放弃这个 IP 地址。在客户端放弃这个 IP 地址后，若它还需要另一个 IP 地址，它必须发送一个 DHCP 查找数据包。如果 DHCP 服务器没有回应 DHCP 请求数据包，那么客户端要在租期已满 87.5% 时发送另一个 DHCP 请求。如果在客户端续租前租期已满，那么它必须放弃这个 IP 地址。客户端也可以通过发送一个 DHCP 释放数据包在任何时间放弃

IP 地址。DHCP 数据包格式如图 6.27 所示。绝大多数字段是自解释的。DHCP 数据包类型是可选字段的一部分。

可选编码	硬件类型	硬件长度	跳数
标识			
秒数		标志 + 未用	
客户端 IP 地址			
客户端 IP 地址（用于中继数据包中）			
服务器 IP 地址			
网关 IP 地址			
客户端硬件地址（16 字节）			
服务器名称（64 字节）			
启动文件名（128 字节）			
可选项（包含 DHCP 消息类型）			

图 6.27　DHCP/BOOTP 数据包格式

6.2.3　基于头部的攻击

头部设计得很简单，并且是作为 UDP 数据包载荷运载的，所以没有任何基于头部的攻击。

6.2.4　基于协议的攻击

基于协议的攻击局限于客户端所在的网络中。BOOTP 协议很简单，因此唯一真正的攻击是在攻击者假装是 DHCP 服务器向客户端发送虚假消息时。这些攻击最好是划为基于验证的攻击。DHCP 协议更加复杂，并且涉及到资源分配。DHCP 协议也会面临虚假应答消息，6.2.5 节会对此进行讨论。

对服务器有几种可能的攻击。一种可能的攻击是使用虚假的硬件地址发送多个查找数据包，其目的在于消耗掉动态池中所有 IP 地址。记住，DHCP 服务器每得到一个 DHCP 查找数据包就保留一个 IP 地址。由于 DHCP 服务器将在到期时释放保留的 IP 地址，因此攻击者需要继续发送查找数据包。攻击者能够对提供数据包进行应答并接受租期。这将迫使服务器向攻击者释放它所有 IP 地址。这是一种需要注意的攻击，并且它可能造成服务拒绝。这种攻击必须由能够访问网络的某人实施。攻击者不用嗅探流量就能实施这种攻击。这种攻击对无线公共网络站点最有效。攻击者能够使网站宕机，而且这种攻击非常难消除。

另一种攻击是伪装成获得释放的一个客户端，并向服务器发送一个 DHCP 释放数据包。这要求攻击者能够看到 DHCP 查找数据包，然后使用这个信息决定哪个受害者作为目标。攻击者也需要能够看到 DHCP 提供数据包以获得客户端的 IP 地址。当服务器释放 IP 地址时，这个 IP 地址能被其他客户端使用。这种攻击能造成向不止一台客户端给出同一个 IP 地址的情况。如果攻击者不能看到 DHCP 提供数据包，那么它只能针对动态池中每个地址发送 DHCP 释放数据包。它也可以发送它自身的 DHCP 查找数据包，以便猜测服务器所提供的 IP 地址，因为大多数 DHCP 服务器按顺序提供地址。这种攻击将造成网络混乱，并且很难消除。此外，如同前述的攻击一样，这种攻击在一个开放的无线网络中将十分高效。一旦攻击者能够访问网络，将很难制止这些攻击。

6.2.5　基于验证的攻击

BOOTP 和 DHCP 协议是非验证的。对服务器而言，它们对来自任何客户端的请求进行回应。对 BOOTP 或静态 DHCP 来说，只有当硬件地址匹配配置文件中的值时才做出回应。如果关注未验证客户端地址分配问题，会发现最典型的解决方案是使用访问控制，第 5 章对此进行了讨论。其他类型的验证攻击是服务器身份不能被识别的情况。攻击者可能伪装成一个来自有效服务器的客户端向 BOOTP 和 DHCP 请求做出回应。这通常称为欺骗性 DHCP 服务器。

BOOTP 服务器在回应前，需要在配置文件中发现对应的匹配，这就允许同一个网络中存在多个 BOOTP 服务器。由于 DHCP 服务器不用匹配配置文件中的任何条目，就可以回应来自设备的请求，因此如果同一个网络中有多个 DHCP 服务器，那么一个客户端可能收到多个回应。如果所有 DHCP 服务器配置合理且给出有效不重叠的地址，则这通常不成为一个问题。

一个欺骗性 DHCP 服务器能够给一个客户端分配一个网络中无效的地址。如果客户端从欺骗性服务器接受无效地址一段租期，那么它将无法进行通信。当攻击者有意扰乱网络服务，或者 DHCP 服务配置错误时都会出现这种情况。由于地址请求是一个广播包，因此欺骗性 DHCP 服务器不需要能够看到所有流量就能实施攻击。攻击者也能够在回应客户端请求续租时，发送一个伪造的应答数据包。为了实施这种攻击，攻击者需要能够看到来自客户端的 DHCP 请求数据包。

这些攻击指出了验证协议所存在的问题。不对协议进行全部重新设计，就想消除这些攻击是很困难的。为了增加额外的验证，需要某种类型的密码或密钥交换。验证在一个封闭的环境中能够工作得很好，但是在开放的无线网络环境中则不然。

6.2.6 基于流量的攻击

嗅探 DHCP 数据包能有助于实施前面所述的几种验证攻击。然而，由于客户端和服务器间信息交换不是一个真正的秘密，对 DHCP 来说嗅探并不是一个主要的关注点，也没太多有效的雪崩式攻击。攻击者可能试图用请求使服务器崩溃，但是如前面所说的，攻击者需要能访问 DHCP 服务器所在的网络。

定　义

DHCP 租期

　　一个 IP 地址分配给一个客户端一段时间，这段时间称为租期。客户端必须在租期到期前请求续租这个地址。

动态 DHCP 池

　　一组 IP 地址，用于分配给任何发出请求数据包的设备。

欺骗性 DHCP 服务器

　　一个 DHCP 服务器，用于应答 DHCP 请求，但它提供的是无效应答。

静态 DHCP 池

　　一组 IP 地址，根据设备的硬件地址进行 IP 地址分配。

6.3 IPv6 协议

IPv4 协议有些局限性，并给当今互联网带来了一些问题，其主要局限是地址空间。在版本 4 创建时，世界上有很少数量的计算机，并且个人计算机很有限。我们知道，今天的计算机数量正在猛增，并且未分配的地址空间所剩无几。我们也知道，协议头部有几个字段没有使用或几乎没有使用。这些都促使了 IP 协议的重新设计和 IPv6 的颁发[29~31]。IPv6 设计者也决定增加协议的安全性，以消除一些针对验证和流量的攻击，这些攻击一直在 IPv4 中使用。设计者还根据实时传输的需要，追加了对不同流量类型(音频、视频等)的处理能力。

当然，对任何新协议而言都会出现一种情况，即采纳这些革新是需要时间的。考虑到使用 IPv4 协议的设备数量巨大，以及这些设备中使用的大量的遗留代码，从 IPv4 向 IPv6 过渡是缓慢的。因此采纳了几种解决方法使 IPv4 的缺陷最小化。广泛使用的私有网络地址空间已经减少了 IPv4 地址空间的负担。我们将把这种技术作为一个一般性的应对措施加以讨论。IPv6 的安全措施也已经被 IPv4 采纳，同时也将其作为一个一般性的应对措施加以讨论。

本书将简要介绍 IPv6 协议及其数据包的头部，以及它的 ICMP 协议和数据包格式。针对 IPv6 的攻击与针对 IPv4 的攻击是相同的，因此我们将不比较 IPv6 与 IPv4 攻击的分类。这里假定 IPv6 不使用可选的安全头部。

6.3.1　数据包格式

IPv6 与 IPv4 最大的不同之一是头部。IPv6 头部包含一个基本头部和可选的扩展头部。基本头部的设计供协议基本路由功能使用。扩展头部的设计供两端设备使用。有些扩展头部是为了供路由器检查使用。基本头部的设计是用来通过最小化路由器所需的计算量来加速路由功能的。在 IPv4 中，路由器必须为每个数据包计算一个新的校验和。当网络速度和流量总量增加时，这会造成问题。图 6.28 显示了 IPv6 头部。

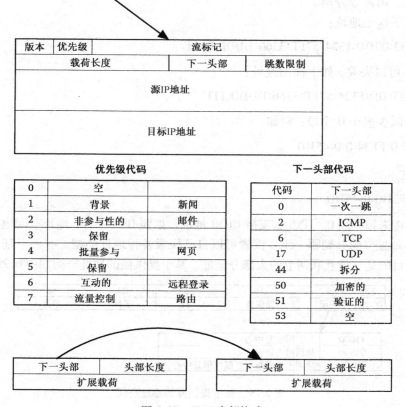

图 6.28　IPv6 头部格式

如图 6.28 所示，基本头部只有以下字段：

版本(4 比特)：表示 IP 数据包版本号。对 IPv6 来讲，这个值是 6。

优先级(4 比特)：这 4 个比特位字段用来表示数据包的优先级，它代替了 IPv4 中的类型字段。它用来确定怎样处理来自同一源的多个数据包。如果一个数据包因为网络拥塞必须被抛弃，则具有最低优先级的数据包将被抛弃。0 ~ 7 间的值保留用于上层协议可以为丢弃的数据包补偿的流量，如图 6.28 所示。这种流量称为拥塞控制(congestion controlled)。8 ~ 15 间的值保留用于上层协议对丢弃的数据包不重传的流量。这种非拥塞控制流量用于音频和视频之类的实时协议。

流标记(24 比特位)：流标记用来标识路由器要处理的同等流量串。流标记和源 IP 地址创建经过路由器的唯一流。为使其可行，路由器需要支持一些类型的预留协议，这些预留协议将建立流的特征。这些协议使用并不广泛，也不在本书讨论的范围内。

载荷长度(2 字节)：IP 数据包总长度，不包括基本头部。

下一头部(1 字节)：表示数据包中包含什么类型的数据。这如同 IPv4 中的协议字段，此外它还用来表示是否有扩展头部。

跳数限制(1 字节)：这个字段具有 IPv4 中存活时间字段一样的功能。

源地址(16 字节)：数据包的全球唯一源地址。

目标地址(16 字节)：数据包的全球唯一目标地址。

如图 6.28 所示，IP 地址长度是 16 字节，约 3.4×10^{38} 个地址。这个地址以 8 个 2 字节十六进制值书写，用冒号分割。

例如，如下这个地址：

A234:BF33:00DD:1324:57FF:3366:DDDD:011F

开头的 0 可以去除，如下面的地址：

A234:BF33:DD:1324:57FF:3366:DDDD:11F

此外，可减少多个 0 字段；例如：

2DD3:0:0:0:FF34:0:0:45DD

可以写成：

2DD3::FF34:0:0:45DD

注意，只能去掉一组 0。IPv6 也支持 CIDR 地址。如同 IPv4 一样，地址空间也分割成组。前面的位数表示地址空间分到哪一组。读者可以自己探索各种地址类型。有一个基于提供商的单播数据包，其目的是支持互联网上的大部分地址。基于提供商的地址空间如图 6.29 所示。

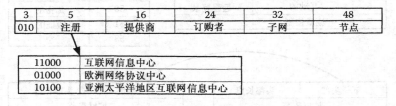

图 6.29　基于提供商的地址空间

如图 6.29 所示，基于提供商的地址空间被分割成 32 个注册组，每个组约有 65 000 个地址块可以分配给各种提供商（如互联网服务提供商）。每个提供商可有 2^{24} 个订购者，每个订购者可以分配一组子网（可能有 2^{32} 个）。剩余的 48 位用来标识子网上的设备。这与以太地址的长度相同，并且这个想法就是使用以太地址作为节点地址，这样就没有了对 ARP 协议的需要。正如将要看到的，ARP 协议在 IPv6 中已经变成 ICMP 协议的一部分。有大量的保留地址，包括环回测试地址和私有地址，与 IPv4 中所支持的相似。从安全角度讲，我们将不再讨论这些其他地址，它们有与 IPv4 相同的安全问题。将硬件地址作为 IP 地址的一部分使用，可能会出现重要情况。例如，更容易追踪正在发送数据的设备。假定硬件地址没有被伪造，那么 IP 数据包中包含识别发送设备的信息。这可能会应用在民事或刑事诉讼中。这也能减少隐私，因为互联网上 Web 站点或其他服务器使用 DHCP 分配的 IP 地址，所以不能使用 IP 地址追踪设备的用途。通过在 IP 地址中包含硬件地址，很容易逐个设备追踪其对某台服务器的访问。

如图 6.28 所示，扩展头部用来支持可选项。例如，拆分即是一个扩展头部。在 IPv6 中，只有源可以拆分数据包。两个用于安全目的的重要头部是验证头部和加密安全载荷头部。这些将作为一般性措施加以讨论。这里鼓励读者进一步研究 IPv6 数据包的格式。

6.3.2　版本 6 的 ICMP 协议

版本 6 的 ICMP 数据包格式与 IPv4 相同。但 ICMP 数据包类型数减少了。IPv6 中的错误报告数据包与 IPv4 中的一样，例外之处是去掉了源序列号，这个序列号用来减慢发送者速度。同时增加了一个"数据包过大"数据包类型，由路由器发送，它需要将数据包拆分。在 IPv6 中，不允许路由器拆分。

在 IPv6 中 ICMP 查询数据包的数量也减少了。时间戳消息和地址掩码请求消息被去掉了。增加了 ARP 作为 ICMP 相邻请求和广播消息。这和在 IPv4 中一样，但是数据包格式改变了。正如 ARP 协议在 IPv4 中一样，IPv6 存在着与 IPv4 相同的安全问题。

本节提供了一个 IPv6 的简短介绍，从安全角度来讲，IPv4 和 IPv6 的安全问题是相同的。随着 IPv6 的广泛使用及广泛采纳，有可能出现只针对 IPv6 或某些 IPv6 实施的攻击。

定　　义

IPv6 基本头部

　　IPv6 的主要头部，路由器用它在互联网上传递数据。

IPv6 扩展头部

　　一个用来标识 IPv6 数据包载荷的头部。一个数据包中可能有多个扩展头部。

基于提供商的 IPv6 地址

　　互联网主要的 IPv6 地址格式。

6.4　常用的 IP 层对策

本节将介绍 4 个不同的对策，设计这些对策是为了改善本章描述的几种脆弱性。其中两种对策用来保护网络不受攻击（IP 过滤和网络地址转换），两种用来提供端到端的加密和 IP 数据包验证（虚拟专用网和 IP 安全）。

6.4.1　IP 过滤

IP 过滤是基于 IP 头中的值阻止 IP 流量的概念[32~35]。这通常是在路由器中完成的，在大多数路由器中都可见到这个对策。最常用于过滤标准的是 IP 地址字段、端口号和协议类型。通常过滤标准被定义为一张值域表，表中列出应阻止的值（经常称为黑名单）。阻止一些应用和协议是常见的事情。例如，阻止进入的 ICMP 回应请求以防止互联网中某些人确定哪些 IP 地址是在线的。另一种常被阻止的协议是 UDP。在大多数组织机构中，唯一需要传递到互联网中的 UDP 流量是支持域名服务（Domain Name Service，DNS）。因此一些组织机构阻止除执行域名服务协议外的所有其他 UDP 协议。DNS 数据包是通过 UDP 头中的端口号来确定的。

这意味着过滤路由器需要查看数据包的载荷，因此也增加了每个数据包的处理时间。此外，端口号是由数据包的发送者放置的。因此即使路由器可能只允许 DNS 端口（53 号端口），并不表示数据包正运载 DNS 作为它的载荷。端口阻止并不完善；例如，许多欺骗性应用（端到端应用等）可以使用任何端口，基于端口号阻止它们较困难。第 12 章将讨论这些应用。

基于 IP 地址过滤的问题是确定哪个地址是恶意的。产生的恶意地址列表能被加载到路由黑名单中。但由于攻击者转移了，因此列表经常过时；此外，有时合理的 IP 地址也可能被加入到黑名单中。一般来讲，大多数组织机构不使用大规模的 IP 黑名单。如果管理员发现来自某一地址或某些地址的攻击或大量的数据包，有时他可能将一个 IP 地址添加到黑名单中。使用 IP 黑名单的另一种情况是在内部计算机受到攻击时。管理员能够切断去外界的所有访问，以确保攻击者不能再访问他所攻击的计算机。

一般情况下，我们使用 IP 过滤器作为路由器的第一道防线，但这并不能取代其他网络防护，例如防火墙。

6.4.2　网络地址转换（NAT）

如前面所讨论的，有各种保留地址范围用于特殊目的。这些地址范围作为私有地址保留。这些地址不在公共互联网①上出现，并且它的设计允许组织机构创建私有网络。这些私有网络能够使用一个称为网络地址转换（network address translation，NAT）[36~39]的进程连接到公网上。图 6.30 显示了一个私有网络连接到公网的模型。

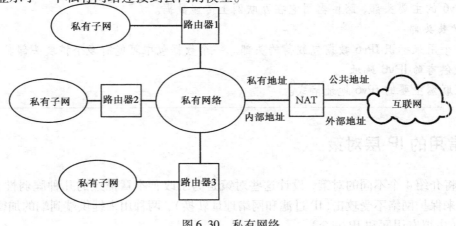

图 6.30　私有网络

---

① 以下简称为公网——译者注。

如图 6.30 所示,私有网络可能很复杂,由多个路由器和多个设备组成。私有网络通过类似路由器的设备,连接到公网上,这台设备的作用是在公网和私有网络地址范围内进行地址转换。对私有网络内部设备来讲,NAT 看上去像一台路由器;对互联网上的任何设备来讲,NAT看上去像最终目标地址。表 6.12 列出了私有地址范围。

表6.12　私有 IP 地址范围

范　　　围		目的
网络	主机	
10.0.0.0 ~ 10.255.255.255	任何	A 类私有地址
172.16 ~ 172.31	任何	B 类私有地址(它们中的 16 个网络)
192.168.0 ~ 192.168.255	任何	C 类私有地址(它们中的 256 个网络)

最初 NAT 不是作为一个安全设备设计的。然而,它能提供一定等级的安全性,并且经常与防火墙配对提供附加的安全性。NAT 主要目标是允许大量设备共享少量公共地址。有两种类型的 NAT。静态 NAT 在外部地址和内部地址一对一映射的情况下使用。由于静态 NAT 并没有减少所需的公共地址数量,因此不常使用它。第二种类型的 NAT 称为动态 NAT,在内部设备多于公共 IP 地址的情况下使用。

为了使 NAT 能够运行,它维护一个内部地址和外部地址间的数据包映射表。为了让其能够运转,NAT 使用 TCP 或 UDP 头部中端口号使映射成功。我们还未讨论传输协议,因此需要简短地讨论一下如何使用端口号。在 TCP 和 UDP 中,每个数据包有一个源端口号和目标端口号,识别相互通信的源应用程序和目的应用程序。与源地址和目标地址相组合的端口号唯一地区分了两个应用程序间的通信。图 6.31 显示了一个带有 NAT 的私有网络示例。

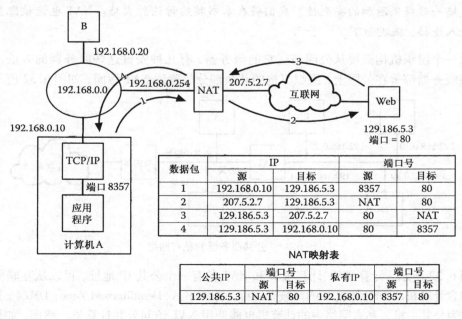

图 6.31　私有网络示例

如图 6.31 所示,在私有网络中有两台计算机。如果计算机 A 想与公网上一台 Web 服务器通信,它需要向服务器发送一个数据包。为完成这一步,它创建了一个 IP 数据包,数据包的源 IP 地址是 192.168.0.10,目标 IP 地址是 Web 站点(129.186.5.3)。它也挑选了一个源端口号(假定8357),并使用 Web 服务器的目标端口号(80)。如图6.31中数据包1所示。由于数据包的目标 IP 地址不在网络192.168.0.0上,因此计算机 A 通过将这个数据包路由到默认路由器来处理这个 IP 数据包。对私有网络来说,NAT 看上去像一个路由器。当 NAT 收到应当路由到公网的数据包时,它在 NAT 映射表中创建一个条目,条目包含了源 IP 地址和目标 IP 地址及源端口和目标端口。NAT 然后采用一个新的源端口号(可能与初始源端口是同一个)。NAT 使用同样的目标 IP 地址和源端口创建一个新的 IP 数据包。如图6.31中数据包2所示。它将新端口号与初始地址放入它的表中,如图6.31所示。

Web 服务器收到这个数据包,使用源 IP 地址和目标 IP 地址及保留的端口号创建一个应答数据包,如图6.31中的数据包3所示。当 NAT 收到一个数据包时,检查它的表确定如何创建内部数据包。NAT 使用来自映射表的数据创建数据包4,这个数据包返回给计算机 A。对于这台 Web 服务器,NAT 发送该数据包。对于计算机 A,是它在与这台 Web 服务器直接对话。无论是 Web 服务器还是计算机 A 都不知道 NAT。

使用 NAT 的一个问题是,当第一个数据包从互联网进入时如何处理这个进入连接。在这种情况下,映射表中没有任何条目。仅仅当私有网络内部有服务器应用时,这才成为一个问题。如果私有网络只有客户端应用(即 Web 浏览器和电子邮件客户端等),那么就不需要在 NAT 上做特殊配置,因为所有连接都将由 NAT 内部的设备发起。

注意

对家庭用户来说,这是很常见的,很多设备(如无线访问接入点)的运行就像 NAT,并且它还创建私有网络。这就是 NAT 经常被用于安全处理的原因。由于它们阻止了所有未在映射表中列出的进入数据包,因而攻击者不能向私有网络发送数据包。像 NAT 一样运行的设备经常与防火墙一起提供附加的安全性。我们将在本书稍后讨论防火墙。NAT 也能被配置成允许特殊的进入连接,描述如下。

如果一个组织机构需要从公网访问它的服务器,有几种安置这些服务器的方法。第一种方法是将服务器部署在公网上,组织机构的其余部分放置到 NAT 后面,如图6.32所示。

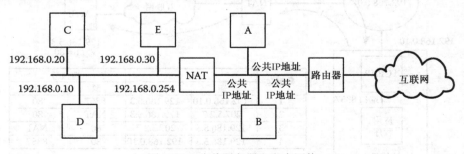

图6.32　公共服务器和私有网络

如图6.32所示,计算机 A、计算机 B 和 NAT 各有一个公共 IP 地址,可以从互联网上直接访问。包含计算机 A 和计算机 B 的区域有时称为非军事区(Demilitarized Zone,DMZ),这里的主机有时称为公共主机。私有网络中的计算机也能使用 NAT 访问公共计算机。然而,如果公共网络中的计算机想连接到私有网络,那么它们需要将 NAT 配置为允许数据包进入。这称为隧道(tunnel),如图6.33所示。

如图6.33所示,NAT 有两个公共 IP 地址(如前所述,一个 NAT 可以有多个公共 IP 地址)。隧道背后的思想是将一个公共 IP 地址和端口号与一个私有 IP 地址和端口号进行映射。

当数据包到达 NAT 上一个已被隧道化的端口时, NAT 接收进入数据包, 并且重写 IP 地址和端口号, 依据隧道表中的值将数据包发送到私有网络中的计算机。

图 6.33 显示了隧道表中的 4 个条目, 以及如何处理隧道表中各个条目匹配的数据包。数据包 1A 显示了一个入站数据包, 其目标 IP 地址是 207.5.2.8, 端口号是 100。数据包的源地址是来自公网上的一个设备。隧道表表明这个数据包将被发送到私有网络中的一个设备, 其 IP 地址是 192.168.0.30, 端口是 80。NAT 重写目标 IP 地址和目标端口。如数据包 1B 所显示的, 数据包被发送到目标地址。目标主机使用这个数据包中的 IP 地址和端口回应这个数据包。NAT 重写目标 IP 地址和端口号, 并将这个数据包发回到互联网上的设备。对互联网上的设备而言, 终点设备是 NAT, 它从未看到这个私有 IP 地址成为 IP 头的一部分。对私有网络的这台服务器而言, 它是在与网络上的设备对话, NAT 并不存在, 就像一台路由器一样。图 6.33 也显示了一个公共端口匹配私有端口的示例。这更有代表性, 因为多数应用使用预定义的端口号。数据包 2 和数据包 3 显示了互联网中一台连接到 Web 服务器的设备, Web 服务器在私有网络中, 使用公网上的 80 端口。隧道有一个局限。如果使用公共 IP 地址和端口连接到多个私有计算机, 那么每个公共 IP 地址和端口号只能与一个私有设备进行组合。

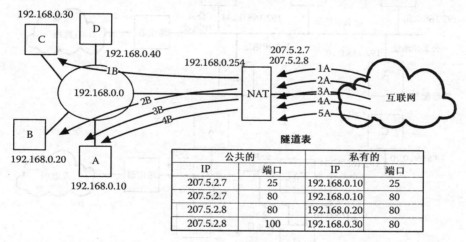

隧道表

公共的		私有的	
IP	端口	IP	端口
207.5.2.7	25	192.168.0.10	25
207.5.2.7	80	192.168.0.10	80
207.5.2.8	80	192.168.0.20	80
207.5.2.8	100	192.168.0.30	80

数据包	IP		端口	
	源	目标	源	目标
1A	互联网	207.5.2.8	8357	100
1B	互联网	192.168.0.30	8357	80
2A	互联网	207.5.2.8	7384	80
2B	互联网	192.168.0.20	7384	80
3A	互联网	207.5.2.7	2345	80
3B	互联网	192.168.0.10	2345	80
4A	互联网	207.5.2.7	2554	25
4B	互联网	192.168.0.10	2554	25
5A	互联网	207.5.2.7	6623	22

图 6.33 通过 NAT 的隧道

图 6.33 也显示了来自互联网上设备的数据包 5, 它的 NAT 目标地址和目标端口不在隧道表中。根据 NAT 的配置, 它可能只是丢弃这个数据包, 也可能发回一个 ICMP 目标不可达数据包。无论哪种配置, 这个数据包都不会进入私有网络中。

上面给出了一个作为两个网络间接口设备的 NAT, 流量就经过这个 NAT。有一种配置,网络中的 NAT 站点像其他任何计算机一样。在这个配置中能够在同一个网络中有公共地址和私有地址。这个配置称为"传递"（pass by），如图 6.34 所示。

图 6.34 显示了一个使用公共 IP 地址的路由器和几台计算机（A、B、D 和 NAT），这些地址能够从互联网上访问到。NAT 显示与网络有一个连接，NAT 可以有两个到同一物理网络的网络连接。这种配置逻辑上像图 6.33 显示的图表，它的运行方式与图 6.32 所示的一样。私有网络上的设备需要使用 NAT 访问互联网。这种配置与图 6.32 中的一处不同是，一个设备有两个 IP 地址（一个公共的和一个私有的）。如图 6.32 中所示的计算机 D。计算机 D 可以访问私有网络上的所有计算机和公网，并且不受任何隧道限制。然而这可能提供了灵活性但也降低了安全性，如果攻击者获取对计算机 D 的访问，则他能越过 NAT 并且能够完全访问私有网络。图 6.32 显示的私有网络不会被攻击，即使公共主机受到攻击。此外，如果任何只供公共使用的计算机受到攻击，那么攻击者就可能通过增加一个私有 IP 地址接入私有网络。他们将能够嗅探私有网络中的流量。一般而言，图 6.34 所示的配置被看成是很不安全的。

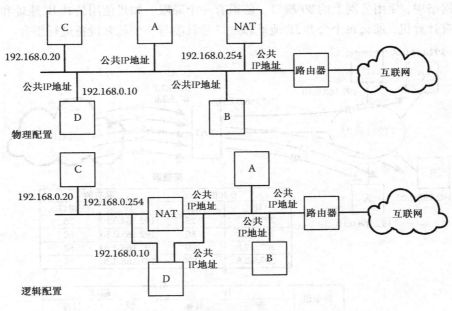

图 6.34　传递 NAT

当今 NAT 技术已广泛应用，大多数家用路由器和无线接入点数据都包含 NAT。它们通常与防火墙和 IP 过滤器一起部署。NAT 提供网络安全，帮助消除进入攻击并防止攻击者访问 NAT 内的设备。像所有安全设备一样，NAT 是解决方案的一部分。

6.4.3　虚拟专用网（VPN）

虚拟专用网（Virtual Private Network，VPN）用来提供双方设备间的加密和验证通信信道[40~43]。根据双方设备间如何连接，有几种不同类型的 VPN。有多种支持 VPN 概念的协议。有几种用于加密和验证的标准可供 VPN 使用。一些公司已经产生了专有协议。6.4.4 节将讨论一个用于 IP 层的 VPN 常用协议。第 7 章我们将讨论传输层端到端加密协议。可以将 IP 层 VPN 分成三类：网络到网络、客户端到客户端及客户端到网络。图 6.35 显示了一个网络到网络 VPN 示例。

图 6.35 所示的第一个配置是两个网络使用一个 VPN 连接的情况。这两个网络可能是不相邻的,具有各自的地址范围,或者远程网络可以是主网络的一个子网。VPN 提供两个 VPN 节点间的加密。VPN 节点通常要求验证以防止未验证的连接。网络到网络 VPN 一般情况下是由两个硬件设备实现的。

通过 VPN 的两个网络间的所有流量的典型配置如图 6.35 所示的计算机 A 和计算机 B 间的流量。所有其他互联网流量将由每个网络处理,如图 6.35 所示的计算机 A 和计算机 C 间的流量。

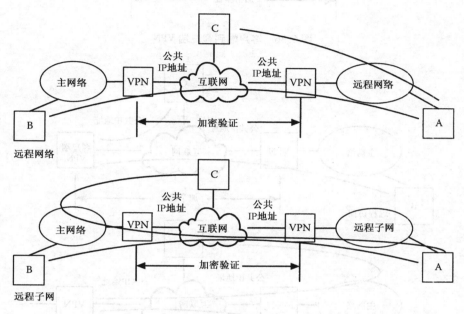

图 6.35　网络到网络 VPN

配置 VPN 的另一种方法是使远程网络成为主网络的一个扩展。这在图 6.35 中显示为一个远程子网。在这种情况下,远程网络通过 VPN 变成主网络的一部分,而主网络为两个网络都提供到互联网的连接。对外部世界来说,远程网络看上去像是主网络的一部分。主网络能够控制、监控两个网络的流量并为其提供安全。

另一种类型的 VPN 称为客户端到客户端 VPN,如图 6.36 所示。图中所显示的客户端设备是一个正在运行 VPN 的客户端,实现与远程 VPN 服务器的通信,远程服务器使得 VPN 客户端可以接入。这两个设备间的所有流量都是经过加密的。为建立这两个设备间的连接,VPN 要求附加验证。这种方式在 IP 层并不常见。有的传输层和应用层协议也提供了计算机到计算机的加密通信,稍后讨论这个问题。还有一个更常见的用于客户端的 VPN 连接,称为客户端到网络 VPN,如图 6.37 所示。

如图 6.37 所示,客户端到网络 VPN 是后两种 VPN 配置的结合体。远程客户端使用 VPN 连接到主网络。这个连接提供到主网络的远程访问,并使得远程客户端看上去像在主网络上一样。远程客户端可以有两种配置,第一种配置是远程客户端有两个 IP 地址(用于和 VPN 连接的互联网上初始地址和用于和主网络上连接的客户端本身的地址)。所有到主网络上设备的流量都使用 VPN,所有不到主网络设备的流量都使用互联网。这种场景模仿了图 6.35 所示的远程网络 VPN。

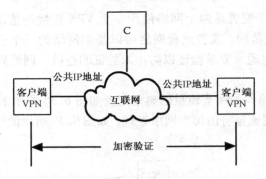

图 6.36　客户端到客户端 VPN

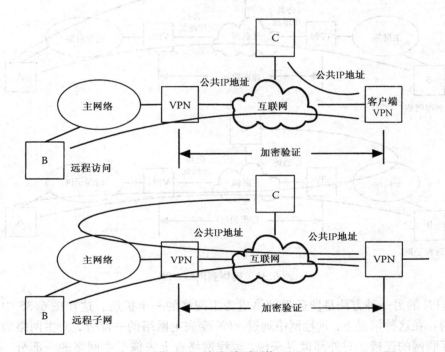

图 6.37　客户端到网络 VPN

　　第二种配置是来自客户端的全部流量进入主网络,如果它的目标地址是互联网,那么主网络就让这个流量通过,这种配置模仿了图 6.35 所示的远程子网 VPN。在这种场景中,客户端计算机应服从所有安全策略支配,这些策略可以运用到主网络中的任何计算机。

　　VPN 有助于避免嗅探和验证。基于客户端的 VPN 在公共无线网络中很有用。VPN 也提供到受控网络的访问,因为主网络能够配置成只允许 VPN 流量通过,这就是说允许任何经过验证的设备对网络进行访问,就如同它在这个网络内一样。

6.4.4　IP 安全(IPSEC)

　　IPSEC 是一种为 IPv6 设计的支持加密和验证的协议[44~47]。IPSEC 能用做 VPN 协议。IPSEC 使用一个头部支持验证,使用另一个头部支持加密和验证。IPSEC 并未指定加密算法或方法去管理密钥。图 6.38 显示了用在 IPv6 中的验证头部。

如图 6.38 所示，验证头部是一个扩展头部，用于验证数据。它确保数据不被更改。这是通过对整个数据包进行哈希计算（修改后的 IP 字段除外），然后使用安全密钥对这个哈希加密实现的。当接收者收到这个数据包时，它解密这个哈希值并计算接收数据包的哈希值，看它是否与随数据包发送的哈希相匹配。如果这两个哈希值匹配，那么接收者知道是一个知道安全密钥的设备发送了这个数据包。图 6.38 显示的验证头部有几个字段，包括了安全参数索引，它用来区分同一数据流中所有数据包。序列号用来防止数据包的重发，发送的每个数据包有一个不同的序列号。验证数据字段是存储加密哈希值的字段。需要注意的是，验证头部不能防止网络嗅探。对 IPv4 来讲，验证头部是载荷的一部分，因为 IPv4 不支持扩展头部。验证协议没有广泛使用，因为加密协议同时支持验证和加密流量。

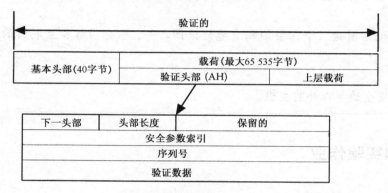

图 6.38　IPv6 数据包的验证

第二个头部支持载荷加密，并且支持验证。加密协议称为封装安全载荷（Encapsulating Security Payload，ESP），如图 6.39 所示。

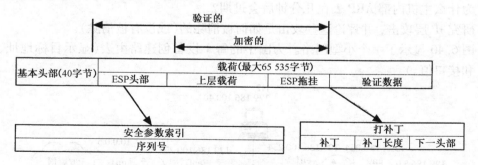

图 6.39　IPv6 数据包中的 ESP

如图 6.39 所示，ESP 由一个头部和一个尾部外加验证数据组成。由此可见，ESP 头部由一些与验证头部一样的参数构成。载荷是由安全密钥和 ESP 尾部一起加密的，ESP 尾部为加密算法填充载荷，并包含下一头部信息的信息。验证数据是 ESP 头部、载荷和 ESP 拖挂的哈希值，ESP 头部也是 IPv4 载荷的一部分。

IPSEC 能够减少嗅探和验证攻击。IPSEC 实现的真正问题是密钥的分发。IPSEC 在 VPN 中运行得很好，密钥也很容易分发。如果对跨越互联网的通信使用 IPSEC，那么每个设备都不得不有一个加密密钥，且对方要知道这个密钥。这就是公共密钥架构（Public Key Infrastructure，PKI）背后的思想。PKI 不在本书讨论的范围内，并且有一些社会和政治因素。

定　义

非军事区（DMZ）

处于安全边界以外的网络。

IP 地址黑名单

路由器要阻止的 IP 地址列表。

IP 过滤器

根据 IP 头和传输头部的一些内容，由路由器执行的数据包过滤过程。

NAT 隧道

允许进站的数据包路由到私有网络内部设备的方法。

私有网络

网络地址范围是三个保留的私有地址范围之一，私有网络和互联网的连接需要通过 NAT。

可牺牲主机

部署在安全边界以外的主机。

课后作业和实验作业

课后作业

1. 有多少个公开的 IP 地址可供分配？
2. 为什么用以太广播包的形式发送 ARP 请求数据包，而应答数据包却是直接发送的？
3. 为什么主机内部 ARP 表在几分钟后会过期？
4. 研究 IP 层攻击，并评论这些攻击是如何被消除的（或没有被消除）。
5. 图 6.40 显示了一个小型网络。为图中的每个设备创建路由表（显示目标地址、下一跳和接口值。）

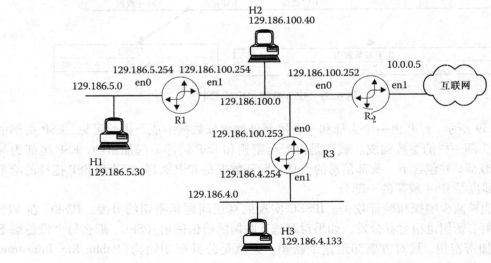

图 6.40　课后作业 5

6. 按照给出的图 6.41，填写下列表格。一个有 2700 字节用户数据的 IP 数据包，需要从主机 M1 经过以太网发送到主机 M2，因此需要拆分。给出两个路由器间网段的片段（填写表中的所有空格；为每个数据字段标明数据长度）。假定第一个片段尽可能是以太网的最大片段。

层	字段名	初始	片段 1	片段 2
以太网	目标地址	N/A		
	源	N/A		
	类型字段	N/A		
IP	版本/IP 头长度	4 5		
	类型	0		
	长度			
	标识	3486		
	标志	0 0 0		
	偏移值	0		
	存活时间	150		
	协议	17		
	校验和	经过计算的	经过计算的	经过计算的
	源 IP			
	目标 IP			
数据		2700 字节		

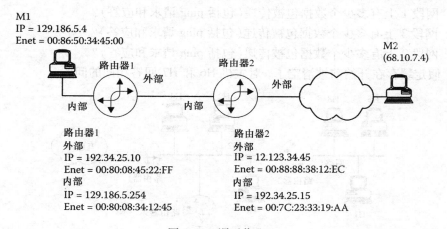

图 6.41　课后作业 6

7. 描述在下列条件下会发生什么情况（包括在给定条件下产生的任何数据包）：

   a. TTL 到期。

   b. 攻击者使用硬件地址攻击使 ARP 缓存"中毒"。

   c. 一个数据包到达路由器，路由器不知道如何进一步路由这个数据包。

   d. 一个 IP 数据包到达路由器，数据包太大了而不能由网络的数据链路送出去。

   e. 目标地址没有收到一个 IP 数据包的全部片段。

   f. 一台主机"看到"一个 ARP 请求，这个请求数据包的 IP 地址和主机自身的 IP 地址一样。

8. 下列减少攻击的方法归于分类学中的哪一类或哪几类？

 a. IPSEC 或 VPN

 b. NAT

 c. WEP

9. 根据图 6.42，回答下列问题。

 假定下列地址：

名称IP		名称IP	
H1	129.186.5.4	路由器2	129.186.5.254（网络129.186.5.0）
H2	129.186.4.10	路由器2	129.186.4.100（主网络）
H3	129.186.10.20	路由器1	129.186.4.254（主网络）
H4	129.186.4.25	路由器1	10.0.0.5（互联网一侧）
H5	129.186.5.34	路由器3	129.186.4.253（网络2）
		路由器3	129.186.10.254（网络3）

H2 是整个 129.186.0.0 网络的 DNS 服务器。

 a. 假定 H1 向 H2、H3、H4、H5 或互联网上（ibm.com）任意一台机器发送一条消息，由于这些消息，在 H1 的 ARP 表中将会有多少个条目？

 b. 对于接下来的三个问题，假定在主机 H3 向主机 H1 发送一个单独的 ping 请求前，所有缓存被清空了（命令 = ping H1）。

 c. 网段 1 上有多少个数据包被传递（包括 ping 请求和应答）？

 d. 网段 3 上有多少个数据包被传递（包括 ping 请求和应答）？

 e. 网段 2 上有多少个数据包被传递（包括 ping 请求和应答）？

 f. 假定缓存在开始前被清空了，对主机 H6 和 H7 回答相同的问题。

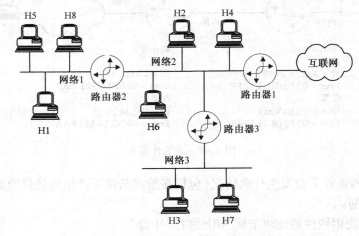

图 6.42　课后作业 9

10. 在一个 DHCP 环境中，什么情况下静态 IP 地址分配是可行的？

11. 研究 IPv6 的发展，并估计 IPv6 主机的数量。

12. 根据图 6.43 完成下列表格。

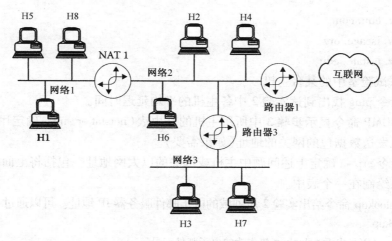

图 6.43 课后作业 12

假设下列地址：

H1 192.168.168.5	Nat1 192.168.168.254(用于网络1)
H3 129.186.10.20	Nat1 129.186.4.100(用于网络2)
路由器 3 129.186.4.253(用于网络2)	路由器 1 129.186.4.254(用于网络2)
路由器 3 129.186.10.254(用于网络3)	路由器 1 10.0.0.5(用于互联网一侧)

假定 NAT 是动态的，192.168.168.0 是内部网。假定下列请求数据包是从主机 H1 的 TCP 层传递到 IP 层，H1 的目标地址是 H3。TCP 源端口 = 5240，TCP 目的端口 = 80。假定所有 ARP 和 DNS 表是当前的。

对于以下列出的网络中每个节点，给出数据包中下列字段的值(如果一个字段的值没有指定，你可以假定一个值)。给出网络中每个节点应答数据包中的字段。

	请　求			应　答		
	网络 1	网络 2	网络 3	网络 1	网络 2	网络 3
TCP 层						
源端口						
目的端口						
IP 层						
源 IP 地址						
目标 IP 地址						

13. 研究商用 VPN，根据加密类型、基于的硬件和软件及基于的客户端和网络，绘制一个比较 VPN 类型的表。

实验作业

1. 给出测试试验室的网络地址和网络掩码。

2. 使用测试试验室，并尝试找出下列各主机的 IP 地址。

   a. www. nasa. gov

   b. www. iac. iastate. edu

    c. www. cnn. com

    d. www. iseage. org

    e. www. iastate. edu

    f. 测试试验室中的某台主机

3. 使用命令 ping 找出到达实验 2 中各主机的平均延迟时间。

4. 使用 DUMP 命令显示步骤 3 中所用主机的路由表（netstat -r -n），确定用于向实验 2 中各主机发送数据包的网关的地址（如果需要）。

5. 使用命令 arp -a 确定上述问题中主机或网关的以太网地址。包括将上面问题 2 ~ 5 的所有信息绘制在一个表中。

6. 使用 nslookup 命令给出实验 2 所列域的电子邮件服务器 IP 地址。可以通过下列步骤完成：

    $ nslookup

set type = MX　　告诉 nslookup 要查找的电子邮件记录

domain name　　查找域的电子邮件服务器

d Exit　　　　　退出 nslookup

7. 使用 nslookup 查找几个 IP 地址的主机名。

8. 使用程序 traceroute 确定介于测试试验室和 www. cnn. com 间的前 5 个路由器的地址。用 ping 查找到达与 www. cnn. com 对话的每个路由器的平均延迟时间。可以使用以下命令来完成：

    sudo ping -s 50 -c 100 地址

    sudo ping -s 500 -c 100 地址

    sudo ping -s 1000 -c 100 地址

第一个数字是数据包的尺寸，第二个数字是数据包的数量。在试验步骤中的 sudo 命令用来检查你的试验室密码。可能不需要使用 sudo 命令，但是如需要，sudo 将询问密码。提供一个各个数据包到达各个主机平均延迟时间的表，并评价你的结果。

编程作业

1. 使用第 5 章下载的代码，增加代码并实现以下步骤：

    a. 解码并打印 ARP 请求和应答数据包，用标准 IP 地址表示法打印 IP 地址，以容易阅读的数据格式打印所有其他值。

    b. 解码并打印 IP 头部，用标准 IP 地址表示法打印 IP 地址，以容易阅读的数据格式打印所有其他值。

    c. 解码并打印 ICMP 头部，用标准 IP 地址表示法打印 IP 地址，以容易阅读的数据格式打印所有其他值。

    d. 在计数器组中增加一个统计 ICMP 数据包数的计数器。在 subroutine program_ending( ) 中增加打印这些计数器值的代码。注意，subroutine 已经打印了数据包的全部数值。

参考文献

[1]　Zimmermann, H. 1980. OSI reference model—The ISO model of architeoture for open systems interconnection. *IEEE Transactions on Communications* 28 : 425-32.

[2] Day, J. D., and H. Zimmermann. 1983. The OSI reference model. *Proceedings of the IEEE* 71 : 1334-40.

[3] Forouzan, B. A., and S. C. Fegan. 1999. *TCP/IP protocol suite*. New York : McGraw-Hill Higher Education.

[4] Comer, D. E. 1995. *Internetworking with TCP/IP*. Vol. 1. *Principles, protocols and architecture*. Englewood Cliffs, NJ : Prentice Hall.

[5] Leiner, B., et al. 1985. The DARPA internet protocol suite. *IEEE Communications Magazine* 23 : 29-34.

[6] Postel, J. 1981. *Internet protocol*. RFC 791.

[7] Reynolds, J. K., and J. Postel. 1990. *Assigned numbers*. RFC 1060.

[8] Fuller, V., et al. 1993. *Classless inter-domain routing (CIDR) : An address assignment and aggregation strategy*. RFC 1519.

[9] Dall'Asta, L., et al. 2006. Exploring networks with traceroute-like probes : Theory and simulations. *Theoretical Computer Science* 355 : 6-24.

[10] Periakaruppan, R., and E. Nemeth. 1999. Gtrace—A graphical traceroute tool. Paper presented at Proceedings of the 13th Systems Administration Conference. Seattle, WA. (LISA 1999).

[11] Branigan, S., et al. 2001. What can you do with traceroute? *IEEE Internet Computing* 5(5).

[12] Altunbasak, H., et al. 2004. Addressing the weak link between layer 2 and layer 3 in the Internet architecture. In *29th Annual IEEE International Conference on Local Computer Networks*, Tampa, FL : 417-18.

[13] Kumar, S. *Impact of distributed denial of service (DDOS) attack due to ARP storm*. Lecture Notes in Computer Science. Berlin Springer-Verlag, V. 3421/2005, 997-1002.

[14] de Vivo, M., O. Gabriela, and G. Isern. 1998. Internet security attacks at the basic levels. *ACM SIGOPS Operating Systems Review* 32 : 4-15.

[15] Lau, F., et al. 2000. Distributed denial of service attacks. In *IEEE International Conference on Systems, Man, and Cybernetics*, Nashville, TN : 3.

[16] Richards, K. 1999. Network based intrusion detection : A review of technologies. *Computers and Security* 18 : 671-82.

[17] Lippmann, R. P., et al. 1998. The 1998 DARPA/AFRL off-line intrusion detection evaluation. Paper presented at the First International Workshop on Recent Advances in Intrusion Detection (RAID). Louvain-La-Nueve, Belgium.

[18] Hariri, S., et al. 2003. Impact analysis of faults and attacks in large-scale networks. *IEEE Security and Privacy Magazine* 1 : 49-54.

[19] Tanase, M. 2003. IP spoofing : An introduction. *Security Focus* 11.

[20] Harris, B., and R. Hunt. 1999. TCP/IP security threats and attack methods. *Computer Communications* 22 : 885-97.

[21] Hastings, N. E., and P. A. McLean. 1996. TCP/IP spoofing fundamentals. In *Conference Proceedings of the IEEE Fifteenth Annual International Phoenix Conference on Computers and Communications*, 218-24.

[22] de Vivo, M., et al. 1999. Internet vulnerabilities related to TCP/IP and T/TCP. *ACM SIGCOMM Computer Communication Review* 29 : 81-85.

[23] Moore, D., and C. Shannon. 2002. Code-red : A case study on the spread and victims of an Internet worm. In *Proceedings of the SecondACM SIGCOMM Workshop on Internet Measurement*, Marseille, France : 273-84.

[24] Berghel, H. 2001. The code red worm. *Communications of the ACM* 44 : 15-19.

[25] Moore, D., et al. 2003. Inside the slammer worm. *IEEE Security and Privacy Magazine* 1 : 33-39.

[26] Droms, R. 1999. Automated configuration of TCP/IP with DHCP *IEEE Internet Computing* 3 : : 45-53.

[27] Perkins, C. E., and K. Luo. 1995. Using DHCP with computers that move. *Wireless Networks* 1 : 341-53.

[28] Schulzrinne, H. 2002. *Dynamic host configuration protocol (DHCP-for-IPv4) option for session initiation protocol (SIP) servers*. RFC 3361.

[29] Deering, S., and R. Hinden. 1995. *Internet protocol, version 6 (IPv6) specification*. RFC 1883.

[30] Hinden, R., and S. Deering. 2003. *Internet protocol version 6 (IPv6) addressing architecture*. RFC 3513.

[31] Bound, C. J., M. Carney, and C. E. Perkins. 2000. Dynamic host configuration protocol for IPv6, DHCPv6. Internet draft, draft-ietfdhc-dhcpv6-15. txt.

[32] Peng, T., C. Leckie, and K. Ramamohanarao. 2003. Protection from distributed denial of service attacks using history-based IP filtering. In *IEEE International Conference on Communications (ICC'03)*, Anchorage, AK: 1.

[33] Ferguson, P., and D. Senie. 1998. *Network ingress filtering : Defeating denial of service attacks which employ IP source address spoofing*. RFC 2267.

[34] McCanne, S., and V. Jacobson. 1993. The BSD packet filter : A new architecture for user-level packet capture. In *Proceedings of Winter' 93 USENIX Conference*. San Diego, CA.

[35] Chapman, D. B. 1993. Network (in) security through IP packet filtering. In *Proceedings of the Third UNIX Security Symposium*, Baltimore, MD : 63-76.

[36] Tsirtsis, G., and P. Srisuresh. 2000. *Network address translation-protocol translation (NAT-PT)*. RFC 2766.

[37] Srisuresh, P., and M. Holdrege. 1999. *IP network address translator (NAT) terminology and considerations*. RFC 2663.

[38] Srisuresh, P., and K. Egevang. 2001. *Traditional IP network address translator (traditional NAT)*. RFC 3022.

[39] Senie, D. 2002. *Network address translator (NAT)-friendly application design guidelines*. RFC 3235.

[40] Braun, T., et al. 1999. Virtual private network architecture. In *CATI—Charging and Accounting Technologies for the Internet*, 1.

[41] Carugi, M., and J. De Clercq. 2004. Virtual private network services : Scenarios, requirements and architectural constructs from a standardization perspective. *IEEE Communications Magazine* 42 : 116-22.

[42] Guo, X., et al. 2003. A policy-based network management system for IP VPN. In *International Conference on Communication Technology Proceedings (ICCT 2003)*, Beijing, China : 2.

[43] Ferguson, P., and G. Huston. 1998. What is a VPN? Paper presented at Workshop on Open Signaling for ATM, Internet and Mobile Networks (OPENSIG'98). Toronto, Canada.

[44] Doraswamy, N., and D. Harkins. 1999. *IPSEC : The new security standard for the Internet, intranets, and virtual private networks*. Englewood Cliffs, NJ : Prentice Hall.

[45] Blaze, M., J. Ioannidis, and A. D. Keromytis. 2002. Trust management for IPSEC. *ACM Transactions on Information and System Security* 5 : 95-118.

[46] Elkeelany, O., et al. 2002. Performance analysis of lPSEC protocol : Encryption and authentication. *IEEE International Conference on Communications (ICC 2002)*, New York, NY : : 2.

[47] Keromytis, A. D., J. Ioannidis, and J. M. Smith. 1997. Implementing IPSEC. In *IEEE Global Telecommunications Conference (GLOBECOM'97)*, Phoenix, AZ : 3.

第7章　传输层协议

传输层负责端到端的用户数据传输[1~3]。传输层是应用程序开发人员常用的编程接口，传输层提供错误控制，负责可靠数据传输。传输层协议很复杂，并且可能是大量安全威胁的目标。传输层的漏洞经常伴随着物理层和 IP 层的漏洞。本章我们将探讨互联网中经常使用的传输协议，也将探讨一个无连接传输协议，同时考察一个负责将名称转换成 IP 地址的协议。此外，还将探讨用于消除传输层协议威胁的常用措施。

7.1　传输控制协议(TCP)

TCP(Transmission Control Protocol)是整个互联网上使用的面向连接的传输协议[4,5]。TCP 支持可靠的端到端用户数据传输，TCP 层提供数据传输的基本功能及建立两个应用间连接的能力，TCP 层还为应用层提供服务。TCP 协议将在稍后讨论。

7.1.1　多路复用

TCP 层同时利用该层支持多个应用(称为多路复用，multiplexing)。这是通过给每个应用指定一个称为端口的标识实现的，一个端口号和一个 IP 地址创建一个套接字，TCP 层提供两个套接字间的连接。正如在第 6 章所讨论的，源端口号和目标端口号及源 IP 地址和目标 IP 地址为互联网上的每个数据包创建唯一的标识。传输层使用端口号对数据包进行分类，并且确定哪个应用从哪个数据包接收数据。图 7.1 显示了多个应用间的多路复用。

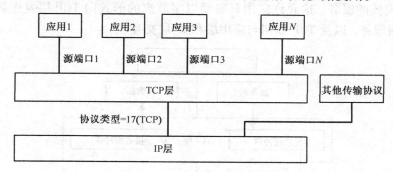

图 7.1　TCP 多路复用

如图 7.1 所示，每个应用有一个与到 TCP 层连接相关联的源端口。当这个应用发送数据时，TCP 层把源端口放置到 TCP 头部，并且把这个应用提供的目标端口放置到 TCP 头部，应用也提供了目标 IP 地址。当一个数据包从 IP 层到达时，TCP 层查看 TCP 头中的目标端口号，确定哪个应用获取这个数据。

某个客户端要想连接到某个应用，它需要知道这个目标应用的端口号。有大量的默认端口号已经分配给应用协议。表 7.1 中显示了一些默认端口号。

表 7.1 中显示的端口号是推荐端口号，被合法的应用协议使用。网络安全设备经常使用端口号作为一种过滤不希望收到的数据包的方法，或者作为一种确定允许哪种流量进入网络

的一种方法。例如，一种网络过滤器可能允许所有 80 端口的入口流量（Web 流量），前提是只有 Web 流量使用 80 端口。然而，网络内部的某个用户可能安装一个恶意程序，截取 80 端口上的连接，某个外部用户在连接这个恶意应用时将不能被网络过滤器阻止。这种技术被一些点到点[①]应用使用。

表 7.1　默认端口号

端　　口	协　　议	端　　口	协　　议
20	FTP（数据）	21	FTP（控制）
22	SSH	23	TELNET
25	SMTP（电子邮件）	53	DNS
80	HTTP（Web）	110	POP（远程电子邮件）
143	IMAP（远程电子邮件）	443	HTTPS（安全 Web）

7.1.2　连接管理

　　TCP 是一种面向连接的协议，作为连接管理的一部分，TCP 提供了三种服务：连接建立、连接维护和连接终止。连接建立指一个应用请求与另一个应用连接，为建立连接，接收应用必须准备好连接，不可能有另一个连接使用相同的源端口和目标端口及源 IP 地址和目标 IP 地址；也必须为 TCP 提供足够的资源维护这个连接，通常这个资源是内存。

　　连接维护提供应用数据交换，这被描述为一个单独的服务。连接终止通常指连接中一方向另一方发送一个消息表明它已经终止了连接。这是一种友好的终止。TCP 也支持突然终止，当一个应用不告诉另一个应用就终止连接时即为突然终止。突然终止会导致数据丢失。

7.1.3　数据传输

　　TCP 提供了两个应用间有序和可靠的数据传输。TCP 也提供流控制，这使得接收端在跟不上数据流速率的情况下，能够降低传输速率。TCP 处理数据的方式的确与低层不同，TCP 向应用层提供面向流的服务，这允许应用只需要以字节流的形式向 TCP 层发送数据就可以了。图 7.2 显示了流服务，以及 TCP 如何与应用层和 IP 层交互。

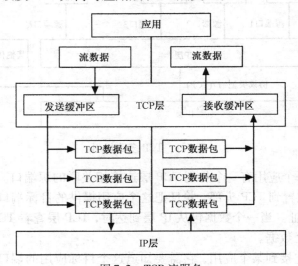

图 7.2　TCP 流服务

---

① 即 p2p。——译者注

　　如图 7.2 所示,应用将字节流发送到 TCP 层,TCP 层根据数据量和最后一个数据包发出的时间,决定何时创建另一个数据包。当 TCP 层有很多数据时,它添加它的头部并且以数据包的形式向 IP 层发送数据。在接收端,当 TCP 从它的 IP 层收到一个数据包时,把它放入缓冲区中,当应用从 TCP 层读取数据时,TCP 将数据从接收缓冲区移动到应用层。第 8 章将讨论应用层如何使用流服务。

7.1.4　特殊服务

　　TCP 支持称为数据流推送(data stream push)的特殊服务,应用层可以请求将 TCP 传输缓冲区中的数据推送到一个数据包中并将其发送。接收的 TCP 层侦察到这个推送数据包,并尝试将接收缓冲区推送到应用。推送经常被某时刻发送一个字符的应用使用,类似一个远程终端应用。另一种特殊服务是紧急数据信号,应用可以将数据标识成紧急的,TCP 层在数据包的头部将其标明。

7.1.5　错误报告

　　TCP 报告出现的错误。这些错误可能来自 TCP 层或者来自低层。

7.1.6　TCP 协议

　　TCP 协议相当复杂。本书将讨论本协议几个至关重要的方面,而将探讨整个协议的工作留给读者自己。在此将讨论该协议的三个部分:连接建立、连接维护和连接终止。

　　TCP 在能够传输数据前必须建立连接。连接建立阶段允许两个 TCP 层协调开始头部值,接收连接的应用(服务器应用)不必非得接受这个连接,TCP 协议通过服务器应用使用一个回应表明接受连接。图 7.3 显示了在 TCP 连接建立阶段交换的数据包。

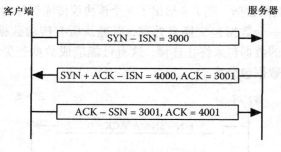

图 7.3　TCP 连接建立

　　如图 7.3 所示,希望建立连接的应用(客户端)发送一个 SYN 数据包,这个数据包包含一个数据传输阶段所用的起始序列号,同时也包含了目标端口号,用以表明该客户端希望连接到哪个应用。当服务器 TCP 层收到这个 SYN 数据包时,它分配缓冲区空间来处理流数据,并且它通知服务器应用有一个连接请求,如果服务器应用接受这个连接,它向 TCP 层回应,表明它希望接受这个连接。服务器 TCP 层向客户端 TCP 层发送 SYN + ACK 数据包,数据包中包含有服务器使用的起始序列号和服务器接受连接的回应。当客户端 TCP 层收到 SYN + ACK 数据包时,它通知客户端应用连接已经接受,并向服务器 TCP 层发回一个 ACK,服务器 TCP 然后通知服务器应用连接已经建立起来了。这个协议称为三次握手。

　　TCP 协议的数据传输部分使用一个序列号表示字节数。理解这个序列号的最好方法是在放置数据的接收缓冲区中加入索引。使用回应号是为了表示接收者已经接收了多少数据。图7.4显示了TCP使用的数据传输方法的理念。

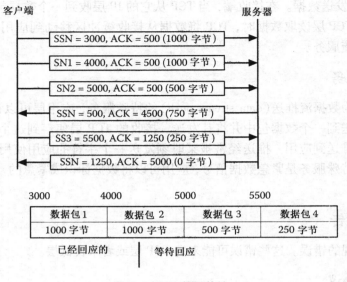

图7.4 TCP数据传输

如图7.4所示，每个数据包有一个序列号和一个回应号。图7.4所示的第一个数据包具有初始序列号（ISN），且包含1000字节，下一个数据包有一个序列号是ISN+1000。当正在接收的TCP层收到这个数据包后，将它放入一个接收缓冲区，并在某个时刻回应它已经收到的数据。如果正在接收的TCP层要发送数据，它就可以发送数据并设置回应号以便回应收到的数据。如图7.4所示数据包4回应第一个500字节的数据。我们也看到，在数据包6中接收方不用发送它自身的数据也能回应收到的数据。图7.4给出了一个该协议传输部分的简单概览。

连接终止可以通过一个数据包交换来处理，以确认所有传输数据都收到了（友好终止）。也可通过发送一个单独的数据包来终止连接，这有可能造成数据丢失（突然终止）。图7.5显示了友好终止中使用的数据包交换。

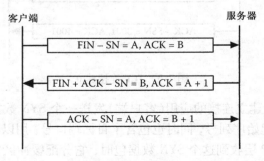

图7.5 友好终止

如图7.5所示，希望终止连接的一方发送一个FIN数据包。这个FIN数据包可能包含数据。另一方使用一个FIN+ACK数据包回应，这个回应数据包的回应号等于收到的序列号加1。这个FIN+ACK数据包也可能包含数据。请求终止的一方发送一个ACK数据包，这个ACK数据包的回应号设置成收到的序列号加1。

突然终止可以在任意时刻通过向另一方发送一个复位数据包(RST)终止一个连接,收到这个 RST 数据包的 TCP 层必须终止这个连接。可以想象,这会导致某些攻击。接下来我们会看到 RST 数据包能够被安全设备用来终止不想要的连接。

本书不讨论 TCP 流和错误控制机制。这些内容很复杂,它支持数据包丢失和数据包重传。从安全角度来讲,已经有针对数据传输协议的攻击,但是还没有针对错误控制机制的攻击。在针对数据传输的攻击中,攻击者通常需要嗅探流量。

完整描述 TCP 协议要用很多篇幅,从网络安全的角度来讲,根据这里的简单协议描述就能够理解大多数针对 TCP 的攻击。鼓励读者阅读更多关于 TCP 协议的内容。

7.1.7 TCP 数据包格式

TCP 数据包格式如图 7.6 所示。我们看到,头部 20 字节没有任何可选项。字段描述如下:

源端口号(16 位):用于识别正在发送的应用。

目标端口号(16 位):用于识别目标应用。

序列号(32 位):用于支持数据传输及流和错误控制。

回应号(32 位):用于支持数据传输及流和错误控制。

头部长度(4 位):TCP 头部以 4 字节表示的长度。

保留字段(6 位):保留字段,通常设为 0。

标志(6 位):标明数据包类型的标志,图 7.6 给出了每个标志的值。

窗口尺寸(16 位):用于支持流控制。从安全角度来讲,关于窗口尺寸令人感兴趣的部分是没有以标准形式定义初始值,它的实现留给了操作系统。有时可以通过查看初始窗口尺寸确定操作系统类型。知道了操作系统类型有助于攻击系统。

校验和(16 位):使用部分 IP 头部及 TCP 头部和数据计算出来的值。

紧急指示(16 位):用于标明数据包中含有紧急数据。

可选项(可达 40 字节):可选性信息。

源端口		目标端口	
序列号			
回应号			
硬件地址长度	保留字段	标志	窗口尺寸
校验和		紧急标识	
可选项			

标志

URG	ACK	PSH	RST	SYN	FIN

标志	功能
URG	数据包中含有紧急数据
ACK	回应号有效
PSH	需要将数据推送到应用
RST	复位数据包
SYN	同步数据包
FIN	结束数据包

图 7.6 TCP 头部格式

　　数据包头中的大多数字段用于支持流和错误控制机制。7.1.8 节将讨论 TCP 协议的漏洞。其中一些漏洞与 IP 层的漏洞相同，第 6 章讨论的一些消除攻击的方法也有助于消除基于 TCP 层的攻击。

7.1.8　基于头部的攻击

　　有一些基于 TCP 层头部的攻击[6~9]。可以将这些攻击分成两类。第一类是攻击者发送无效的头部信息，其目标是扰乱 TCP 层的运行。第二类是攻击者使用回应发送无效头部，作为探测操作系统类型的一种方法(称为探测攻击)。攻击者能够使用来自探测攻击的信息，形成一个针对设备的攻击计划，下面可以看到一些针对协议的攻击也用来确定操作系统的类型。

　　TCP 头部中最常被攻击的字段是标志字段。一种类型的攻击是创建一个在标准中没有明确规定的含标志组合的数据包。例如，攻击者可以将所有标志设成 1 或 0。过去一些操作系统在处理无效标志组合时有问题，会退出或放弃所有连接，目前这个问题已经在绝大多数操作系统的所有当前版本中修正了。另一种攻击是在一个已经打开的连接中发送无效序列号，这种攻击通常只会中断单个连接。

　　在使用 TCP 头部进行探测攻击中，可使用一些不同的字段。一个常见的探测攻击是发送无效标志组给来确认操作系统如何回应。探测攻击软件使用一个特征列表，这些特征对某特定操作系统是唯一的。举例来说，攻击者可能知道哪十个操作系统以某一特定方式回应一个无效标志组合。使用其他头部信息还能进一步缩小列表中操作系统的范围。其他探测攻击使用初始序列号，一些操作系统使用某种模式确定序列号的初始值。通过打开多个连接(或者至少发送多个 SYN 数据包)，攻击者就能确定一个初始序列号生成模式。启动窗口尺寸也能帮助缩小可能的操作系统列表，TCP 标准没有指定启动窗口尺寸的值，因为不同操作系统使用不同的值。

　　攻击者可以使用几种公共域工具实施这些探测攻击，这些工具也能实施针对协议的探测攻击，下一节讨论这个问题。探测攻击很难消除，因为他们利用了操作系统实现 TCP 协议的特征。在操作系统中 TCP 的实现都是合理的，问题是标准没有规定头部值所有可能的组合。

7.1.9　基于协议的攻击

　　TCP 协议是目前我们已讨论过的最复杂的协议。由于该协议的复杂性，有大量针对它的攻击，消除这样的攻击也是很困难的。可以将针对协议的攻击分成两类，第一类是攻击者在端点，并与攻击目标进行不正确通信。第二类是攻击者能够嗅探流量，并将数据包插入到 TCP 协议流中。我们将这些类型的攻击归类于针对协议的攻击，即使他们使用基于流量的攻击(嗅探)执行基于协议的攻击。

　　端点协议攻击通常包括发送超出序列的数据包或者没有一次完整的握手，发送超出序列的数据包通常只是扰乱当前的连接，因此对攻击者不是很有用。攻击者可以使用序列外的数据包帮助确认操作系统类型。举例来说，向一个端口发送一个复位数据包(RST)，而这个端口上一个应用正在等待一个连接，这个复位数据包并不匹配一个开放连接，这将使得一些操作系统用一个数据包进行应答。向一个没有连接的开放端口发送一个结束数据包(FIN)也是有的，这如同针对头部的探测，是很难消除的。同样也有一些工具能发送这些类型的数据包来确定操作系统的类型。

一个众所周知的端点攻击涉及 TCP 连接建立协议。我们在第 4 章简短讨论过这种攻击。这种攻击称为 SYN 雪崩(flood)，如图 7.7 所示[10~13]。

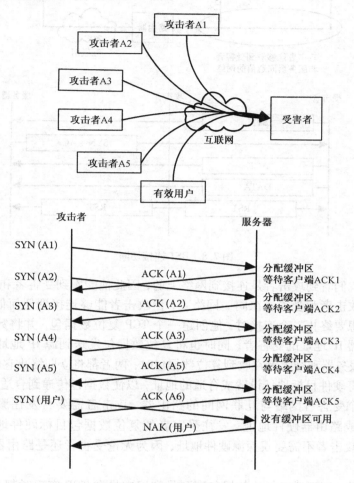

图 7.7　SYN 雪崩攻击

前面讨论过，TCP 3 次连接协议用一个 SYN 数据包开始，这迫使服务器分配缓冲区空间。这一攻击的目标是消耗掉所有 TCP 资源，迫使 TCP 拒绝其他连接尝试。如图 7.7 所示，如果攻击者发送足够多的 SYN 数据包而不发送 ACK 数据包，可能造成服务器上 TCP 协议栈拒绝新连接，这些连接尝试经常指半打开连接。消除方法是限制来自同一源 IP 地址的半打开连接的数量。攻击者也可能从多个地点实施这个攻击，这更加达了消除这一攻击的难度。一次成攻的 SYN 雪崩攻击会使一台服务器掉线并且阻止任何人连接到它，一个可能的消除方法是在网络入口处安装能够侦察这类攻击的网络过滤器，问题是如果攻击是分布式的，那么网络过滤器不可能区分善意连接尝试和恶意连接尝试。

第二类针对协议的攻击发生在攻击者能够看到流量时。这些攻击不同于常见的数据包嗅探，在常见的数据包嗅探中攻击者试图从网络上读取数据。在这一攻击中攻击者将数据包插入到协议流中，其目标要么是切断连接，要么是窃取连接。

反之如果攻击者能看到流量，那么他就能很容易通过伪造 IP 地址并向双方发送复位数据包(RST)切断该连接[14~16]。图 7.8 显示了一个使用复位数据包切断连接的例子。

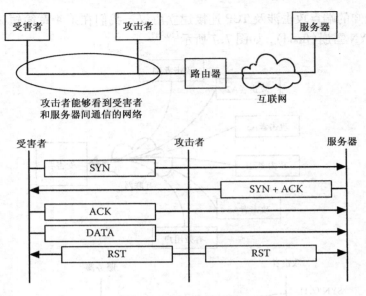

图 7.8　RST 连接切断

从图 7.8 中我们看到攻击者是连接到网络上的，因此他能看到受害者和服务器间的流量。虽然图 7.8 显示攻击者和受害者在同一网络上，但攻击者能够连接到任何他能看到此流量的网络。当攻击者想要终止一个连接时，他创建一个 TCP 复位数据包，并将数据包发送到源 IP 地址设置成服务器 IP 地址的受害者；同时也将复位数据包发送到源 IP 地址设置成受害者 IP 地址的服务器，服务器和受害者在收到复位数据包时，两者都将立即终止它们间的连接。

攻击者需要将硬件目标地址设置成合适的地址，以使数据包传递到合适的设备。在图 7.8 中我们给出了一个受害者网络与互联网间的路由器，攻击者需要将发往服务器的复位数据包硬件地址设置成路由器硬件地址，发往受害者的复位数据包目标硬件地址需要设置成受害者硬件地址。攻击者不需要嗅探源硬件地址，因为无论受害者还是路由器都不查看源硬件地址。

需要注意的是，直到近来复位数据包序列号和回应号在 TCP 实现时都是不检查的，因此攻击者只要发送一个复位数据包(不需要看到网络流量)，就能猜测源 IP 地址和目地 IP 地址及源端口和目标端口。这种攻击很难精确实施，攻击者只是在一个地址和端口范围进行扫描。近来 TCP 协议的实现要求序列号在当前序列号相近的范围内。尽管这已经减少了攻击者无法嗅探网络流量时的攻击，但并没有减少攻击者能够看到网络流量情况下的攻击。

如果攻击者能够看到网络流量并且能够将数据包插入网络中，那么这种攻击是不可能消除的。如果攻击者也将源硬件地址设置成受害者或路由器硬件地址(取决于要发送哪个复位数据包)，就不可能确定哪个设备执行这一攻击。这个攻击可以通过加密消除，如在 IP 层。然而，如第 6 章讨论的，通常不加密网络中的流量。

另一个针对协议的攻击类型称为会话劫持(session hijacking)，这个攻击也要求攻击者能够看到受害者和服务器间的流量[17~19]。会话劫持的目标是从两方中的一方窃取连接，并伪装成一方的设备。图 7.9 显示了会话劫持是如何工作的。

如图 7.9 所示，攻击者嗅探受害者和服务器间的流量。攻击者监控这个流量，等待受害者和服务器间的会话建立起来。典型情况下攻击者寻找某些类型的应用，在这些应用中受害者建立一个到服务器经过验证的远程访问连接，一旦受害者通过了应用验证，攻击者就劫持这个会话。在这种方式中，当攻击者从受害者那里劫持了这个会话时，就如同他是受害者本人那样连接到那个应用。

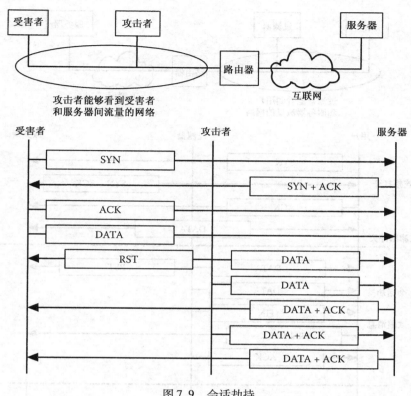

图 7.9　会话劫持

如图 7.9 所示，攻击者等到看到数据信号，攻击就开始了。攻击者向受害者发送一个复位数据包，通过将数据包的源 IP 地址设置成服务器 IP 地址并将数据包的目标地址设置成受害者IP 地址，伪装成服务器。攻击者使用在流量嗅探中发现的序列号向服务器发送数据。从攻击者发往服务器的数据包看上去像是来自受害者，服务器使用自身的数据回应受害者。攻击者需要连续嗅探流量，以便获取发给受害者的数据。受害者仍在接受服务器的流量，但由于连接已经被关闭，服务器没有了回应。

如同 RST 连接终止攻击一样，如果不采用某种类型的加密手段，那么会话劫持攻击是不可能消除的。在这种情况下，如果加密 TCP 载荷，则攻击者将不能够向服务器发送数据，即使他劫持了这个会话。典型情况下 TCP 负载是由应用方加密的。在本章的末尾，我们将探讨将TCP 加密用做一个常用的消除攻击的技术。

安全设备可以使用复位连接终止和会话劫持手段，阻止不希望的连接，而流量并不经过安全设备。这些安全设备经常称为被动(passive)网络过滤器。图 7.10 显示了网络中连接的被动过滤安全设备。

如图 7.10 所示，被动网络过滤器放置在它能看到离开网络的流量和从互联网进入网络的流量的地方。过滤器监控所有网络流量，当它发现一个应被过滤的连接时，它使用会话劫持或者复位数据包终止该连接，图 7.10 中显示了两种连接终止方法。在会话劫持中，过滤器向用户发回数据并终止服务器方的连接，发回用户的数据经常是一条消息，告诉用户由于与安全策略冲突阻止了访问。注意，在会话劫持中，过滤器友好地终止了与用户的连接，会话劫持过滤方法常常用于 Web 流量或用户从服务器接收消息的其他协议。会话劫持对于许多应用方法不起作用，因为用户看不到消息，在这种情况下，过滤器只能用复位数据包方法终止连接。

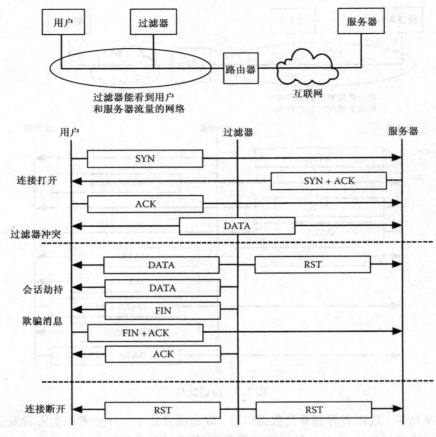

图 7.10　被动网络过滤器

　　由于过滤器只嗅探流量，没有流量经过，因此不会变成网络瓶颈。过滤连接的规则经常是根据应用数据，在我们探讨 Web 过滤器和入侵防护设备时将介绍这种类型的网络过滤器。

　　有的基于协议的攻击将目标定在窗口尺寸上，其目的是减少流量。如果攻击者发送的是带有减小窗口尺寸的 ACK 数据包，那么发送者将减少他发送的数据量，这种攻击对攻击者不是很有用。然而，这种技术也已经在产品中得以实现，称为流量整形器(traffic shaper)。流量整形器的设计意图是用于减小两个低优先级应用间的流量。这些设备经常放置在流量经过的地方，如路由器。当把它们放到网上时，它们对于 IP 层是透明的。这些设备可以作为被动性设备运行，如图 7.10 中显示的过滤器。

　　读者也能想象几种其他可能的攻击，只要攻击者能看到网络流量就能实施这些攻击。这些攻击中的大多数与复位攻击有相同的效果，但是实施起来更加复杂。

7.1.10　基于验证的攻击

　　TCP 不支持验证。它用 IP 层提供全部验证，第 6 章已经讨论过针对地址验证的攻击，使用端口号的攻击可以看成是基于验证的攻击。正如在本章前面讨论的，任何应用可以使用任何它想使用的端口号。网络安全设备不能依赖端口号去验证应用流量，多数操作系统严格限制某些应用只能使用低数值的端口(1024 以下),这些应用需要由管理员用户运行,但这并没有阻止恶意用户在保留端口上运行应用程序。

7.1.11 基于流量的攻击

如前所述,嗅探可能成为 TCP 的一个问题,因为它给会话劫持和 TCP 连接终止攻击提供了机会。使用第 5 章和第 6 章讨论的技术可消除嗅探,本章后面将讨论一些 TCP 载荷加密技术。

有各种各样的雪崩攻击,其目标都是消耗 TCP 层资源。我们已经讨论过 SYN 雪崩,由于 TCP 是资源密集的,因此大量的流量能够降低服务性能,而且雪崩甚至不是由攻击引起的。已经有些这样的情况,服务器因为一个流行的应用而变得不堪重负。无论雪崩是由攻击引起的还是由过量流量引起的,都有消除雪崩的技术。最常用的方法是使用网络设备,如前面讨论过的流量整形器。这些设备使用最广泛的术语是服务质量(quality of service, QOS)。我们不准备讨论今天市场上各种类型的 QOS 设备,它们都使用各种标准将流量划分成不同种类,然后根据不同种类分配带宽。

定　义

被动网络过滤器

可以从网络上嗅探流量的一种设备,它将数据包插入网络中并根据用户设定的标准劫持一个连接或终止一个连接,它经常用于过滤 Web 请求。

TCP 突然连接终止

可能导致数据丢失的终止连接。

TCP 友好连接终止

通过数据包交换使得连接关闭,而没有任何数据丢失。

TCP 多路复用

TCP 通过给每个应用分配一个端口号,允许多个应用共享一个 IP 协议栈。

TCP 端口号

在指定的设备上给使用 TCP 层的每个应用分配的唯一号码。

TCP 会话劫持

一个打开的连接被第三方接替,连接的一方被终止,第三方伪装成连接被终止的设备。

TCP 套接字

分配给应用的端口号和设备的 IP 地址组合,构成一个套接字。

TCP 三次握手

由一个请求、一个带有确认的回应和一个回应构成的一个三方数据包交换。

7.2　用户数据报协议(UDP)

UDP 协议的设计目的是为了允许应用使用无连接的传输层[20]。UDP 有一个很简单的数据包格式,并且没有实际的协议。UDP 头部的设计目的是为了支持多路应用,就像我们在 TCP 中见到的,UDP 使用端口号来允许多个应用共享 UDP 层。不同于 TCP,UDP 是基于数据包的,

UDP 不支持任何端到端的可靠传输或任何连接的建立。UDP 一般由这样一些应用采纳，即这些应用需要发送一个数据包并得到一个简单的回应。然而，也有些应用使用 UDP，并使用应用协议建立它们自己连接的概念。我们将简要描述 UDP 数据包格式，并根据分类探讨各种攻击。

7.2.1　数据包格式

UDP 有一个长度固定的头部，如图 7.11 所示。还有一个源端口号和一个目标端口号，这些端口号和 TCP 端口号的使用方式一样。由于 UDP 是一个独立的协议，因此 UDP 端口号独立于 TCP 端口号。它也有一个总长度字段，表示 UDP 数据包的总长度（头部加载荷），校验和的计算方式与 TCP 一样。

源端口	目标端口
UDP 总长度	校验和

图 7.11　UDP 头部

7.2.2　基于头部和协议的攻击

UDP 头部较简单且没有针对头部的攻击。因为没有协议，所以没有针对协议的攻击。

7.2.3　基于验证的攻击

UDP 协议有与 TCP 一样的验证问题。一般情况下一个组织会过滤掉除 53 端口（DNS）外的所有 UDP 流量。

7.2.4　基于流量的攻击

UDP 和 TCP 一样，是嗅探的目标。加密可以消除嗅探，然而这需要由应用来完成。雪崩不是一个大问题，因为使用 UDP 的应用通常回应较慢，很难产生大量的 UDP 流量。多数交换多个 UDP 数据包的应用使用一个命令回应协议，在每个数据包（命令）发送后，发送者必须等待回应。

7.3　域名服务（DNS）

正如在第 3 章所讨论的，DNS 用来将一个域名转换成一个 IP 地址[21~23]，这个转换是通过一系列称为名称服务器的应用完成的。从安全角度来讲，我们需要理解这一转换是如何发生的，以及什么设备负责提供客户端所请求问题的回复。几乎所有互联网上的应用使用域名而不是 IP 地址命名，这使得从域名到 IP 地址的转换过程成为攻击者的首要目标，如果攻击者能够向客户端提供错误答案，他就能欺骗客户端去访问错误的 IP 地址。下面我们将会看到，DNS 是一个非验证服务。

DNS 背后的思想是将互联网上所有设备的名称（名称空间）组织成由名称服务器控制的层次结构，如图 7.12 所示。

如图 7.12 所示，一个域名由几个标签构成，每个标签表示层次中的一级。每个标签用一个"."分割开，最大长度是 63 个字符。DNS 处理两种类型的域名，第一种称为完整域名（fully qualified domain name，FQDN）。一个 FQDN 数据包含从层次的根一直到节点的全部域。可以把 FQDN 比做一张道路图，在道路图中显示了为找到结果应该联系的 DNS 服务器。第二种称为非完整域名（partially qualified domain name，PQDN），一个 PQDN 数据包含 FQDN 的一部分，经常用于指代同一域中的设备。图 7.12 显示了互联网名称空间的等级性，以及 FQDN 和 PQDN 的使用。

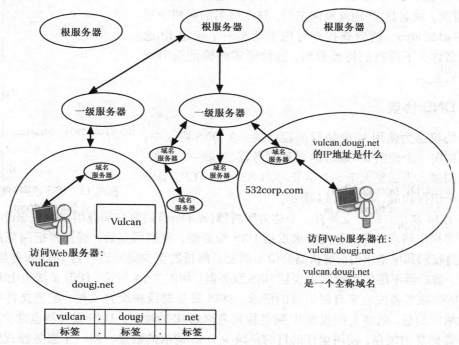

图 7.12 DNS 名称空间的层次结构

在图 7.12 中，我们看到有两个请求要求找到 Web 服务器 vulcan. dougj. net 的 IP 地址，第一个请求来自域 532corp. com 的用户。这个请求使用 FQDN，域名服务器通过交互得到位于 dougj. net 域中的域名服务器的回复，下一节描述这个交互动作。第二个请求来自 dougj. net 域内部的用户，这个请求使用 vulcan 的 PQDN。需要注意的是，用户可以在任何时候使用一个 FQDN，但是当他查询一个他所在域的设备时只能用一个 PQDN。举例来说，如果 532corp. com 域中的用户试图使用域名 vulcan 访问 vulcan. dougj. net Web 服务器，那么他将不会得到 DNS 请求的回复，除非在他的域中有一台主机名称为 vulcan，当然，这不是那台要找的设备。

由图 7.12 可见，域名最右边部分为一级域名，互联网中定义了多个一级域名，表 7.2 显示了几个常用的一级域名，除了几个定义好的域名，根据国家代码采用双字符的规定，每个国家有一个一级域名，顺着这棵树往下，我们看到一级域名左边的标签。在图 7.12 中也有根服务器，根服务器不包含任何主域信息，根服务器知道如何到达下一级服务器。

表 7.2 常用的一级域名

标 签	用 途	标 签	用 途
com	商用	net	网络支持组织
edu	教育机构	org	非营利组织
gov	政府	biz	商业（如. com）
mil	军事		

DNS 系统的另一个功能是将一个 IP 地址转换成一个域名（逆向转换）。协议是相同的，唯一的区别是请求中使用域名。可将被请求 IP 地址的每个字节看成层次中的一个标签。图 7.13 显示了逆向名称层级。

图 7.13 显示了 IP 地址 129.186.5.103 的逆向查找。从图 7.13 看到，域名是 IP 地址反向书写，这个域名的前两个层级设成 in-addr.arpa。逆向查找有时用于证实一个给定 IP 地址的设备名称。下面我们将要看到，这种形式的验证与 DNS 系统一样安全。

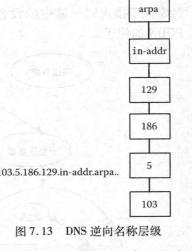

103.5.186.129.in-addr.arpa..

图 7.13　DNS 逆向名称层级

7.3.1　DNS 协议

DNS 协议是为使用 UDP 协议而设计的，在 DNS 协议中，一个客户端向一个侦听 53 端口的名称服务器发送一个请求，然后返回回复。当回复大于 512 字节时，DNS 支持 TCP。DNS 系统由几个组件构成，如图 7.14 所示。

如图 7.14 所示，每个设备有一个称为解析器（resolver）的客户端应用。客户端设备上的应用向解析器提出请求，解析器把请求发给 DNS 服务器，收到回复后，解析器把回复放到缓存中，因此当收到其他请求时，解析器会给出回复。解析器至少要知道一台 DNS 服务器的 IP 地址。注意，解析器不能使用域名去找到 DNS 服务器，如图 7.14 所示，DNS 系统也由 DNS 服务器构成，DNS 服务器回应来自解析器的请求。DNS 服务器维护配置文件，配置文件中含有它们所负责域的信息，这些文件包含 IP 到名称和名称到 IP 的映射。DNS 服务器也维护来自其他 DNS 服务器回复的缓存，使用缓存的目的是减少 DNS 请求的数量。当一个服务器或解析器从缓存中找到回复时，它将这个回复标记为非验证的。解析器和服务器在两种模式（递归和迭代）下工作，如图 7.15 和图 7.16 所示。

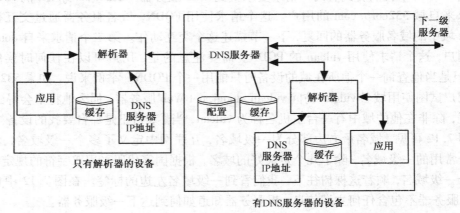

图 7.14　DNS 系统

如图 7.15 所示，所谓递归模式就是解析器去查询它自己的 DNS 服务器，后者再接着查询下一个 DNS 服务器，不断继续下去，直到请求到达能够给出回复的 DNS，回复经过查询的 DNS 服务器返回。这种模式的优点是每个服务器都可以缓存回复，这可以减少请求数量。这种模式的缺点是所有请求都要经过根服务器，替代办法是减少通过根服务器的流量。

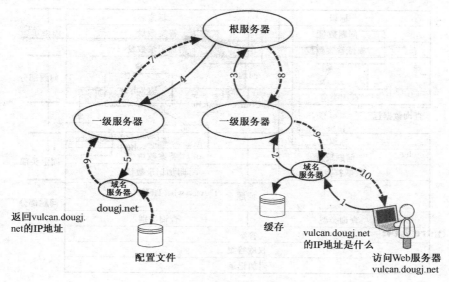

图 7.15 DNS 递归模式

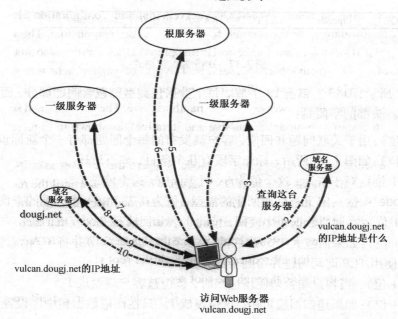

图 7.16 DNS 迭代模式

如图 7.16 所示,在迭代模式中,客户端仍然查询它的 DNS 服务器,不同之处是 DNS 服务器返回的是下一个可能提供回复的 DNS 服务器地址,然后客户端查询那个可能提供回复的服务器,这个服务器要么提供回复,要么返回下一个服务器地址。我们看到,数据包的总数是相同的。然而在迭代模式中每个 DNS 服务器只收到一个数据包,也只发送一个数据包。

7.3.2 DNS 数据包格式

DNS 协议有两种类型的消息:查询和回应。DNS 数据包头部是固定长度,对查询和回应数据包都是一样的数据包头部。DNS 数据包头部格式如图 7.17 所示。

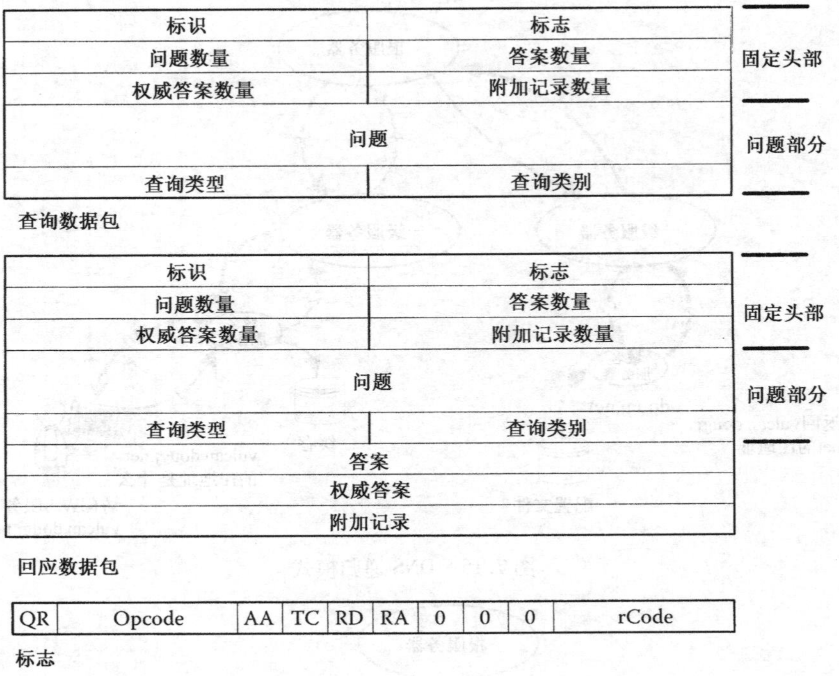

标识	标志	固定头部
问题数量	答案数量	
权威答案数量	附加记录数量	
问题		问题部分
查询类型	查询类别	

查询数据包

标识	标志	固定头部
问题数量	答案数量	
权威答案数量	附加记录数量	
问题		问题部分
查询类型	查询类别	
答案		
权威答案		
附加记录		

回应数据包

QR	Opcode	AA	TC	RD	RA	0	0	0	rCode

标志

图 7.17 DNS 数据包格式

如图 7.17 所示，DNS 头部有 12 字节。每个数据包类型都包含问题部分，而回应数据包包含问题的答案。头部的字段是：

标识(16 位)：用于关联问题和回应，客户端发布的每个问题都有一个新标识。

标志(16 位)：如图 7.17 所示，标志字段有几个条目，如下所述。

QR(1 位)：对于查询，这个值为 0；对于回应，这个值是 1。

Opcode(4 位)：定义查询或回应的类型，值为 0 表示是一个标准的查询/回应。

AA(1 位)：在回应数据包中使用，值为 1 表示回应是一个权威回应。

TC(1 位)：如果回应大于 512 字节，就被删减成 512 字节并将 TC 标志设为 1，客户端可以使用 TCP 询问问题并得到全部答案。

RD(1 位)：当客户端希望使用递归时，该位被客户端设成 1。

RA(1 位)：如果递归回应可用，该位设成 1。只在回应数据包中才设置该位。

保留位(3 位)：这些位被设成 0。

rCode(4 位)：这是设在回应消息中的返回代码，它的值如表 7.3 所示。

问题数量(16 位)：数据包中问题部分的问题数量。

回复数量(16 位)：回应数据包中答案部分的答案数量。在查询数据包中设成 0。

权威回复数量(16 位)：回应数据包中权威答案部分的权威答案数量。在查询数据包中设成 0。

附加记录数量(16 位)：回应数据包中附加部分的附加答案数。在查询数据包中设成 0。

表 7.3 rCode 值

值	错误类型
0	没有错误
1	格式错误
2	名称服务器错误
3	域参照错误
4	不支持的查询类型
5	不允许的动作
6 ~ 15	预留

本书不探讨回应数据包或问题数据包字段的细节，图 7.17 显示了问题数据包格式。查询名是要问的问题，查询类型规定了查询的不同类型，如表 7.4 所示，互联网的查询类型设成 1。

表 7.4　DNS 查询类型

值	简　　写	功　　能
1	A	IPv4 的 IP 地址
2	NS	名称服务器
5	CNAME	符合规定的名称(一个别名)
6	SOA	验证的开始；包含关于域的信息
11	WKS	众所周知的服务
12	PTR	逆向查询(IP 地址到名称)
13	HINFO	(主机信息)主机的描述
15	MX	邮件交换
28	AAAA	IPv6 的 IP 地址
252	XFER	区域转换请求
255	ANY	所有记录请求

问题字段中的查询名称格式和回应格式不在本书讨论之列，留给读者去研究。

DNS 在互联网运行中起到了至关重要的作用，它也因而成为一个首要攻击目标[24~29]。互联网上有两种针对 DNS 系统的攻击。一类是攻击实际的服务器，目的是使服务器掉线。这些攻击经常使用 DNS 协议以外的手段实施。曾发生过针对根服务器的成功攻击，造成了 DNS 系统瘫痪，这些针对根服务器的攻击对互联网是毁灭性的。第二类攻击目标是 DNS 协议及验证的缺失，我们将分类比较这些攻击。

7.3.3　基于头部的攻击

尽管 DNS 头部很复杂，但对头部的攻击很少是有效的。如果头部值不正确，DNS 客户端或服务器将拒绝这个头部。有些程序使用 DNS 头部作为一种攻击方法，目的是经过防火墙泄露数据。由于 DNS 数据包经常不被检测，因此它们能形成一个转换通道，这是泄漏数据的一个缓慢方法，并不是很有效。

7.3.4　基于协议的攻击

DNS 协议非常简单，它由查询和回应组成。由于不建立连接，攻击者没有太多的文章可做，除非发送欺骗数据并伪装成一台 DNS 服务器，这种类型的攻击最好划入针对验证的攻击类别中。有一种协议攻击是一个恶意软件使用 DNS 端口号与防火墙外的另一个恶意软件进行通信。想通过使用 DNS 端口号创建点到点软件的尝试从来就没有停止过。由于多数组织机构并不监控 DNS 流量，导致了恶意通信经常能毫无知觉地经过组织机构。

7.3.5　基于验证的攻击

DNS 客户端相信 DNS 服务器返回的问题答案是正确的，DNS 系统中唯一的验证是服务器的 IP 地址。如果攻击者能够用恶意条目替换 DNS 服务器中的条目或者向一个查询发送他自身的回应，那么他就能欺骗客户端连接到错误 IP 地址。攻击者有两种将恶意条目插入到 DNS 服务器中的方式。第一种是获取对服务器的访问，并且修改名称与 IP 地址映射的内部表格，这要求攻击者进入运行 DNS 服务器的主机。第二种是攻击者向已经查询了其他服务器的某服务器发送恶意信息，这种攻击需要在 DNS 服务器的缓存中放入恶意条目，称之为 DNS 缓存区中毒。DNS 缓存区中毒要求攻击者能够看到查询数据包，使他能够创建一个恶意回应，这要求攻击者能够嗅探两台服务器间的流量。

破坏范围取决于什么服务器受到了攻击。图 7.18 显示了几台 DNS 服务器及不同攻击的破坏范围。

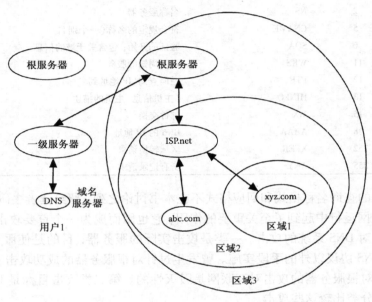

图 7.18　DNS 攻击的破坏范围

如图 7.18 所示，有三个控制区域，每个区域依靠一个 DNS 服务器提供答案。在区域 1 中有一台服务器为 xyz.com 域提供答案，如果这台 DNS 服务器中的表被破坏，那么任何关于 xyz.com 域中主机的请求都将受到破坏。如果这台服务器填充了区域 1 之外的其他域的虚假信息，那么区域 1 中的主机将会受到影响。我们假定区域 2 中下一级 DNS 服务器被破坏(ISP.net)，在这种情况下，ISP.net 服务的任何域将被破坏，因为任何经过 ISP.net 的 DNS 请求将可能返回错误的答案。最后一个区域由所有通过一台被破坏的根服务器相连的域构成，在这种情况下，有可能会使错误信息广泛散布。遭到破坏的根服务器是 DNS 中最坏的场景。如果攻击者能够使所有根服务器的缓存失效或中毒，他就能使整个互联网瘫痪。

另一种攻击是使用欺骗应答回应客户端请求。这种攻击就像 DNS 缓存区中毒攻击一样，不同之处是它的目标是一个单一的设备，其破坏范围也是那个单一的设备，在这种攻击中，攻击者也必须能够看到 DNS 服务器和客户端间的流量。

不改变 DNS 协议很难消除这些 DNS 攻击。曾有人提出使用安全 DNS 协议，其目标是验证 DNS 服务器，但这些协议尚未被广泛采纳。

7.3.6　基于流量的攻击

最常见的针对 NDS 的流量攻击是通过大量请求使 DNS 服务器产生雪崩，但 DNS 服务器的进程很简单，难以用请求造成雪崩。如果 UDP 接收缓冲区被塞满，那么 UDP 层将丢弃那些数据包，这在通常情况下不会造成太大的破坏，因为 DNS 客户端如果没有在一定时间内收到回应，它将重试几次请求。

嗅探攻击不会造成问题，除非它们被用于实施一个针对验证的攻击，因为由 DNS 提供的信息是公开信息。

DNS 仍然是互联网上一个薄弱环节，大多数减少 DNS 攻击的方法是对关键 DNS 服务器实行冗余设置。根服务器由不同组织机构运营，并且在地理上是分散的，且根服务器不运行相同的操作系统，这也有助于提升冗余性。

定　义

DNS 缓存区中毒

　　向一个 DNS 服务器或一个解析器发送错误信息，使 DNS 服务器或解析器把这些信息放入缓存中，这将造成后续的请求得到虚假信息。

DNS 解析器

　　向 DNS 服务器发送查询请求的客户端进程。

DNS 服务器

　　处理请求并返回 IP 到名称或名称到 IP 映射的应用程序。

域名空间

　　互联网中用于唯一标识设备的一个层级命名惯例。

全称域名（Fully qualified domain name, FQDN）

　　包括从根域名到最终设备的每个标签都具备的域名。

非全称域名（PQDN）

　　经常在域内部使用，只包含部分域名标签。典型情况下，PQDN 由域内部的设备使用，用来标识域内的其他设备。

7.4　常用对策

为传输层设计的对策不是很多，传输层安全是由低层或应用层提供的。已经开发了一个提供传输层安全的标准，即传输层安全（Transport Layer Security，TLS）或安全套接层（Secure Sockets Layer，SSL）[30~33]。

7.4.1　传输层安全（TLS）

传输层安全协议实际上是作为一个单独的层设计的，位于应用和 TCP 之间，如图 7.19 所示。TLS/SSL 协议最常见的用途是为 Web 流量提供安全。Web 服务器和 Web 浏览器中 TLS/SSL 的使用将在第 10 章讨论。TLS/SSL 是为消除攻击者伪装成另一个设备时的嗅探攻击和针对主机的验证攻击而设计的。

TLS 协议是为验证服务器和可选客户端而设计的，一旦完成验证，客户端和服务器创建一个加密密钥，它们可以使用这个密钥对流量进行加密，这些都是由 TLS/SSL 层处理的，并且该层对应用来说是透明的。应用需要支持第 10 章将描述的证书管理，图 7.20 显示了该协议的一个简化版本。对于本书来说，探讨数据包格式或实际消息交换并不是至关重要的，格式和协议交换取决于验证方法和加密协议。

如图 7.20 所示，该协议有四个阶段。第一阶段是客户端和服务器同意使用加密和验证方法。第二阶段是服务器提供它的证书。并有选择地询问客户端的证书，相应的第三阶段是可选择的，即客户端提供它的证书。第四阶段是客户端和服务器交换会话密钥，会话密钥将用于客户端和服务器间所有的数据加密。TLS/SSL 被认为是安全的，尽管有些针对该协议的一般性攻击，其中唯一成功的攻击是中间人攻击。为了使中间人攻击得以实施，攻击者需要把自己伪装成一个有效服务器，这种伪装是困难的，除非客户端和有效服务器以前进行过通信或者客户端对服务器的验证有先前记录。如果客户端对服务器不了解，那么攻击者可以伪装成一个有效服务器，并与真的服务器建立一个有效连接。TLS/SSL 可以减少验证和嗅探攻击。

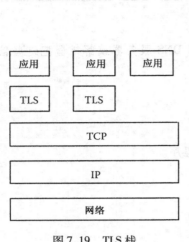

图 7.19　TLS 栈

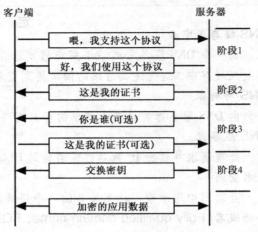

图 7.20　TLS 协议

课后作业和实验作业

课后作业

1. 描述一个可用来消除 TCP 会话劫持的方法。

2. TCP 序列号和回应号是用来表示字节数还是数据包个数的？

3. 假定一个客户端使用 TCP 向一台服务器发送数据，且数据长度是 5 字节。

    a. 计算 TCP 层传递给 IP 层的全部字节数。

    b. 计算 IP 层传递给网络层的全部字节数。

    c. 计算以太网线缆上传输的全部字节数（不包括序号段或起始帧限制段）。

    d. 以太网上所传输数据包开销的百分比是多少（用户数据占协议数据的百分比）？

4. 使用 100 字节、1000 字节和 2000 字节的数据载荷重做问题 3。

5. 假定我们在以太网上传输，使用 TCP 的最佳数据长度是多少？

6. TCP 有一个默认的 MTU 大小（载荷的大小），确定默认值是多少，并对为什么这个值对以太网不是最优值加以评论？

7. 尽你所能找出尽可能多的 DNS 根服务器的位置，并对根 DNS 服务器系统失效将会有什么后果加以评论？

8. 如何消除 DNS 缓存区中毒？

9. 研究允许 DNS 与动态主机配置协议（Dynamic Host Configuration Protocol，DHCP）配合使用的协议和方法。

10. 研究安全 DNS，并指出它的设计是用来消除什么攻击的。

11. 研究所有漏洞或针对 TLS/SSL 的攻击。

实验作业

1. 使用命令 netstat -a，得到试验室一台计算机上所有在线连接的列表。你能从这个列表中看出什么？在攻击中如何使用这个列表？

2. 使用 tcpdump 或 wireshark 捕捉试验室一台计算机与另一台计算机的一个 TELNET 会话，同时捕捉一个 Web 或 FTP 会话。评论两种流量在数据包大小方面的区别。

3. 使用 tcpdump 或 wireshark 捕捉 DNS 流量，并运行 nslookup 查询几台 Web 服务器的 IP 地址，将 debug 级设成 debug(设置 debug)同时查询一个不存在的 Web 站点。对产生的流量加以评论，并对 DNS 查询与网络流量的区别加以评论。

编程作业

1. 使用从第 5 章下载的代码，增加代码实现下列功能：

   a. 解码并打印 TCP 头部，以最易读的数据格式打印所有其他值，以十六进制打印所有可选项。

   b. 在计数器组中增加一个计数器，计算 TCP 数据包和 DNS 数据包的数目。在子程序 subroutine program_ending( )中增加打印这些计数器的值的代码，注意，subroutine 已经有打印数据包总数的代码。

参考文献

［1］ Zimmermann, H. 1980. OSI reference model—The ISO model of architecture for open systems interconnection. *IEEE Transactions on Communications* 28 : 425-32.

［2］ Halsall, F. 1995. *Data communications, computer networks and open systems*. Redwood City, CA : Addison Wesley Longman Publishing Co.

［3］ Forouzan, B. A., and S. C. Fegan. 1999. *TCP/IP protocol suite*. New York : McGraw-Hill Higher Education.

［4］ Comer, D. E. 1995. *Internetworking with TCP/IP*. Vol. 1. *Principles, protocols and architecture*. Englewood Cliffs, NJ : Prentice Hall.

［5］ Postel, J. 1981. *Transmission control protocol (TCP)*. RFC 793.

［6］ Schuba, C., et al. 1997. Analysis of a denial of service attack on TCP. In *Proceedings of the 1997 IEEE Symposium on Security and Privacy*, Oakland, CA : 223.

［7］ Joncheray, L. 1995. A simple active attack against TCP. Paper presented at 5th USENIX Security Symposium. Salt Lake City, UT.

［8］ Harris, B., and R. Hunt. 1999. TCP/IP security threats and attack methods. *Computer Communications* 22 : 885-97.

［9］ Bellovin, S. M. 1989. Security problems in the TCP/IP protocol suite. *ACM SIGCOMM Computer Communication Review* 19 : 32-48.

［10］ Wang, H., D. Zhang, and K. G. Shin. 2002. Detecting SYN flooding attacks. In *Proceedings of the Twenty-First Annual Joint Conference of the IEEE Computer and Communications Societies (INFOCOM 2002)*, New York, NY : 3.

［11］ Schuba, C., et al. 1997. Analysis of a denial of service attack on TCP. In *Proceedings of the 1997 IEEE Symposium on Security and Privacy*, Oakland, CA : 223.

［12］ Oliver, R. 2001. Countering SYN flood denial-of-service attacks. Invited presentation at the 10th Usenix Security Conference. Washington, DC.

［13］ Ricciulli, L. , P. Lincoln, and P. Kakkar. 1999. TCP SYN flooding defense. Paper presented at Proceedings of CNDS. San Francisco, CA.

［14］ Mutaf, P. 1999. Defending against a denial-of-service attack on TCP. Paper presented at Proceedings of the Recent Advances in Intrusion Detection Conference. West Lafayette, IN.

［15］ Garg, A. , and A. L. N. Reddy. 2002. *Mitigating denial of service attacks using QoS regulation.* Texas A&M University Tech Report TAMU-ECE-2001-06, 45-53.

［16］ Arlitt, M. , and C. Williamson. 2005. An analysis of TCP reset behaviour on the Internet. *ACM SIGCOMM Computer Communication Review* 35 : 37-44.

［17］ Dittrich, D. 2000. The dos project's 'trinoo' distributed denial of service attack tool. Technical report, University of Washington. http://staff. washington. edu/dittrich/misc/trinoo. analysis. txt.

［18］ Thomsen, D. 1995. IP Spoofing and session hijacking network security, Issue 3. Amsterdam : Elsevier, 6-11.

［19］ Cowan, C. , et al. 2000. The cracker patch choice : An analysis of post hoc security techniques. Paper presented at Proceedings of the 19th National Information Systems Security Conference (NISSC 2000). Baltimore, MD.

［20］ Postel, J. 1980. *User datagram protocol.* STD 6, RFC 768.

［21］ IETE *e. 2000. 164 number and DNS.* RFC 2916. http://www. ietf. org/rfc/rfc2916. txt.

［22］ Mockapetris, P. V. 1987. *Domain names—Implementation and specification.* RFC 1035.

［23］ Ateniese, G. , and S. Mangard. 2001. A new approach to DNS security (DNSSEC). In *Proceedings of the 8th ACM Conference on Computer amt Communications Security*, Philadelphia, PA : 86-95.

［24］ Householder, A. , K. Houle, and C. Dougherty. 2002. Computer attack trends challenge Internet security. *Computer* 35 : 5-7.

［25］ Bellovin, S. M. 1995. Using the domain name system for system breakins. Paper presented at Proceedings of the Fifth Usenix UNIX Security Symposium, Salt Lake City, UT.

［26］ Chakrabarti, A. , and G. Manimaran. 2002. Internet infrastructure security : A taxonomy. *IEEE Network* 16 : 13-21.

［27］ Chang, R. K. C. 2002. Defending against flooding-based distributed denial-of-service attacks : A tutorial. *IEEE Communications Magazine* 40 : 42-51.

［28］ Lewis, J. A. , D. C. C. f. 2002. *Assessing the risks of cyber terrorism, cyber war and other cyber threats.* Center for Strategic & International Studies.

［29］ Brownlee, N. , K. C. Claffy, and E. Nemeth. 2001. DNS measurements at a root server. In *IEEE Global Telecommunications Conference (GLOBECOM'01)*, San Antonio, TX : 3.

［30］ Dierks, T. , and C. Allen. 1999. *The TLS protocol version 1. 0.* RFC 2246.

［31］ Persiano, P. , and I. Visconti. 2000. User privacy issues regarding certificates and the TLS protocol : The design and implementation of the SPSL protocol. In *Proceedings of the 7th ACM Conference on Computer and Communications Security*, Athens, Greece : 53-62.

［32］ Paulson, L. C. 1999. Inductive analysis of the internet protocol TLS. Paper presented at Proceedings of Security Protocols : 6th International Workshop, Cambridge, UK, April 15-17.

［33］ Diaz, G. , et al. 2004. Automatic verification of the TLS handshake, protocol. In *Proceedings of the 2004 ACM Symposium on Applied Computing*, Nicosia, Cyprus : 789-94.

第三部分　应用层安全

　　第三部分讨论跨层的常用网络应用及它们的漏洞和可能的攻击，同时探索每个应用的漏洞和攻击。从网络安全的角度来讲，这里的应用归为三类：存储和转发、批量传输和交互应用。

　　存储和转发的特点是用户数据作为单一的数据包消息。时间对于存储与转发消息而言不是很重要，消息常常被存储在消息所通过网络的中间计算机上，电子邮件是存储与转发应用的最好例子。

　　批量传输应用也为用户转移信息，但这些数据的转移是在客户端和服务器之间发生的，因此时间因素很重要。最常用的应用包括文件传输应用、基于 Web 应用和文件共享应用。

　　在交互应用中时间因素很重要，数据被分割成小块，在客户端和服务器之间进行传输。交互应用通常涉及一个用户直接和一个应用之间的交互，它期望按下键盘上的一个按键立即就有回应，这些应用在网络上产生了大量的小型数据包。典型的交互应用包括远程访问、音频和视频流及语音交互。

　　每一种类型的应用我们至少讨论一个，因为应用太多。按照分类学，我们把漏洞和攻击分组，能够划到其他应用的分组不在本书讨论之列。第三部分首先给出了应用层及其和传输层接口的概述。

第8章 应用层概述

TCP 层和应用层之间的接口设计很简单[1, 2]。应用层假定传输层会提供一个面向连接的可靠的端到端数据传输。也有一些应用是为在无连接的传输服务基础上工作而设计的，即数据传输采用不可靠服务。

在探讨具体应用协议之前，我们首先探讨应用层和传输层之间的接口，包括传输层提供的服务和功能及传输层提供和要求的参数。这为探讨分类提供了一个框架，在框架中漏洞和攻击对于大量的应用是很平常的，但对某个应用是独特的。

传输层是应用层和网络层之间的典型接口，传输层是操作系统的一部分，因此要访问系统资源。应用层需要连接到传输层，然后用它提供的服务去传输数据。两个常用的传输协议是用户数据报协议(User Datagram Protocol，UDP)和传输控制协议(Transmission Control Protocol，TCP)。UDP 协议基本上直接与网际协议(IP)连接，并仅提供应用多路复用服务。应用层和 UDP 的接口是基于数据包的。TCP 协议提供两个应用之间的端到端的可靠连接，TCP 协议还提供流控制和错误控制。应用层和 TCP 之间的一个重要问题是数据在它们之间的传输方式。TCP 提供面向流的服务，这里数据不是以数据包形式提供的，而是以数据流的形式提供。TCP 取得数据之后以数据包形式提交到 IP 层。当 TCP 收到来自 IP 的数据包以后，把数据放在接收缓冲区中，等待应用层读取数据。流服务的一个不足之处是应用层需要解析数据，并需要将其抽取到应用层，如图 8.1 所示。

如图 8.1 所示，用户 A 想发一条文本消息给用户 B，应用需要在消息中追加一个头部作为应用层的一部分。该头部是个非限定性头部，由 < start data > 和 < end data > 构成。头部和消息被写到 TCP 层作为数据流。图 8.1 说明了发送数据的应用将应用头部追加到 TCP 层。在这个例子中，我们假设应用层已经与对应的应用层建立了连接，并和 TCP 层确立了服务连接。如图 8.1 所示，应用采用 3 个 write 命令给 TCP 层发送应用，之后取决于应用是如何实现的，这里的应用数据在 TCP 层某个时间表示成一个字节或多个字节，如图 8.1 所示，TCP 层把应用分解成 6 个数据包，并传给 IP 层，然后传递给物理网络层(图 8.1 没有显示 TCP、IP 和物理网络层的头部)。

TCP 层决定什么时候将由应用层接收到的足够多的数据形成一个数据包，这是根据收到的数据量和最后一条来自应用层的数据元素的时间决定的。应用层要求 TCP 层把它到目前为止收到的所有数据放到一个数据包中，这对交互性应用层协议，如 TELNET、Secure Shell(SSH)及会话类应用是有益的。图 8.1 说明了接收方的 TCP 层根据应用层 read 请求，准备把数据提交到应用层，当应用层发出请求时，TCP 就会提供放置在缓冲区中的数据，每个信息可以发生多个 read 请求，图 8.1 给出了 6 条 read 请求，以获取所有数据。应用层需要利用协议告知它什么时候已经收到了完整的数据，在此例中，当读到字符串 \r\n < end data > \r\n 时表明消息已经全部收到。\r 和 \n 是回车和换行符，这是在用户按下 Enter 键时产生的。在有些情况下，应用协议有一个长度字段来指出消息的字符量，另外一些情况使用字符串或其他数据标识。如上面所述，TCP 不支持应用把数据放到一个数据包的方法，数据推送方法在 read 请求时，会引起接收方 TCP 层将数据推送到应用层。由于流接口的工作方式，许多应用协议的书写很像会话语句。

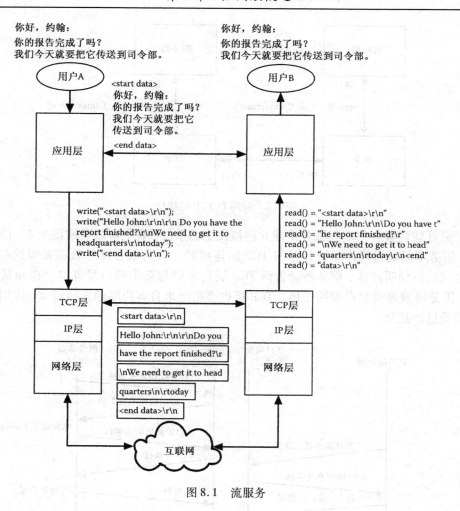

图 8.1 流服务

8.1 套接字

在探讨应用层协议之前，我们需要理解应用层和传输层是如何接口的，应用层端口号是如何工作的。如图 8.1 所示，应用层具备流服务功能以便发送数据。在客户端应用可以给服务器应用发送数据时，它首先必须确认和操作系统建立连接，在和传输层建立了连接后，客户端应用使用 TCP 连接建立协议请求和服务器应用建立连接。应用层和 TCP 层之间的程序接口细节独立于操作系统及编程环境。我们将探讨两层之间的一般性编程接口，并讨论接口是如何工作的。这类接口常常称为套接级接口[3~7]。图 8.2 所示是客户端和服务器各自使用了自身的 TCP 层进行通信，客户端和服务器各自通过操作系统和 TCP 建立了连接。操作系统为 TCP 层提供了多路复用服务，使用 TCP 层的每个应用都与操作系统有各自的连接。与操作系统建立了连接并不意味着和另外的 TCP 层或应用建立了连接，例如，一个服务器和操作系统建立了连接，然后就等待客户端的连接。如图 8.2 所示，每个应用都有一个端口号和一个 IP 地址，产生一个 4 元组用于唯一识别每一个数据包，这正如第 3 章讨论的。一旦建立了 TCP 连接，应用就可以使用流服务进行通信。

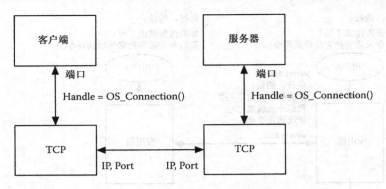

图 8.2　应用与 TCP 的接口

为了更好地理解客户端与服务器建立连接发生的事件，我们可以参照图8.3。由时序图可以看出，服务器是通过操作系统打开与 TCP 的连接的。因为服务器一般首先要选择端口，服务器通过该端口侦听连接，服务器会告诉 TCP 层它希望与某个端口号绑定。在与某个端口号绑定后，服务器就等待客户端的连接。TCP 层也会指出来自客户端的连接请求，应用层可以决定是否接受这个连接。

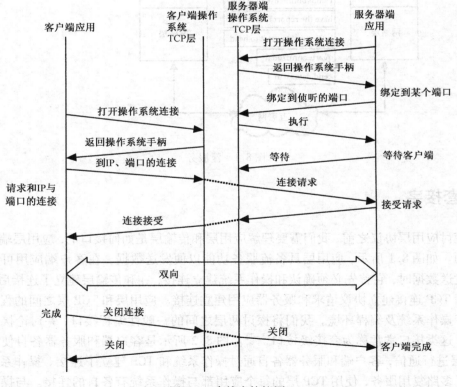

图 8.3　套接字协议图

从图 8.3 中客户端的一方，我们可以看到客户端将要打开 TCP 层的连接，因为客户端并不关心它使用什么端口，它让 TCP 层选择一个端口号，一旦客户端准备和服务器建立连接，就会给 TCP 层发出一个连接请求。客户端会将目标计算机的 IP 地址和目标应用的端口号传递给连接请求服务调用。客户端 TCP 层会和服务器 TCP 层建立一个连接，一旦连接建立，客户端和服务器应用就可以通过流服务进行通信。图 8.3 也说明了连接的关闭，关闭动作可以由应用来执行，但通常由客户端执行关闭动作。

由图 8.2 和图 8.3 还可以看出，应用层和 TCP 层之间的接口是简单的，要写的代码就是打开一个连接，相互之间发送数据就完成了。复杂性体现在应用协议和应用程序之间交换数据上。尽管这个接口简单，但对接口没有太多的攻击可以实施，大多数对应用的攻击其目标是应用所使用的协议。

定　义

缓冲区溢出

　　一种攻击方法，攻击者给某个应用发送大量数据，程序再复制数据到内部缓冲区，导致写入缓冲区的数据太多。

流服务

　　通过 TCP 以字节串，而不是以数据包发送数据的应用。

TCP 套接字

　　指应用和 TCP 层之间的连接，一对套接字由两个应用使用来进行相互通信。

8.2　常见攻击方法

这一节我们重温一下第 4 章描述的分类法，因为它与应用层和常见攻击方法相关。对应用层的攻击和对低层的攻击之间的一个主要区别是，对低层的攻击常常影响所有应用，并且影响到操作系统。针对应用的攻击也可以影响应用，有时攻击者还能获得对计算机系统的访问权。

8.2.1　基于头部的攻击

基于头部的攻击常常发生在应用层，因为应用层头部一般是非限制性的，它在实现上是很有效的。最常见的头部攻击是缓冲区溢出，这类攻击就是使接收到的数据比能承受的数据多。从图 8.1 可以发现，应用的头部由 < start data > \r\n 和 < end data > 组成，假设软件设计者只给头部分配 15 个字符大的缓冲，如果攻击者发送一个字符串其长度多于 15 个字符，那么缓冲区溢出就发生了，因为软件设计者并不检查输入的长度。多余的字符被复制到内存，并可以在程序里反复写入其他可变字段，造成的结果取决于其他可变字段是如何使用的，有的能使应用程序宕机，有些情况能使攻击者让自己的程序运行，这就是为什么蠕虫病毒会通过互联网传播。图 8.4 给出了一个缓冲区溢出的例子，由图 8.4 可以看出，接收数据包含了有效头部，接着是过滤器数据，这个数据用于将攻击代码定位到内存的一个合适的地方使其执行。过滤器和攻击代码的长度是不一样的，这就意味着缓冲区溢出攻击的行为随操作系统的不同而不同，在某些操作系统上攻击代码执行的结果是希望的结果，在另外一些系统中它可以使应用系统崩溃，或什么也不做。

8.2.2　基于协议的攻击

基于协议的攻击是随应用而不同的，然而关于基于协议的攻击也可以总结出几个一般的规律。在应用层针对协议的攻击，往往是为了规避应用程序采用的验证机制。一个例子就是使用协议验证电子邮件用户，试图用多个用户名和多个密码试探取得访问权限。大多数基于头部的攻击只是在攻击状态下影响到应用。然而,如果应用提供了对计算机的远程访问,那么攻击者取得访问权限后就会影响计算机的运行。

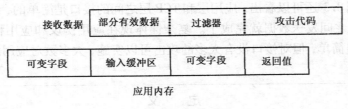

图 8.4　缓冲区溢出

8.2.3　基于验证的攻击

　　基于验证的攻击是最通见的对要求验证的应用的攻击。这些攻击部分可以是基于协议的攻击或基于头部的攻击,某些基于验证的攻击是随应用不同而不同的,然而,我们可以把这类攻击分成两类:直接攻击和间接攻击。

　　直接攻击是攻击者使用协议的验证部分作为攻击应用的途径。一个直接攻击的例子是攻击者回应对用户名和密码的应用请求。间接攻击是攻击者使用其他类型攻击(头部、协议和流量)来规避验证。正如在第 4 章看到的,验证不仅仅只涉及到用户名和密码,应用也会依赖对IP 地址的验证。在许多情况下,应用并不执行用户验证或其他应用的验证。本书重点讨论间接验证攻击,直接攻击在更大程度上是计算机安全问题,网络只是作为攻击者的桥梁。

8.2.4　基于流量的攻击

　　对应用基于流量的攻击可以导致应用宕机或降低响应时间,这种攻击的目标就是降低应用程序的性能或拒绝访问,称为拒绝服务(Denial-of-Service, DoS)攻击。有一些 DoS 攻击目标就是应用,该攻击在一个打开的连接上通过给应用发送大量的请求实施。另一些 DoS 攻击目标是其他层,其目的是拒绝对应用程序的访问。

　　本书的余下章节重点讨论几个常用的基于网络的应用,我们首先对每一个应用协议进行概述,然后探讨协议的安全漏洞,接着给出一些可能的漏洞解决方案。在某些情况下,我们发现根本就没有什么好的解决方案可以作为应用的对策,我们只能依赖其他的方法来减少漏洞问题。

课后作业和实验作业

课后作业

1. 除了 TCP 套接字外,还有本地套接字。研究本地套接字的使用,且对本地套接字为什么在设计上要类似于 TCP 套接字加以评论。
2. 研究缓冲区溢出攻击,绘制主要攻击的时间表,并对缓冲区溢出漏洞为什么能够存在加以评论。
3. 研究支持套接字接口的程序设计环境的个数。
4. 一次可以打开的 TCP 套接字数量有限制吗？ 是什么因素导致了这个限制？

实验作业

1. 使用命令 sockstat（运行于 UNIX 机器），获取实验室中某台计算机的所有套接字列表。在发生网络攻击时，这个命令是如何起作用的？
2. 使用命令 netstat -a，获取所有 TCP 套接字列表。注意套接字的状态，对 TCP 套接字的不同状态加以分析，并解释它如何和应用程序状态相关？
3. 使用 tcpdump 或 wireshark 命令捕捉实验室某台计算机和互联网上另一台计算机之间的 Web 会话，查看数据包的数据，说明应用数据是如何分解成数据包的。

程序设计

1. 由 ftp://www.dougj.net 网站下载文件 sock.tar。在.tar 文件中有 4 个源文件，它们是 TCP 和 UDP 客户端与服务器程序示例。随后的章节如果涉及到一些编程问题，将以这些给出的代码为基础对代码进行扩展。把这个文件解压到一个目录文件夹中，用 make 命令产生 4 个程序。注意，有 C 和 UNIX 两种版本，均以附录 B 的形式放在 Web 网站中。在 sock.tar 文件中有关于程序的描述，以及在 Web 网站中有套接字设计的简单教案。执行下列步骤：

   a. 运行程序 tcp_server 和 tcp_client 看看它们是如何工作的。修改 tcp_server.c 接受数据并将其输出到屏幕上。修改 tcp_client 程序接受目标端口号作为一个参数（-p 标志为参数）。使用 TELNET 连接到 tcp_server 程序，并给程序发送数据，并解释观察到的结果。

   b. 运行程序 udp_server 和 udp_client 看看它们是如何工作的。修改 udp_server.c 接受数据并将其输出到屏幕上，同时修改代码打印出发送数据包的应用的 IP 地址。修改 udp_client 允许用户输入一个字符串，该字符串将作为要发送的数据包。在多台机器上使用 udp_client 测试你的代码。

   c. 修改程序 tcp_client 接受一个文件作为参数（标志-f 为文件名），并给 tcp_server 应用发送文件。

参考文献

[1] Forouzan, B. A., and S. C. Fegan. 1999. *TCP/IP protocol suite*. New York : McGraw-Hill Higher Education.

[2] Comer, D. E. 1995. *Internetworking with TCP/IP*. Vol. 1. *Principles, protocols and architecture*. Englewood Cliffs, NJ : Prentice Hall.

[3] Comer, D. E., and D. L. Stevens. 1996. *Internetworking with TCP/IP*. Vol. iii. *Client-server programming and applications BSD socket version*. Upper Saddle River, NJ : Prentice-Hall.

[4] Stevens, W. R., and T. Narten. 1990. UNIX network programming. *ACM SIGCOMM Computer Communication Review* 20 : 8-9.

[5] Toll, W. E. 1995. Socket programming in the data communications laboratory. In *Proceedings of the Twenty-Sixth SIGCSE Technical Symposium on Computer Science Education*, Nashville, TN, 39-43.

[6] Schmidt, D. C., and S. D. Huston. 2001. C++ *network programming*. Reading, MA : Addison-Wesley Professional.

[7] Stevens, W. R., B. Fenner, and A. M. Rudoff. 2004. *UNIX network programming* : *The sockets networking API*. Reading, MA : Addison-Wesley Professional.

第9章 电子邮件

电子邮件是最早的网络应用之一，也是第一批在互联网上得到广泛传播的应用之一[1~4]。早期的电子邮件系统是封闭的，互相之间是不能互操作的。它们使用简单的程序生成、发送和阅读较短的消息，且不支持附件功能。电子邮件通过一系列服务器的存储和转发，从而能够在网络上传递。电子邮件服务器用于将外送的电子邮件发送到下一个服务器，并接收和存储传入的电子邮件。用户登录到运行电子邮件服务器的同一台计算机。随着人们对电子邮件系统在功能和服务上的需求的增加，今天的电子邮件协议的发展方向为创建现代的电子邮件系统。随着电子邮件系统的发展，针对电子邮件系统的漏洞和攻击也就产生了。图9.1 显示了生成、发送、接收和阅读电子邮件的协议[5~7]。

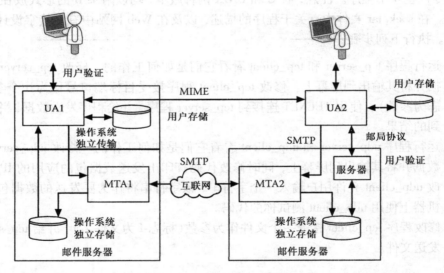

图9.1　电子邮件系统

如图9.1 所示，消息传输代理（Message Transfer Agent，MTA）用于电子邮件服务器存储转发电子邮件，它们和简单电子邮件传输协议（Simple Mail Transfer Protocol，SMTP）进行通信。SMTP 是应用协议，用于与传输控制协议（Transmission Control Protocol，TCP）连接，并将电子邮件从一个服务器传输到另一个服务器。电子邮件可以存储在中间服务器，然后被传输到其他服务器。每当电子邮件从一个服务器传输到另一个服务器时，就要使用 SMTP 协议交换。一旦收到电子邮件，目标 MTA 要做的并不是扮演 SMTP 的角色，且它在实现上是不同的，MTA 要维护它自身的还没有被用户取走的发来的电子邮件和等待发出的电子邮件的文件存储系统。MTA 不做互相验证的事情，它允许任何计算机连接和发送电子邮件，一些基本的验证是为了增加电子邮件系统自身的安全而设置的。

电子邮件系统的另一部分是用户代理（User Agent，UA），用户代理是和用户接口的应用程序，允许用户产生、阅读、发送和管理电子邮件消息。如图9.1 所示，有两种类型的用户代理（本地和远程）。正如早期的电子邮件系统，用户代理可以和电子邮件服务器处在同一台计算机上，如图 9.1 所示的 MTA1。在这个例子中，用户代理和 MTA 之间的交互通过操作系统完成，实现上是独立的，通常不涉及网络，用户代理也维护存储以帮助用户管理电子邮件信息。

另一种类型的 UA 是 MTA 的远程模式，如图 9.1 所示的 MTA2 和 UA2。在这种情况下，UA 使用 SMTP 向 MTA 发送送出的电子邮件消息，MTA 将继续把消息传递到下一个 MTA。本地 UA 和远程 UA 之间的区别是远程 UA 使用某个协议由电子邮件服务器获取用户电子邮件。有几个协议是为完成这类传输而设计的。我们可以看到邮局协议（Post Office Protocol, POP）和网际消息访问协议（Internet Message Access Protocol, IMAP）。也有基于 Web 的电子邮件系统，它是使用 Web 浏览器来获取电子邮件的。

远程 UA 和本地 UA 之间的另一个区别是用户验证，对于本地 UA，用户是由运行 UA 的计算机验证的，而不是由阅读电子邮件的 MTA 验证。对于远程 UA，它是在允许读取电子邮件之前由电子邮件服务器验证用户。在两类情况中，外送电子邮件都需要验证。然而，对于本地 UA，用户仍然需要验证以获得对 UA 和 MTA 的访问。

还有另一种协议用于 UA 产生电子邮件消息。MTA 不关心电子邮件消息，它只需要知道目标地址。用户代理可以使用某个协议帮助显示消息内容，最常用的格式是多用途网际电子邮件扩充协议（Multipurpose Internet Mail Extension, MIME）[8~12]。MIME 用于告诉用户代理，数据是如何编码的及电子邮件消息中的数据类型。电子邮件消息可以包含多种数据格式，如 Web 的数据、图片、文本文件、声音和视频等。用户代理可以用某种格式，即用户能够使用和直接看的格式显示电子邮件内容。例如，用户代理可以显示作为电子邮件消息的一部分发送的图片。MIME 协议为攻击者给用户直接发送病毒、蠕虫和其他恶意数据留有缺口。

电子邮件系统是以邮局邮件系统为模板的，如果拿它与邮局系统比较，则可以帮助我们理解电子邮件系统。可以认为接收外送电子邮件的 MTA 是街道拐角的邮箱，MTA 之间的交互是邮局系统。正如邮局系统一样，外送电子邮件是不验证的，这意味着任何人都可以发送信件，只要带有返回地址并放入邮箱即可。有些 MTA 的确检查返回地址看是否有效，但它们并没有办法告诉返回地址上的用户与发送电子邮件的实际用户是否匹配。

UA 就好比用户的邮箱，作为 MTA 的一个组成的 UA，它的作用可以看成把电子邮件递交到家庭。邮局系统将邮件递交到一个家庭，并不验证实际接收人，它假定只有可以进入这个家庭的人才可以打开邮件。MTA 在远程 UA 的情况下，电子邮件到邮箱的过程也是类似的，为了访问电子邮件，需要提供验证（密钥或组合）。

对于邮局系统，在发件人给接收人发送信件的过程中，并不打开信件，这正如 MTA 一样，它也不打开电子邮件内容。但也有几个例外，MTA 会打开电子邮件，如垃圾邮件过滤和电子邮件病毒扫描。

在探讨具体协议之前，我们先来考察一下电子邮件系统使用的基本消息格式是必要的。一个电子邮件消息由消息头部和消息主体构成，如图 9.2 所示。

用户发送了一个包含一个图片和一些文本的消息，UA 生成消息并追加一个 MIME 头部，以指出电子邮件包含一个图片和一些文本。UA 也追加一个包含 UA 信息的头部，包括消息的标题、日期和时间及其他一些对于接收者也许有用的信息。第一个 MTA 从 UA 取走消息，每当一个 MTA 收到这个消息，它就在这个消息的前面追加一个头部，这个消息包含每个 MTA 接收时的日期、时间，以及发送者的 IP 地址、机器名和接收者的邮箱地址，这些头部对于跟踪发送者电子邮件消息很有帮助。然而，大多数 UA 为了便于用户使用，并不显示头部信息。用户代理在给用户提交图片和文本的同时，一般只提供精简的头部，包括发送者的电子邮件地址、接收者的电子邮件地址和时间、日期戳等。

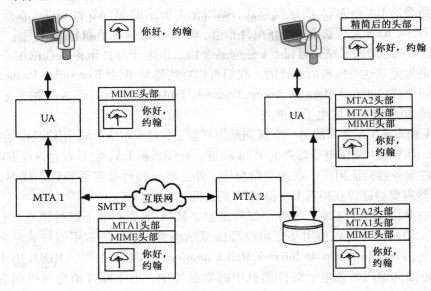

图9.2　电子邮件消息格式

　　下面将详细探讨 SMTP、POP/IMAP 和 MIME 协议及它们的作用，并讨论每一个协议有什么漏洞，以及减少这些漏洞可能的对策。

9.1　简单电子邮件传输协议（SMTP）

　　简单电子邮件传输协议（Simple Mail Transfer Protocol,SMTP）是为使用 TCP 流服务[13]来工作而设计的。电子邮件服务器侦听大家都熟知的应用端口 25。它的头部格式是非限制性的，由英语单词构成。电子邮件消息必须是 7 比特 ASCII 格式，协议的扩充版本支持二进制数据。然而，7 比特 ASCII 是最常用的格式。SMTP 是熟知的指令–回应协议。指令–回应协议是一方发布命令（一般是客户端），另一方对每一条命令发送回应消息。表9.1 给出了 SMTP 支持的常用命令，表9.2 给出了回应消息。这些命令是和 SMTP 服务器的实现和配置有关的，因此这里的命令并不都会被使用或支持。每一条命令和回应由回车符（< cr >）和换行符（< lf >）结束。

表 9.1　常用 SMTP 命令

命　　令	动　　作
HELO < domain >	由发送系统使用以识别自身 HELO machine. foo. bar
MAIL FROM：< path >	识别消息来自谁, MAIL FROM：john@ issl. org
RCPT TO：< path >	识别消息应该发送给谁，对每一个接收者有一个独立的 RCPT TO。RCPT TO：mary
DATA	识别下一条传输包含的消息文本。消息由 < cr > < lf >．< cr > < lf >终止
RSET	终止当前事务
VRFY < user >	返回指定的用户全名（通常不被支持）
EXPN < alias >	返回一个对应于别名的邮箱列表（通常不被支持）
NOOP	返回一个"250 OK"的回应码，用于测试通信
QUIT	终止与电子邮件服务器的连接
HELP	显示支持命令列表

（续表）

命　　令	动　　作
EHLO < domain >	请求扩展 SMTP 模式
AUTH	验证请求
STARTTLS	使用传输层安全

表 9.2　SMTP 回应码

代　　码	回应状态
2XX	肯定的完整回应，指出命令成功，可以发出一个新的命令
3XX	肯定的中间回应，指出命令成功，但动作保持，并暂停另一条命令的接受
4XX	临时否定的完整回应，表示命令未被接受，然而，错误是临时的
5XX	永久性的否定的回应，表示命令未被接受

代　　码	回应类型
X0X	句法错误或未完成的命令
X1X	信息，对信息请求的回应
X2X	连接，对连接请求的回应
X3X 和 X4X	未指定
X5X	电子邮件系统，指出接收者的状态

　　SMTP 是一个指令–回应协议，恰好命令用 ASCII 码，回应也用 ASCII 码，每个回应码由一个 3 位的 ASCII 数和文本字段组成。回应码的第 1 位数表示命令是成功了还是失败了，第 2 位数指出代码类型，第 3 位数用于指出特定代码。表 9.2 显示了回应码的句法，表 9.3 显示了一些最常用的回应码。

表 9.3　常用的 SMTP 回应码

代　　码	回　　应
214	帮助消息
220	服务准备好
250	请求行动完成
354	开始电子邮件输入
450	邮箱忙
452	请求行动失败，系统存储空间不够
500	句法错误，不认识的命令
501	参数中有句法错误
502	命令未实现
550	邮箱未发现

　　图 9.3 说明了两个 MTA 之间的典型的 SMTP 交换，该交换用于给单一用户发送一条消息。客户端 MTA 打开 TCP 请求与服务器端 MTA 的连接，服务器端用 220 回应码作为回应。跟着回应码的文本是有代表性的回应消息，但这随如何实现而变化。客户端然后使用 HELO 命令介绍自己并等待回应码。客户端告诉服务器，电子邮件来自何处，电子邮件应递交给谁，由发送者告诉接收方 MTA 电子邮件的发出地。注意，命令 RCPT TO mary 失败了，因为 mary 不是服务器认识的用户。还要注意，对 HELO 命令的回应包含客户端的 IP 地址，它是由 TCP 层得到的。随后的 DATA 命令客户端发送数据直到本行上出现"."号，没有消息大小的标识。此后客户端既可以通过另外一组 MAIL FROM：和 RCPT TO：命令发送另一条电子邮件消息，也可以发送 QUIT 命令表示退出。

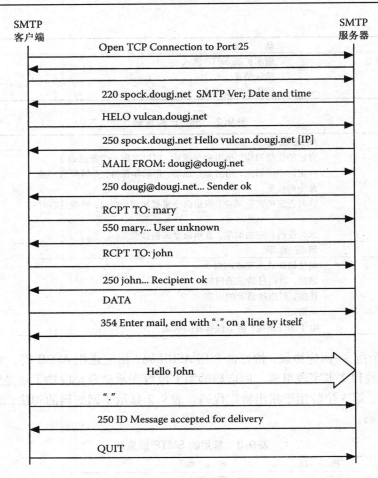

图 9.3　SMTP 消息交换

9.1.1　漏洞、攻击和对策

尽管 SMTP 很直观，但它也有几处漏洞。在四个类别的漏洞和攻击中，第一部分讨论过的两类是比较常见的。

1. 基于头部的攻击

基于头部的攻击不是很常见，因为头部较简单，任何无效的命令和回应都会被忽略。早期版本的电子邮件服务器遭受过缓冲区溢出的攻击，早期的实现对于 SMTP 命令和回应有一个固定的缓冲区大小，有几个很有名的攻击就是通过发送过长的命令来攻击固定的缓冲区的。现在的电子邮件服务器已经进行了修补，设计上可以接受任意长度的输入信息，一般是通过倒腾的方式在固定长度的缓冲区上处理所有输入的命令和回应。然而，仍然有一种攻击代码，通过命令行缓冲区溢出攻击 SMTP 服务器。对某些特别的服务或协议发动的攻击，其中的大多数还无法防范，这使得对一个网络的防护更加困难。

2. 基于协议的攻击

基于协议的攻击与基于指令-回应方式的协议攻击相比不是很常见，因为协议消息的时序和顺序是有控的且任何冲突都会被忽略。

3. 基于验证的攻击

对电子邮件的攻击最常见的类型是基于验证的攻击，这是因为大多数 SMTP 协议中缺少验证。最常见的 SMTP 验证攻击是采用伪冒发送者进行直接或间接的过程调用中继手段，这类攻击称为电子邮件欺骗。如图9.3所示，客户端负责告诉服务器发送者的电子邮件地址，但没有过程或协议来验证电子邮件消息的发送者(有几个提案已经提出，但没被广泛采纳)。唯一被广泛采纳的对策是检查发送者的域看是否有效，这是采用域名服务(Domain Name Service，DNS)中的域名查询协议来实现的。例如，如图9.4所示，MTA1 检查 iseage. org 是否是有效域名[14]，但没有一个协议来验证用户 john 在域 iseage. org 中的真实性。

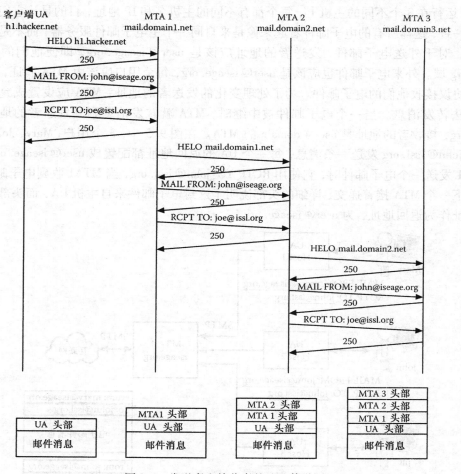

图9.4 发送者和接收者的地址传递图

此外，MTA1 没有试图将客户端计算机 h1. hacker. net 的名字与发送者报告的地址 iseage. org 进行关联的动作，这是由于在电子邮件到达目的地之前，电子邮件消息会通过几个 MTA 转发，每个 MTA 客户端都要与 MTA 服务器进行"from"和"to"的电子邮件地址通信。由图9.4可以看到一个电子邮件消息通过几个 MTA 传递，每个 MTA 都追加上它自己的头部，每个 MTA 都使用最初的发送者和接收者的地址。

电子邮件地址欺骗也用于垃圾邮件和其他恶意邮件消息。有几种方法可以用于发送带有欺骗地址的电子邮件，其中包括在 UA 中设置返回地址。垃圾邮件发送者使用与 MTA 交互的客户软件，这里的 MTA 使用 SMTP 协议。由于 UA 只对用户显示了精简的头部，因此用户并不能很容易地看出消息中包含的是欺骗的发送者的地址。而另一个问题则是，如果最终接收者的地址是无效的，那么电子邮件会按照被伪冒的发送者的地址返回。如果攻击者在返回时使用的地址是实际存在的地址，将导致过多的电子邮件流量发送到被伪冒的地址，致使电子邮件服务器系统磁盘存储空间被填充。这种攻击也被认为是基于流量的攻击。

　　电子邮件系统的另一个缺点是允许远程用户伪造返回地址。这使得连接到一个单独的电子邮件服务器的 UA 可以有一个机构的返回地址，而不是发送者的计算机地址。图 9.5 显示了一个这样的场景，在这里有 3 个用户代理连接到一个 MTA 进行电子邮件处理。

　　UA 运行在 3 个不同的主机上，每个都有不同的主机名和 IP 地址，目的是让它们的外观看上去很一致，这样所有的电子邮件看起来像是来自同一个主电子邮件服务器，而不是来自各自的主机。对于外送电子邮件，发送者的地址应该是 user@iseage.org，即便他们的机器不在 iseage.org 域。外来电子邮件也应该是 user@iseage.org，每个用户应该由 MTA 验证，并通过电子邮件协议接收他们的电子邮件。为了处理变化的发送者的地址，MTA 应设置成允许通过中继的方法转发消息。当一个电子邮件被中继时，MTA 就转发消息到其发送者的地址 user@iseage.org，接收者的地址是 user@domain 的 MTA。在图 9.5 中，3 个用户（Mary，John 和 Jill）正在向 john@issl.org 发送一条消息，每一个 UA 的返回地址都配置成 user@iseage.org，当 UA 向 MTA1 发送一个电子邮件时，它使用 RCTP TO：john@issl.org，当 MTA1 收到电子邮件后，它转发给下一个 MTA 接着递交，详细的头部说明了这封电子邮件来自主机 UA，而头部中使用的 from 地址作为返回地址，为 user@iseage.org。

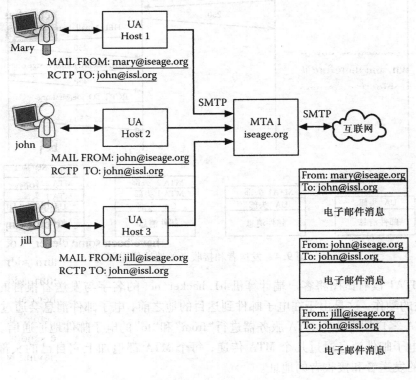

图 9.5　电子邮件中继

中继的另一个方面是能够为发送者指示电子邮件应传递的路由，它经过的网络称为源路由，其可以用来通过一组内部 MTA 发送电子邮件。跨过多个远程 MTA 指定源路由的情况不常见，因为这涉及在源路由中的每个 MTA 需要接受中继动作。从安全的角度讲，电子邮件转发和源路由没有实质性的区别。

电子邮件中继的问题是一个攻击者可以利用中继来伪造返回地址，并利用受害者的电子邮件服务器发送垃圾邮件和恶意邮件。有一些公开的域攻击工具可以用来搜索允许中继的 MTA。攻击者所有要做的是打开与搜索到的 MTA 的连接，发送一个 RCPT TO：user@ domain，如果 MTA 以 250 代码回应，那么它会接受中继。允许中继的大多数 MTA 会限制可以发送中继消息的 MTA，这是根据连接到 MTA 服务器的主机的 IP 地址决定的。这并不是完美的解决方案，因为 IP 地址可以欺骗，如果在一个可接受的 IP 地址范围中的某台主机被涉及到，那么它也许是被中继的电子邮件的源。

另外一个基于验证的攻击是用户名探测，这类攻击很容易实施，但很少有安全隐患。正如在图 9.3 中看到的，如果用户不是有效的，那么 RCPT TO：命令返回一个错误，这可以用于发现用户名，至少用于验证用户名。如果攻击者没有关于目标的信息，那么使用 SMTP 猜测用户名将是很费时的，同时会被记载。大多数时间，电子邮件用户名是大家都知道的，因此通过探测用户名不会给攻击者带来更多的额外信息。

4. 基于流量的攻击

除了基于验证的攻击，还有对电子邮件系统实施的基于流量的攻击。最常见的攻击是用大量的信息消耗磁盘空间而导致电子邮件服务器崩溃。随着磁盘空间的增加，这类攻击不怎么起作用了。此外，现在许多电子邮件系统对外来电子邮件分配一定的配额空间，这样这类攻击只能对单个用户有影响，而不会对整个电子邮件系统造成破坏。有一些很聪明的雪崩式攻击，它让电子邮件服务器对一个伪冒的返回地址进行回应，例如，一个攻击者可以由主机 A 发送电子邮件到主机 B，但返回地址是主机 C，那么主机 B 将对主机 C 回应。另外一个常见的雪崩式攻击是事故性的，并发生在某个用户使用中继方式给一批用户发送电子邮件时。回顾图 9.3 所示，一个发送者可以多次发送命令 RCPT TO：，这将使得中继 MTA 为每一个外送电子邮件复制消息，如果电子邮件消息很大，那么用户可以占满外送消息队列。然而，外送队列常常是空的，因为 MTA 可以和目标 MTA 进行联系。

另外一个基于流量的攻击是嗅探 SMTP 流量。由互联网嗅探流量是很困难的，但攻击者如果能访问机构内的网络，则他可以嗅探机构内的流量。SMTP 协议是不加密的，所以攻击者可以读取电子邮件消息，9.2 节将讨论两种 SMTP 流量加密的方法。

5. 一般性对策

除了上面描述的漏洞和对策之外，人们还曾提出过另外几个针对验证的对策，以用于辅助电子邮件安全，它们是 SMTP 协议中的 STARTTLS 和 AUTH 命令。STARTTLS 命令用于与传输层安全协议[15~18]协调参数，这个协议将一个验证和加密的电子邮件传递到 MTA，但并不提供消息的端到端的验证和加密，也不提供用户到用户的验证和加密。

AUTH 为正在连接 MTA 的想外送电子邮件的用户提供验证机制。STARTTLS 和 AUTH 一般都用于远程访问 MTA 的中继。例如，当一个带着笔记本电脑旅行的用户需要查看电子邮件时，可以把它当成家庭网络的延伸，这时需要使用这个协议向 MTA 证明它可以中继消息。这些协议在两个终端用户之间不使用安全电子邮件消息，也不做垃圾邮件过滤。一直以来有种争论，一种观点是使用SMTP递交电子邮件应该进行验证，这可以作为减少垃圾邮件的一个方法。另一种观点认为增加电子邮件收费，这也要求验证。笔者的观点是电子邮件递交还是保留不验证方式，其安全应由用户代理来处理。

定 　义

电子邮件中继

　　使用新的返回地址发送电子邮件，这个新的返回地址要与机构的电子邮件服务器返回地址相匹配，这就是说允许多个内部MTA，但客户端看上去像是一个MTA。

电子邮件欺骗

　　是指产生电子邮件消息的过程，这里发送地址与实际发送地址不是同一个地址。

消息传输代理（Message Transfer Agent，MTA）

　　处理电子邮件消息的接收和递交的应用，它的运作类似于邮局系统。

简单电子邮件传输协议（Simple Mail Transfer Protocol，SMTP）

　　一种协议，用于传输MTA之间的消息，即把电子邮件从电子邮件客户端传输到一个MTA。

用户代理（User Agent，UA）

　　用于客户端的一种应用，用于产生和阅读电子邮件消息。

9.2　POP 和 IMAP

如图9.1所示，用户有不止一种方法访问他的外来的电子邮件，图9.6给出了3个将电子邮件存储到MTA上的方法。方法之一（本地用户代理）是，外来电子邮件消息存储在用户具有账户的同一个系统中，用户在服务器上进行验证（一般是登录到服务器），然后运行用户代理程序，接着可以直接访问用户接收到的电子邮件。这种方法的用户并不依赖任何网络的建立，用户也可以使用网络协议访问服务器。

方法之二（远程访问本地用户代理）是，用户远程访问运行在服务器上的用户代理，这个方法最常见的实现是基于Web的电子邮件，它的安全问题将在讨论Web应用时探讨。

方法之三（远程用户代理）是，用户代理是远程的，用户代理使用网络协议访问和传输电子邮件消息给远程用户代理。有两种常用的协议支持通过用户代理访问电子邮件。第一种是邮局协议（Post Office Protocol，POP），第二种是网际消息访问协议（Internet Message Access Protocol，IMAP）[19~21]，这两种协议的基本功能很类似，安全问题也较常见。

POP协议用于将电子邮件从电子邮件服务器传输到运行用户代理的计算机上，POP提供了对远程电子邮件的预览和有限的管理功能。POP也提供用户在访问电子邮件之前的验证功能。POP协议是以真实的邮局系统为模板的，在邮局系统中，用户也有一个邮箱并也要经过某种验证。邮箱作为电子邮件的中间存储，直到用户查询电子邮件并从邮局取走电子邮件。POP协议以同样的方式工作，用户先通过服务器验证，然后查询电子邮件，并决定哪些电子邮件不要，哪些电子邮件传输到用户的计算机上。像其他许多协议一样，POP协议也经历了几个版本，而本书只讨论版本3，它是当前流行的版本。

POP协议的版本3（通常称为POP3）使用TCP协议使客户端用户代理连接到服务器，POP3服务器侦听端口110，并等待客户端的连接和用户验证。POP3协议是一个类似SMTP的指令-回应协议，表9.4列出了POP3的指令-回应码。

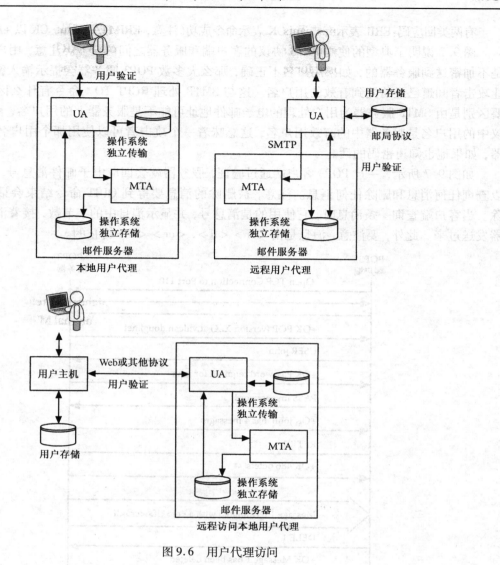

图 9.6　用户代理访问

表 9.4　常用 POP3 命令和回应码

命　令	动　作
USER name	用户名验证
PASS string	发送用户密码
STAT	返回消息数量
LIST[msg]	返回消息大小，或如果未指定，即返回所有消息大小
RETR msg	给客户端发送完整消息
DELE msg	删除服务器消息
NOOP	不操作，返回 OK 状态代码
RSET	清除删除指示符
QUIT	退出会话
TOP msg n	返回消息的第一批 n 行
UIDL msg	为请求消息返回唯一的 ID 字符串，会话期间不改变
回应码	动作
− ERR message	错误
+ OK message	命令成功

有两类回应码:ERR 表示有错误, OK 表示命令成功(注意, ERR 以 – 开始, OK 以 + 开始)。

图 9.7 说明了典型的使用 POP3 协议的客户端和服务器之间的交互。注意, 用户名和密码是不加密送到服务器的, 如果用户名不正确, 那么大多数 POP3 服务器会提示输入密码, 而不让攻击者知道已经猜测到有效的用户名。这与 SMTP 处理 RCPT TO : 命令有什么区别呢? 主要区别是由 SMTP 服务器为用户处理的电子邮件地址可能不是服务器上的用户名, 而 POP3 协议中的用户名是服务器中的有效用户名, 这意味着一个攻击者可以使用那个用户名登录服务器, 如果他也知道密码的话。

如图 9.7 所示, 一旦 POP3 客户端通过验证, 服务器就会回应电子邮件消息号, 客户端可以查询任何消息和删除任何消息。注意, 被删除的消息要等到 QUIT 命令结束会话时才被删除。当客户端查询一条消息时, 它使用的是消息号, 并显示消息中的字节数, 接着消息由服务器发送过来。此外, 要注意, 消息是由 < cr > < lf > . < cr > < lf > 终止的。

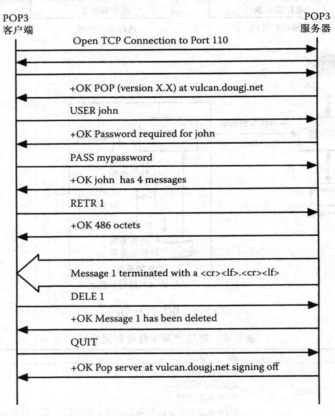

图 9.7　POP3 协议图

POP3 协议是为服务器到客户端的电子邮件消息传输而设计的, 但是如果一个用户有多台可以访问电子邮件的计算机, 那么在保持电子邮件的同步时就会出现问题, 因为电子邮件系统会终止向几个不同计算机的传输, 因为 POP3 的设计不是为了把电子邮件保持在服务器上, 这样, 另外一个协议便产生了, 即网际消息访问协议(IMAP)。

IMAP 与 POP 有两点区别。IMAP 支持服务器邮箱作为管理电子邮件的方法, IMAP 还支持消息在客户端和服务器文件夹之间移动、搜索服务器文件夹和管理服务器文件夹。当用户把电子邮件存储到服务器上时, 他在多个客户端之间传输电子邮件就很容易。图9.8 说明了邮箱在一个典型的 IMAP 方案中是如何处理的。服务器上的用户邮箱可以被任何用户代理访问,只要他知道那个邮箱的用户名和密码即可。UA 可以使用 IMAP 协议产生、管理和删除远程邮箱,以及可以在本地和远程邮箱中移动电子邮件,用户也可以产生几个邮箱帮助他管理电子邮件。

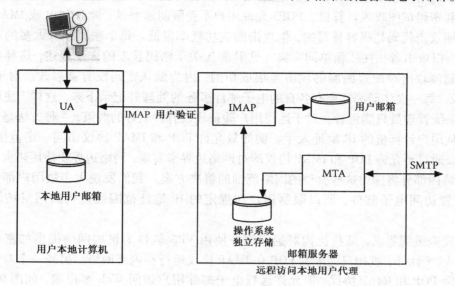

图 9.8　IMAP 邮箱

IMAP 是一种指令-回应协议,表 9.5 显示了 IMAP 的常用命令。IMAP 是一个更复杂的协议,可以支持多个远程用户代理。从安全的角度来讲,IMAP 和 POP3 有同样的安全问题,因此我们不再对 IMAP 协议进行详细的探讨。

表 9.5　常用 IMAP 命令

命　　令	动　　作
CAPABILITY	返回一个服务器支持的功能列表
NOOP	不操作
LOGOUT	结束会话
AUTHENTICATIE type	指示客户端要采用指定类型的验证
LOGIN name password	使用用户名和密码登录
SELECT mailbox	选择要用的邮箱(接收邮箱存放外来电子邮件队列)
EXAMINE mailbox	SELECT 命令的只读版本
CREATE mailbox	在服务器上建立一个新的邮箱
DELETE mailbox	删除服务器上的邮箱
RENAME current new	更改当前邮箱为新的名称
CLOSE	关闭邮箱,所有标注删除的电子邮件将被删除
EXPUNGE	删除所有标注为删除的消息
SEARCH criteria	搜索邮箱,查询与标准匹配的消息
FETCH message items	提取消息项(注:客户端可以请求完整消息,或部分消息,或关于消息的信息)

9.2.1　漏洞、攻击和对策

1. 基于头部和针对协议的攻击

这么多年还没有发现 POP 和 IMAP 协议太多的头部和协议漏洞,这两个协议都很简单,且头部是非限制性的自由文本格式。

2. 基于验证的攻击

有许多网络应用要求用户在网上通过用户名和密码进行验证，这就意味着允许攻击者发送用户名和密码试图攻入计算机。POP3 允许用户不受限制地登录，针对 POP 或 IMAP 协议进行密码猜测攻击代码是很容易写的，但攻击的成功概率很低。每个密码都有太多的可能的组合猜测，所以攻击者往往依赖单词字典。见附录 A 关于密码长度的详细叙述，这种类型的直接的密码猜测攻击对配置漏洞的攻击是很成功的，因为默认密码没有被修改。对于 POP 和 IMAP 协议，每一次注册都需要有各自的电子邮件事务的处理并记录下来，这样，注册文件变得很大，系统管理员只能粗看。对于远程用户验证还没有什么好的对策，一种方法是限制用户验证，如从用户计算机的 IP 地址入手。例如只允许 POP 和 IMAP 协议访问一定范围的 IP 地址，这可以通过不允许 POP 和 IMAP 协议跨过网络边界来实现，网络边界要使用防火墙或过滤路由器。第四部分将探讨这些类型的网络范围的解决方案。我们发现大多数用户都想从他们所在的位置访问电子邮件，所以限制用户在规定的 IP 地址范围或机构的网络访问就不太可行。

根据安全级别要求，某些机构对远程用户使用 VPN 软件为机构网络提供加密和验证连接。采用 VPN 软件，机构只能限制 POP 和 IMAP 协议运行在内部网络。另外一个对策是不允许远程访问 POP 和 IMAP 协议，但允许远程电子邮件用户访问 Web 客户端，如图 9.6 所示。Web 服务器有自己的验证系统，并支持加密流量，因此有些机构对于电子邮件访问全部采用基于 Web 的用户代理。

3. 基于流量的攻击

POP 和 IMAP 协议也会遭受针对流量的攻击，但受害程度是有限的。一个攻击者很难组织流量去压垮 POP 和 IMAP 协议，因为对于每一个用户连接请求，新的服务随后就跟上了。

在大多数协议中存在的一个漏洞是当数据以纯文本传输时，任何可以嗅探到流量的攻击者都可以读到数据。正如在第 3 章描述的，攻击者首先需要连接到流量经过的网络，然后嗅探数据包。根据应用的不同，这种漏洞有不同的影响，在 POP 和 IMAP 协议中，最大的问题是用户名和密码以纯文本形式传输，攻击者可以捕捉到用户名和密码。一般对策是采用加密技术确保数据不被读到。POP 和 IMAP 协议有几个安全措施。采用公共密钥加密交换对称密钥，加密所有的流量，包括用户名和密码交换。附录 A 提供了加密方法的概述。然而，这个改善纯文本问题的安全措施并没有被广泛使用。大多数新的用户代理支持采用传输层安全（Transport Layer Security，TLS）的安全 POP 和 IMAP 协议，第 7 章已对 TLS 对策做过讨论。

定　义

网际消息访问协议（Internet Message Access Protocol，IMAP）

　　用户代理使用的一种协议，负责将电子邮件从某个 MTA 传输到用户计算机。IMAP 也允许对 MTA 上邮箱进行生成和维护。

邮局协议（Post Office Protocol，POP）

　　用户代理使用的一种协议，负责将电子邮件从某个 MTA 传输到用户计算机。

9.3　MIME

　　这一节我们要探讨的协议负责将电子邮件从一个服务器传输到另一个服务器，而且还负责将电子邮件从服务器传输到用户代理，这就是多用途网际电子邮件扩展协议（MIME），它用于对电子邮件消息本身进行格式化[8~12]。MIME 的消息要比实际协议更加格式化。从网络安全的角度来讲，MIME 更值得讨论，因为它可以用于传输任何类型的数据，并把它呈现给用户。MIME 协议也曾被用于传输病毒、蠕虫和其他恶意代码。MIME 协议也可以用于向电子邮件消息中插入图片和 Web 链接，以甄别垃圾邮件和盗窃。这一节我们简要讨论 MIME 协议，并考察这个协议是如何用于执行攻击的。

　　SMTP 设计是采用 7 比特 ASCII 数据，这在早期的电子邮件系统中工作得很好。然而，即使在早期的电子邮件系统中，用户也有发送文本之外的数据的要求。他们能够产生一种简单的代码编码方法，即将二进制转换成 ASCII 码。用户首先需要获取二进制文件，对它进行编码，然后将文件通过电子邮件方式发送到另一个用户。接收方将电子邮件作为文件存储，然后去掉头部，再把消息传递给解码程序，图 9.9 显示了这个过程。编码和解码功能对于用户代理是独立的。还有几个不同的方法能让用户传输非 ASCII 码数据。正如你想象的，这种方法对用户来说很不方便。

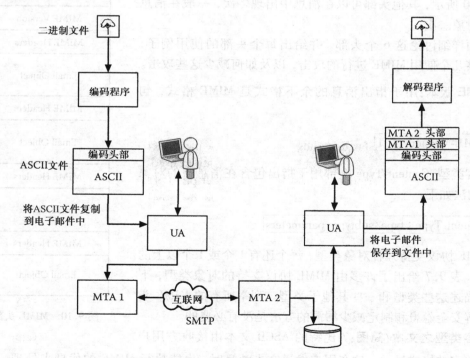

图 9.9　电子邮件编码和解码方法

　　随着用户代理程序复杂性的增加和图形化用户接口需求的出现，需要设计一种协议，用于用户代理和非 ASCII 码数据的交换。MIME 的设计支持任意格式的数据，并允许新的数据格式。MIME 有一个自由的头部格式，与一般的网络协议不同，它没有数据包的交换。发送方用户代理组合 MIME 消息并将其作为消息的一部分，接收方用户代理使用 MIME 头部解析消息，并解码每一部分，在解码消息时接收方用户代理不需要和发送方用户代理交互。另外，MIME 编码的消息格式是 ASCII 码，因此非 MIME 用户代理也可以接收消息，然而，他们不能用原来的格式显示数据。MIME 还可以支持看到消息，无论在 MIME 用户代理或非 MIME 用户代理中。

MIME 协议有 3 个规定的头部和 3 个可选头部，这些都包含在由用户代理提供给用户的传输代理消息中。由图 9.2 我们看到，由发送方用户代理产生的消息包含一个 MIME 头部，这个头部由接收方用户代理读取。表 9.6 给出了 MIME 头部，下面还将详细描述这个头部。

表 9.6　MIME 头部

头　　部	功　　能
MIME Version	表示是 MIME 消息，当前版本是 1.1
Content-Type	表示包含在消息中的内容类型
Content-Transfer-Encoding	表示内容是如何编码的
Content-ID	可选标识符，用于多个消息的情况
Content-Description	可选的对象描述，可以由用户代理显示
Content-Disposition	可选的方法描述，用于显示接收方用户代理中的对象

第 1 个头部表示消息是 MIME 格式，在消息中出现一次，如图 9.10 所示，其他头部可以在消息中出现多次，一般在消息中一个对象一次。

下面详细讨论这 6 个头部，并给出每个头部的使用例子，然后考察几个使用 MIME 进行的攻击，以及如何减少这些攻击。

MIME 版本： 用于指出消息的余下格式是 MIME 格式，句法是：

> MIME-Version：1.1

内容类型： Content-Type 头部用于指出包含在消息中的对象类型，句法如下：

> Content-Type：type/subtype；parameters

MIME 协议支持几种对象类型，每个还有 1 个或 1 个以上的子类型。表 9.7 给出了许多由 MIME 协议支持的对象类型，下面将会描述这些类型和一些其他子类型。列举所有的 MIME 头部来理解安全隐患和制定减少漏洞的方法是没有必要的。

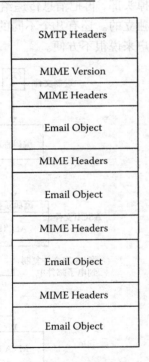

图 9.10　MIME 头部

内容类型之文本/简图： 7 比特的 ASCII 文本由接收方用户代理以选定的格式显示。这在用户发送文本消息时，由能执行 MIME 的代理来处理。接收消息的非 MIME 用户代理在显示文本消息时也显示 MIME 头部。文本/超文本标记语言(HTML) 可以用于传输 HTML 格式文档，这在电子邮件消息中是很平常的，它允许用户产生格式化的电子邮件文本。也允许用户产生类似 Web 网站的电子邮件文本，同时可以包含指向 Web 网站的超链接。这也可以被垃圾邮件发送者和其他攻击者用来诱惑用户点击链接，然后买东西或给他们提供个人信息。

表 9.7 MIME 对象类型

类 型	子 类 型	描 述
Text	Plain	非格式化文本
	HTML	HTML 格式文本
Multipart	Mixed	多个有序文本
	Parallel	多个对象，但无序
	Digest	多个有序 RFC 822 对象
	Alternative	表示同一个对象的可替换方法
Message	RFC 822	封装后的消息
	Partial	大尺寸消息的一部分
	External-body	对象是某个扩展消息的参考
Image	JPEG	JPEG 图像
	GIF	GIF 图像
Video	MPEG	MPEG 电影
Audio	Basic	声音对象
Application	Postscript	脚本
	Octet-Stream	8 比特二进制对象

内容类型之多种成分：用于产生包含多个对象的文档，这用于支持电子邮件消息中的附件，或在一个大尺寸电子邮件消息中包含多个对象。图 9.11 显示了一个电子邮件消息中含有的多个部分。正如图 9.11 所示，每个对象类型有多个 MIME 头部，这个内容类型可被用来传输恶意代码，根据接收方用户代理的配置，会有当电子邮件消息打开时执行恶意代码的情况出现。

内容类型之消息：在对象是一个完整的电子邮件消息或部分电子邮件消息时使用，这个头部让人担心的安全问题是能够指向存储在远程站点上的另外消息，此外，也取决于用户代理的配置，远程消息可以用于传输恶意代码，还可以被用于告诉电子邮件是否已经被打开过，这也常常被认为是电子邮件的漏洞，稍后会讨论到它。

内容类型头部的余下部分是自身说明，但已超过已经描述的内容，不代表是另外的安全威胁。有许多附着不同类型文件的方法，接收方用户代理可以处理它们。

内容传输编码：内容传输编码头部指出，以什么样的数据格式编码消息中的对象，头部的句法如下：

Content-Transfer-Encoding：type

可以定义几种类型，这个头部不会出现漏洞，因为编码方法就是简单的翻译。

内容标识：内容标识头部用于标识多个段电子邮件消息中的消息，不会产生任何安全威胁。

内容描述：内容描述头部用于提供内容的描述，头部的句法如下：

Content-Description ： < description >

根据用户代理如何把内容呈现给用户，这个头部也可以用于屏蔽一个文件的真实标识。例如，一个攻击者可以提供一个附件的描述，指出它是 JPEG 图片，但内容类型头部指出它是一个可执行代码。如果用户代理将内容描述呈现给用户，用户也许会作为图片打开文件，但真实的文件包含了恶意代码。

```
Email Header
MIME-Version: 1.0
UA Header
Content-Type: multipart/mixed;
 boundary="----------- 0906030800000040609050705"
This is a multi-part message in MIME format.
```

```
----------- 0906030800000040609050705
Content-Type: multipart/alternative;
 boundary="------------ 000407030803000901080005"

-------------- 000407030803000901080005
Content-Type:text/plain;charset = ISO-8859-1;
format=flowed
Content-Transfer-Encoding: 7bit

ASCII text message
-------------- 000407030803000901080005

Content-Type: multipart/related;
  boundary="------------ 080803090003030603090002"

-------------- 080803090003030603090002
Content-Type: text/html; charset=ISO-8859-1
Content-Transfer-Encoding: 7bit

HTML Text
 <img src="cid:part1.09040604.05020804@iastate.edu"
alt=""><br>
HTML Text

-------------- 080803090003030603090002
Content-Type: image/gif;
 name="logo.gif"
Content-Transfer-Encoding: base64
Content-ID: <part1.09040604.05020804@iastate.edu>
Content-Disposition: inline;
 filename="logo.gif"

GIF File in base64
-------------- 080803090003030603090002 --

-------------- 000407030803000901080005  --
OR
-------------- 0906030800000040609050705
Content-Type: image/gif;
 name="logo.gif"
Content-Transfer-Encoding: base64
Content-Disposition: inline;
 filename="logo.gif"

GIF File in base64
-------------- 0906030800000040609050705 --
```

图 9.11　多种成分的 MIME 消息

内容定位取消：内容定位取消头部用于告诉接收方用户代理如何显示内容，头部句法如下：

```
Content-Disposition：type
```

比较受关注的两种类型是正文和附件,正文类型告诉用户代理自动按照电子邮件消息将对象显示在用户显示屏上。附件类型表示,对象应作为附件呈现给用户。正文类型可以被攻击者用于强迫在输出窗口显示图片或其他对象。这也许会产生两个负面作用,一是如果图片或对象包含恶意代码,那么当电子邮件打开后会造成对用户代理的攻击。二是垃圾邮件,垃圾邮件发送者希望以图片嵌入垃圾消息,逃避侦察,以让用户收看这些消息。

MIME 协议已经经过多次增删,从而可以支持多种文件类型,全面讨论 MIME 协议超出了本书的范围。从安全的角度来讲,MIME 协议给攻击者提供了多种直接访问天真的用户的方法,给攻击者帮了忙,使得电子邮件成为重要的攻击渠道,因为它的目标既可以是应用,也可以是用户。

9.3.1 漏洞、攻击和对策

MIME 协议没有太多的漏洞,我们已经知道,MIME 协议使攻击者能直接对用户实施攻击。许多对策都是跨多个攻击类型的。对这些攻击最有效的防护措施是安全意识和培训。

1. 基于头部的攻击

在 MIME 中基于头部的无效攻击由用户代理来处理,处理的结果是电子邮件消息不能显示。基于头部的最大漏洞是头部可以用于隐藏消息的实际内容,正如前面讨论的,内容描述可以由用户代理来显示内容类型,这就可以让攻击者产生一个电子邮件,并宣称是个图片附件,但实际上却是可执行代码。提供适当的教育和培训可以避免这类攻击,也有许多一般性的对策用于减少这类攻击。

另一类攻击方法是使用基于 HTML 的电子邮件来隐藏电子邮件消息中的实际内容,例如,一个电子邮件消息可以包含一个 Web 页面链接,用户会点击文本访问超链接看看说些什么,这样用户就会被诱惑去点击链接,进入其中而不是可以结束的地方。用户教育和培训是减少这类攻击的最好方法。

2. 基于协议的攻击

由于 MIME 协议不涉及两个协议层的交互,因此基于协议的攻击不同于我们前面讨论过的协议攻击。基于 MIME 协议的攻击是使用 MIME 协议附带恶意文件,用户因浏览电子邮件或打开附件激活了恶意代码,恶意代码可以攻击浏览文件的计算机上的程序。许多用户代理有直接显示附件的功能,这对用户来说是很方便的,但却也带来了安全问题。有许多蠕虫和病毒能够利用用户代理直接浏览各类数据,有一种称为尼姆达蠕虫的病毒,只是通过简单地阅读电子邮件消息作为开始,蠕虫接着将自己复制到用户计算机的硬盘上,并将病毒传递到接收方地址簿中的用户。有些用户代理并不自动打开附件,但是,如果用户打开附件,那么计算机就会被感染。

基于 MIME 协议攻击的一般对策是让直接浏览附件内容的功能失去作用,大多数用户代理都有一个操作模式,即在显示图片这类正文内容之前有一种技术能过滤出恶意附件。另外一个很常用的对策是基于主机扫描和限制恶意病毒传播的防火墙。基于主机的防火墙可以防止未授权的程序访问网络,这对于附着的恶意代码很有效。然而,如果用户代理是传输恶意代码的程序,那么防火墙一般是阻止不了的。因为用户代理是一个授权的网络用户,再者,因为 MIME 协议与用户直接接口,所以重要的是教育用户如何处理电子邮件附件。

3. 基于验证的攻击

MIME 协议并不直接支持用户验证，但它却为欺骗验证提供了一种方法。MIME 可以让攻击者产生让人信任的电子邮件，看起来像是来自确定的机构。另外一个基于验证的攻击是利用电子邮件补丁追踪电子邮件在何处和何时被打开，这可以通过将一个图片插入到电子邮件文档中实现，一般是作为 HTML 文件的一部分，这个图片大小是 1×1 个像素，它实际上存储在远程 Web 服务器上。当用户阅读电子邮件消息时，图片就从远程服务器被下载，远程 Web 服务器记录了用户的访问，并提供日期、时间、IP 地址和其他有关客户端软件的信息。对此最常用的对策是让代理在电子邮件消息中显示图片之前提示用户，然而，如果用户总是点击 yes，那么这个对策就不起作用了。

4. 基于流量的攻击

MIME 协议没有关于流量的漏洞，但它却偏向产生大尺寸的电子邮件消息，再加上附件就可能构成很大的电子邮件消息。对此最常用的对策是设置 MTA 可以接收的电子邮件消息的大小，但这并不能阻止有人发送大量的较小的消息。

嗅探威胁并没有因为 MIME 协议而改变，对电子邮件的网络嗅探的对策可以推到下一节描述的用户中，或推到随后描述的网络中。

定　义

电子邮件补丁

　　在一个电子邮件消息中向 Web 网站嵌入一个链接的方法，以使发送者发现电子邮件是否打开。

MIME 传输编码

　　由 MIME 用于转换非 ASCII 数据为 ASCII 文本的编码方法。

多用途网际电子邮件扩展（Multipurpose Internet Mail Extensions，MIME）

　　一种消息格式，用于支持电子邮件消息中的非文本内容。

9.4　一般电子邮件对策

我们寻找的对策是验证终端用户的方法，即确保电子邮件消息以不变的、未读的、验证的方式发送，有一些终端用户程序支持这一类的安全电子邮件。

有几种漏洞是因为电子邮件未经验证而传递引起的，包括垃圾邮件、钓鱼电子邮件、病毒和其他恶意代码。有几个基于网络的技术可以减少大多数这类攻击。

这一节我们将讨论几个这样的对策，还将讨论跟踪可疑电子邮件的方法或辨别是否为可疑电子邮件的方法。

9.4.1　加密和验证

加密一直用于防止因事故或恶意地浏览数据，并防止嗅探网络流量。加密可以用于通信一方或双方的验证，附录 A 讨论了几种用于网络安全的加密方法。对于电子邮件，也有几个可以部署加密的地方，如图 9.12 所示。

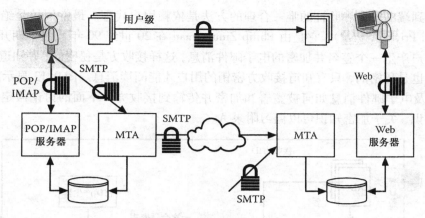

图 9.12 可能的加密和验证点

　　图 9.12 所示的每个可能的加密点提供了不同的安全级别，每个都有它自己的问题。第一个加密点是 MTA 之间的流量，正如本章早前讨论的，有几个关于 MTA 之间的流量加密的提案能够提供每个 MTA 的验证，这些提案一直是作为减少垃圾邮件的方法而提出的，因为只有授权的 MTA 才可以发送电子邮件。从实现的角度来讲，还有几个问题有待解决，包括寻找每个MTA 共享加密密钥的方法（见附录 A 关于公共密钥和密钥分配的描述）。加密密钥用于授权方，因此在 MTA 中必须受到保护，那么在 MTA 之间的密钥分配也必须是安全的。

　　如果要求每个 MTA 都接受验证，包括如何处理匿名电子邮件问题，会带来一些社会和政治问题。另外一个问题是由谁来决定哪些 MTA 是值得信任的，以及过程如何管理。对于这样的系统是否可以阻止垃圾邮件还不清楚，因为攻击者只接管可信任的 MTA，加密 MTA 之间的流量应该能阻止 MTA 之间的任何对流量的嗅探，这在机构网络的出口点是可能的，但跨互联网是很难的。

　　SMTP 可以加密的另一个位置是网络和 MTA 之间的用户，其最大的好处是用户的验证可以支持电子邮件的重放。但这仍然有密钥分配问题，可以采用公共密钥来处理，正如前面讨论的，处理这个问题最常用的方法是使用用户代理的 IP 地址。

　　加密可以部署的下一个点是 MTA 和接收方的计算机，如前面讨论的，POP 和 IMAP 有安全版本，这些版本使用安全密钥提供附加的验证，也可以保护用户名和密码不被窃听。这些方法是十分有效的，尤其要求远程访问电子邮件时，这种加密方法与链接级的加密方法是相同的，第 5 章和第 6 章已经讨论过这种方法。

　　当用户通过 Web 站点访问电子邮件时，流量可以借助同样的方法进行加密，当然方法是由安全的 Web 站点来部署的。它使用公共密钥并将其嵌入到 Web 浏览器中，第 10 章将讨论基于 Web 的加密。

　　到目前为止讨论的加密方法只是保护两个设备之间的电子邮件传输，只是提供设备的验证，但对电子邮件来说真正需要的是发送方和接收方用户的验证。此外，如果要关注未经授权而浏览电子邮件消息的问题，那么电子邮件还应受到端到端的加密保护。

　　需要探讨的一个电子邮件问题是，是否所有的电子邮件都需要防护。一种观点是并非所有的电子邮件都需要防护，而且发送者和接收者的一致性问题也不是很严格，可以通过消息本身获得。然而，有这样一些情况，即电子邮件本身也许包含秘密信息，我们需要确认只有指定的接收者才能阅读电子邮件消息。由于电子邮件系统是采用多种协议通信的多个应用构成的，因此提供端到端的安全和验证的唯一合理的方法是依赖用户代理。最常用的是绝对私密协议（Pretty Good Privacy，PGP），它是由 Philip Zimmerman 在 20 世纪 90 年代的早期开发的[24, 25]，PGP 允许用户产生一个签名并加密的电子邮件消息，这样接收方是秘密的，并知道发送者的密钥。发送者也是秘密的，只有知道接收方密钥的用户才能阅读消息。图 9.13 显示了 PGP 消息的结构，以及电子邮件消息如何被签署和加密并传输到接收方。下面的讨论假定读者知道基本的加密知识，关于加密知识可以温习附录 A。

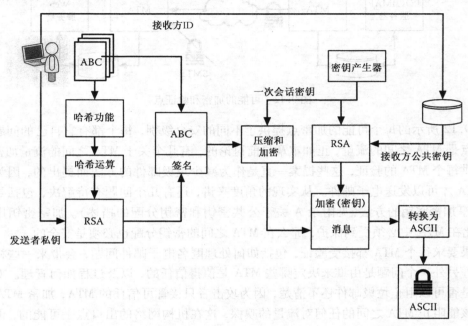

图 9.13　PGP 消息流程图

如图 9.13 所示，PGP 将用户消息输入到哈希功能模块中，并使用发送者的私钥对哈希值进行加密，其用于产生数字签名，数字签名被添加到消息中，签名后的消息被压缩，并使用对称密钥进行加密，加密密钥使用随机数发生器产生，一次会话密钥需要传输到接收方并只有接收方才能打开，这是由加密会话密钥通过公共密钥加密完成的。加密密钥是接收方的公共密钥，加密会话密钥附在加密消息中，结果转换成 ASCII 码，以便通过电子邮件传输。

如图 9.14 所示，抽取消息的过程是相反的，外来的消息由 ASCII 码转换成二进制形式，并将加密会话密钥由消息中抽取出来。除了加密会话密钥，消息中还包含识别指定消息接收者的信息，这就允许有多个识别码，每个有不同的公钥-私钥对，加密密钥字段中的识别码是用于私钥的索引，接收者的私钥用于会话密钥的脱密，会话密钥用于消息的脱密。抽取消息数字签名，在数字签名字段中包含一个识别码用来指出发送消息的用户是谁。发送者识别码用于查询发送者的公共密钥，公共密钥又用于数字签名的脱密，并抽取哈希值，然后消息传输到哈希功能模块，对两个哈希值进行比较，如果它们相等，则表明消息被成功地收到。

当消息被成功脱密后，我们要为发送者和接收者做什么呢？由数字签名我们知道，产生消息的人是知道发送者的私钥的，我们还知道，只有知道接收者私钥的人才能成功将消息脱密。这种方法的强度取决于用于私钥的保护级别。

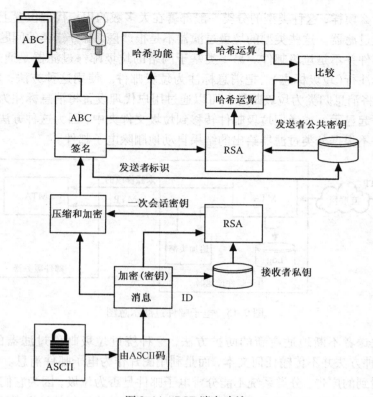

图 9.14　PGP 消息确认

　　PGP 有一个适当的采纳等级，PGP 的强度可以被很好地测试，一直没有主要的安全问题。它被广泛采纳的阻碍来自密钥分配和密钥管理问题。密钥分配的主要问题是如何知道公共密钥的所有者及如何获得某人的公共密钥。公共密钥分配及确认这些密钥代表的实际人还没有一个被广泛采纳的方法。此外，大多数人并不认为他们的电子邮件重要到要采用这样的安全级别。然而，PGP 可以解决窃听问题，并可以用于识别电子邮件消息的发送者和接收者。

9.4.2　电子邮件过滤

　　正如讨论 MIME 协议时所看到的，电子邮件可以用于传输恶意内容和垃圾邮件，并可以用于执行钓鱼攻击。一直有几个协议修改提案企图解决这个问题，然而大多数是不可行的。对于用户代理已经有了改进，以试图使它们较少受到恶意代码感染。方法之一是采用电子邮件过滤器。电子邮件过滤器一般配置在电子邮件服务器之前，是接收电子邮件的第一个 MTA。根据过滤器类型的不同，消息可以在未修改和修改状态传输，并除去恶意内容，或者干脆删除。图 9.15 显示了一个典型的电子邮件过滤器，以及它和机构的电子邮件服务器交互的过程[26~31]。

　　外来电子邮件到达过滤器并被处理，过滤器然后把电子邮件转发到机构的电子邮件服务器，在这里它像正常电子邮件一样被处理。出去的电子邮件由机构的电子邮件服务器转发到电子邮件过滤器并接受它的扫描。

　　一种类型的电子邮件过滤器是侦察垃圾邮件和钓鱼攻击。有几种处理垃圾邮件的方法，第一种方法是试图根据过去的消息分类分析消息并把垃圾邮件分离出来，目标是训练系统辨别垃圾邮件是什么模样，这种类型的分类一般部署在大多数的用户代理位置上，这允许用户产生客户化的垃圾过滤器。这些类型的垃圾过滤器不是很严谨，有分错类的问题，有时归在垃圾邮件中的电子邮件并不是垃圾邮件。另一类基于网络的垃圾邮件过滤器是通过在电子邮件消息的头部加入标注行（垃圾标志），把消息标注为垃圾邮件。使用这种方法，用户代理可以触发垃圾标注，并将消息归类为垃圾邮件。可以通过用户代理设置将消息标注为垃圾，并且将其和非垃圾消息一起显示。或者把垃圾邮件转移到垃圾文件夹中，因为这种方法不是很严格，所以大多数机构并不根据分类过滤器给出的结果自动地删除电子邮件。

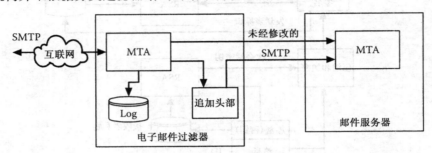

图 9.15　电子邮件过滤示意图

垃圾邮件发送者不断地适应新的防护方法，一种绕过垃圾邮件过滤器的新方法是利用 MIME 协议，这种方法并不传输任何文本，而是利用图片作为电子邮件消息。图片包含垃圾制造者想要用户看到的广告，分类系统不能分辨电子邮件是否为垃圾，因为它们不能分析图片的内容。另一种常用的方法是欺骗发送地址，诱使你打开它。垃圾邮件发送者还制造主题行，吸引你打开它们，或使用随机的主题行绕过过滤器。非验证的电子邮件系统和友好的用户代理都适合这类攻击的生存。

另一类垃圾邮件过滤方法（也许和其他恶意邮件一起作用）是利用过滤列表。可以通过一个过滤列表拒绝来自使用 SMTP 协议的站点列表中的电子邮件消息。这就产生了一个问题，即根据什么将一个地址作为过滤列表的地址。如果使用正在发送的 MTA 的 IP 地址，那么将阻止不了由另一个 MTA 转发的电子邮件。可以使用发送方的地址信息（用户名和域名），但那也可能被欺骗。尽管有这些内在的问题，但电子邮件过滤列表也有一些优点。目前有三种类型的电子邮件列表。

第一种类型称为黑名单，由带标记的电子邮件发送者构成。这个列表可以由域名、用户@域名和 IP 地址组成。黑名单的最大问题是要不断地维护，垃圾邮件发送者总是不断变化他们的域名。有一些 Web 站点在维护带标记站点列表，但这种方法提供的信任度不高。

白名单是黑名单的反面，它是很严格的。这个列表包含授权电子邮件发送者的名称和 IP 地址。这对于一个建立在机构内部几个 MTA 之间的专门电子邮件系统是有用的。白名单对于公网上的 MTA 不起作用，因为 MTA 事前没办法了解要发送电子邮件的用户。

第三种类型称为灰名单，灰名单的处理是利用 SMTP 协议的特征来阻止智能的垃圾邮件发送者，智能的垃圾邮件发送者使用小型应用来产生和发送电子邮件到某个 MTA，垃圾邮件智能程序并不实现 MTA 的所有功能。当和 MTA 通信失败后，正常的 MTA 对于经历发送失败的电子邮件可以暂时保存外出电子邮件消息，在等待一段时间后，MTA 会试图再次发送这个消息，并将连续发送几天。智能的垃圾邮件发送者也试图发送电子邮件消息，但如果接收方 MTA 发送了一个失败的消息，它就会退出来，并继续寻找下一个目标。

灰名单过滤设备可以根据临时发送失败的新发送者回应第一批电子邮件消息（SMTP 的回应码为 451），如果在等待一段时间后，发送者再次发送这个消息，那么过滤 MTA 就允许这个消息通过，并将发送者添加到灰名单中。下一次发送者再发送消息时就被允许了。图 9.16 说明了灰名单对于一个真实的 MTA 和垃圾邮件机器人是如何运作的。

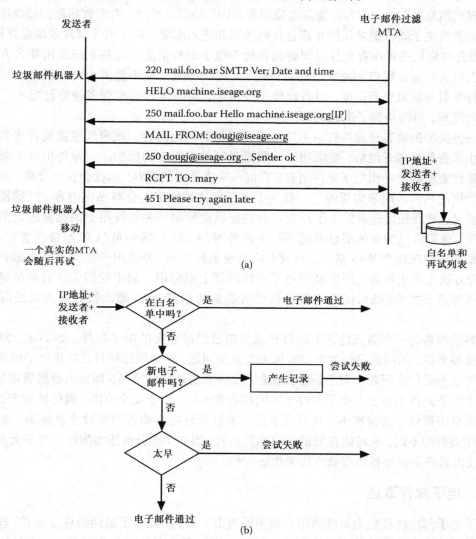

图 9.16 （a）电子邮件灰名单；（b）电子邮件灰名单流程图

由图 9.16 可以看到，灰名单也和白名单一起运作，这里白名单范围是不会让灰名单通过的，灰名单查询 IP 地址、发送者地址和接收者地址以便区分电子邮件消息。灰名单的处理可以减少垃圾邮件。然而，如果垃圾邮件发送者在等待一些时间后，通过不采用灰名单处理的 MTA 转发其垃圾邮件，则系统将被感染。

9.4.3　内容过滤处理

提高电子邮件安全的另外一个方法是利用电子邮件内容过滤设备。它不同于垃圾邮件过滤器，它要查询可能引起安全问题的具体内容。这些设备也作为 MTA 运行，并且分析电子邮件消息内容以便确定它是否包含恶意内容。最常用的类型是电子邮件病毒扫描程序,它可以扫描所有电子邮件病毒。如果发现病毒,它就去除掉攻击性消息,并允许干净的消息通过。它还在消息中追加一个记录,指出电子邮件已经进行过病毒清除,并可以给发送者发送一条消息,通知他电子邮件包含有病毒。

为解码消息并扫描,内容过滤器需要理解 MIME 协议。此外,大多数病毒扫描程序要检查出去和进来的电子邮件消息以防止恶意代码残留并进入网络。由于电子邮件系统是存储-转发模式,因此病毒扫描程序有充分时间解码和检查电子邮件消息。这些系统采用签名方法确定内容是否包含病毒。困难的是采用签名只能侦察恶意病毒,而不能阻止良性代码。另一个问题是保持签名与病毒更新进度,但有这样一些情况,即同样的病毒有多种修订版本,它在 24 小时之内发布,目的是为了逃避病毒扫描。

另一种类型的内容过滤器针对不应该离开网络的外出内容。政府规定强迫许多机构安装工具防止私密数据离开网络,健康和经济数据受到政府规定的保护。一种外出电子邮件内容过滤器将检查所有的外出电子邮件消息,查询不应该外出的内容,如社会安全号码,这是通过签名和严格的内容匹配来实现的。一旦一个电子邮件被标记上含有私密内容,过滤器可以存储这个消息,并通知发送者发生了冲突。有些提供商研制一种系统用于消息发送之前对消息进行加密,他们将已加密的消息发送到一个站外 MTA,这个站外 MTA 将给接收者发送通知,告诉他私密内容在这个 Web 站点。接收者应该登录到 Web,并使用安全 Web 事务取回电子邮件,这种方法在防止其他人阅读私密电子邮件问题上很管用。如果我们关注的是私密数据通过电子邮件离开机构(既可能是事故性的也可能是恶意行为),那么最好的方法是隔离电子邮件。

内容过滤器的一个弱点是它不能打开或分析已经过加密的电子邮件,如 PGP。对于外出内容过滤器来说,采用恶意行为造成数据丢失是个问题,但如果目标只是防止电子邮件不被第三方阅读这不是什么问题。对于病毒扫描程序,一直有这样的情况,即攻击者将病毒加密,并附到某个电子邮件消息上。电子邮件主体向接收者说明,由于安全原因,附件被加密,并且攻击者在消息中提供了加密密钥。这就要求用户采取另外的步骤因而导致主机感染。根据病毒扫描程序类型的不同,它可能在数据中找不到签名,因此不能分析压缩附件。对于大多数防护工具,攻击者还是很难找到有效方法去攻破它们。

9.4.4　电子邮件取证

由于电子邮件已经成为对网络用户的主要攻击工具,因此为了追溯消息发送者,理解如何阅读电子邮件消息是有益的。要追溯一个消息的实际发送者往往是不可能的,不过我们可以追溯电子邮件的发送方 MTA[38]。图 9.17(a)至图 9.17(c)说明了不同类型的电子邮件消息头部。这些电子邮件头部来自实际的电子邮件消息,不过,修改了名称和 IP 地址。正如前面所讨论的,头部被追加到电子邮件消息前部,再作为每个 MTA 处理的消息。但对垃圾邮件过滤器例外,垃圾邮件过滤器是把关于垃圾消息的信息放在 MIME 头部段中。

图 9.17(a)所示的是从一个 Web 电子邮件系统发送到一个用户的电子邮件头部,我们从顶部或底部来分析电子邮件的头部。接触到电子邮件的每个设备都追加一个头部。如图 9.17(a)所示,4 个设备处理了电子邮件消息,每个都在消息中放了一个头部。从第一个设备开始,它在消息中放了头部 A,我们可以看到,它使用 HTTP 协议接收消息,这个消息来自于 Harry6502 @ spammer. fake,目标地是 john@ ee. mail. spam。图 9.17(a)还给出了一个由头部派生的图片,

该图片描绘了电子邮件到达目标所经过的路径。电子邮件头部中还包含每台计算机收到消息的时间和日期戳，以及机器名和 IP 地址。根据这些信息，我们可以知道消息是从哪里发出的，什么时间发送的，但关于用户代理，我们除了知道它是基于 Web 的用户代理，别的什么也不清楚。通过与网络注册授权部门联系，可以知道 IP 地址的主人，对于前两台机器实际电子邮件的确使用的是内部 IP 地址，因此还是不能确定使用的 IP 地址的位置，MTA 给出的名称为 nf-out-0910. email. mta，但的确有一个公共 IP 地址（最初的电子邮件消息）且可以追踪。

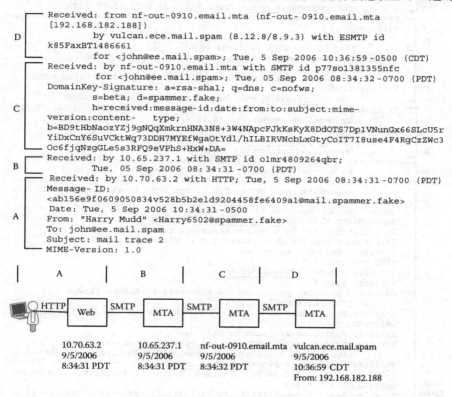

图 9.17(a)　电子邮件头部

图 9.17(b) 说明了一个电子邮件消息由一个不是基于 Web 的用户代理发送，且通过两个不同的具有电子邮件过滤器的机构传递的情况。标注为 A 的传递者显示了一个由 vulcan. ece. mail. spam 接收的电子邮件消息，它的主机为 babylon4. ece. mail. spam，其目标用户是 dwj@ sender. mta。注意，产生电子邮件消息的用户代理在头部中留下了消息，我们知道用户代理是运行于 Windows 机器上的 Thunderbird，我们还知道部署在用户代理中的机构的名称。

标注为 B 的传递者显示了一个到达目标的电子邮件消息，然后被发送到 despam-3. mail. spam。目标是一个不同的用户，电子邮件被转发，即用户 dwj 发送给用户 john，john 发送电子邮件的主机是 mail. spam。电子邮件此后按照一个垃圾邮件过滤器到一个病毒过滤器，最后到达主机 vulcan. ece. mail. spam 的路径传递。即使电子邮件回到发送方的机器，你也可以明白电子消息是如何被追踪的。

垃圾邮件过滤器在 MIME 头部段中追加头部，用户代理根据这些段中发现的值配置并动作。注意，这个电子邮件是通过两个不同的垃圾邮件处理和病毒扫描程序发送的，前 4 行（以 X-过滤器开头）由一个垃圾邮件过滤器追加，它判定这个电子邮件既不是垃圾邮件，也不是病毒。由

X-PMX 和 X-Perlmx 开头的行是另一个垃圾邮件过滤器，它也要判定消息不含垃圾。在某些情况下，反垃圾邮件过滤器也要在主题行的前面追加文本，以便告诉用户某个消息是否是垃圾。

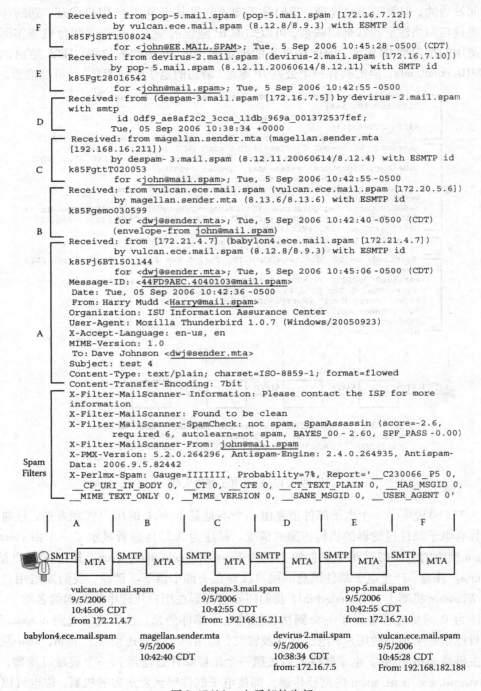

```
F    Received: from pop-5.mail.spam (pop-5.mail.spam [172.16.7.12])
          by vulcan.ece.mail.spam (8.12.8/8.9.3) with ESMTP id
     k85FjSBT1508024
          for <john@EE.MAIL.SPAM>; Tue, 5 Sep 2006 10:45:28 -0500 (CDT)
     Received: from devirus-2.mail.spam (devirus-2.mail.spam [172.16.7.10])
E         by pop- 5.mail.spam (8.12.11.20060614/8.12.11) with SMTP id
     k85Fgt28016542
          for <john@mail.spam>; Tue, 5 Sep 2006 10:42:55 -0500
     Received: from (despam-3.mail.spam [172.16.7.5]) by devirus - 2.mail.spam
     with smtp
D          id 0df9_ae8af2c2_3cca_11db_969a_001372537fef;
          Tue, 05 Sep 2006 10:38:34 +0000
     Received: from magellan.sender.mta (magellan.sender.mta
     [192.168.16.211])
          by despam- 3.mail.spam (8.12.11.20060614/8.12.4) with ESMTP id
C    k85FgttT020053
          for <john@mail.spam>; Tue, 5 Sep 2006 10:42:55 -0500
     Received: from vulcan.ece.mail.spam (vulcan.ece.mail.spam [172.20.5.6])
          by magellan.sender.mta (8.13.6/8.13.6) with ESMTP id
     k85Fgemo030599
          for <dwj@sender.mta>; Tue, 5 Sep 2006 10:42:40 -0500 (CDT)
B         (envelope-from john@mail.spam)
     Received: from [172.21.4.7] (babylon4.ece.mail.spam [172.21.4.7])
          by vulcan.ece.mail.spam (8.12.8/8.9.3) with ESMTP id
     k85Fj6BT1501144
          for <dwj@sender.mta>; Tue, 5 Sep 2006 10:45:06 -0500 (CDT)
     Message-ID: <44FD9AEC.4040103@mail.spam>
     Date: Tue, 05 Sep 2006 10:42:36 -0500
     From: Harry Mudd <Harry@mail.spam>
     Organization: ISU Information Assurance Center
     User-Agent: Mozilla Thunderbird 1.0.7 (Windows/20050923)
     X-Accept-Language: en-us, en
A    MIME-Version: 1.0
     To: Dave Johnson <dwj@sender.mta>
     Subject: test 4
     Content-Type: text/plain; charset=ISO-8859-1; format=flowed
     Content-Transfer-Encoding: 7bit
     X-Filter-MailScanner- Information: Please contact the ISP for more
     information
     X-Filter-MailScanner: Found to be clean
     X-Filter-MailScanner-SpamCheck: not spam, SpamAssassin (score=-2.6,
          required 6, autolearn=not spam, BAYES_00 - 2.60, SPF_PASS -0.00)
     X-Filter-MailScanner-From: john@mail.spam
     X-PMX-Version: 5.2.0.264296, Antispam-Engine: 2.4.0.264935, Antispam-
Spam Data: 2006.9.5.82442
Filters X-Perlmx-Spam: Gauge=IIIIIII, Probability=7%, Report='__C230066_P5 0,
     __CP_URI_IN_BODY 0, __CT 0, __CTE 0, __CT_TEXT_PLAIN 0, __HAS_MSGID 0,
     __MIME_TEXT_ONLY 0, __MIME_VERSION 0, __SANE_MSGID 0, __USER_AGENT 0'
```

| A | B | C | D | E | F |

SMTP — MTA — SMTP — MTA — SMTP — MTA — SMTP — MTA — SMTP — MTA — SMTP — MTA

vulcan.ece.mail.spam
9/5/2006
10:45:06 CDT
from 172.21.4.7

despam-3.mail.spam
9/5/2006
10:42:55 CDT
from: 192.168.16.211

pop-5.mail.spam
9/5/2006
10:42:55 CDT
from: 172.16.7.10

babylon4.ece.mail.spam

magellan.sender.mta
9/5/2006
10:42:40 CDT

devirus-2.mail.spam
9/5/2006
10:38:34 CDT
from: 172.16.7.5

vulcan.ece.mail.spam
9/5/2006
10:45:28 CDT
From: 192.168.182.188

图 9.17(b) 电子邮件头部

图 9.17(c)所示的最后一条消息是一条真正的带有发送地址的垃圾邮件，接收方地址已经被改变了。通过这个消息也说明了可以使用 MIME 产生一条电子邮件消息诱骗用户进入一个 Web 网站，并进入他的账户，这称为钓鱼。

由图 9.17(c)可以看出，在头部 A 中，发送者的域(ebay. com)和第一个 MTA(ns09. egujar-at. net)的名称不匹配。头部 B 和头部 C 显示，电子邮件发送者登录到机器并产生了消息。ns09. egujarat. net 的 IP 地址是 221. 128. 130. 1，这不是连接到 despam-2 机器的 IP 地址，如头部 D 所示，这表明机器名被发送者欺骗了。这条消息来自某个 ISP 的 IP 地址。我们还注意到，已经追加了两个垃圾邮件过滤器头部。垃圾邮件过滤器头部 1 是由接收方网络追加的，垃圾邮件过滤器头部 2 是由垃圾邮件发送者追加的。

图 9.17(c)也说明了一个图片如何由另一个 Web 网站复制并出现在电子邮件中，在这个例子中，eBay 的商标包含在电子邮件中。电子邮件还包含一个 Web 站点的链接，这个链接将执行钓鱼程序，消息的主体部分已经被删除，其目的是节约存储空间。

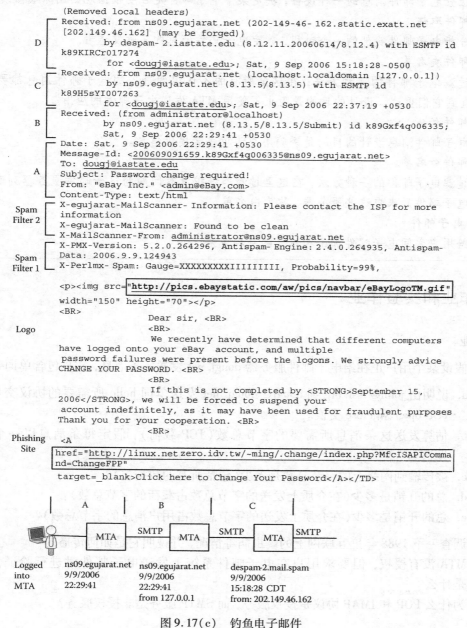

图 9.17(c)　钓鱼电子邮件

有一些商业性工具可以用于电子邮件消息的跟踪，这些工具是通过手工自动执行的。

定　义

电子邮件黑名单

过滤电子邮件的一种方法，过滤器包含恶意电子邮件服务器的列表，称为黑名单。

电子邮件内容过滤器

过滤电子邮件的一种方法，过滤器检查电子邮件内容，以决定某个电子邮件是否要被过滤、修改或隔离。

电子邮件过滤器

检查电子邮件消息的一种设备，决定某个电子邮件是否要根据规则删除或修改。

电子邮件取证

分析电子邮件头部的一个过程，确定电子邮件消息的实际发送者。

电子邮件灰名单

过滤电子邮件的一种方法，在这里所有的不认识的进入的电子邮件消息都要被拒绝，直到它们重试。设计的目的是阻止不使用 MTA 发送电子邮件的应用。

电子邮件钓鱼

电子邮件消息设计的目的是诱骗用户为攻击者提供信息。

电子邮件白名单

过滤电子邮件的一种方法，在这里过滤器维护没有问题的电子邮件服务器列表，接收的电子邮件只来自这些服务器，称为白名单。

PGP 电子邮件

给用户之间电子邮件加密和签名的一种方法。

课后作业和实验作业

课后作业

1. 假设某个用户正在给电子邮件服务器 dougj. net 发送一条消息，它只包含单词 hello。

   a. 说明由 john@ issl. org 到 dougj@ dougj. net 发送单词 hello 所需要的协议交换，包括 TCP open 和 close 交换。

   b. 估算发送这条消息所需要的字节总数（TCP 载荷），假定每条消息以一个数据包发送。

   c. 被传输到网络上的字节总数是多少（包括所有的数据包）？

   d. 总的开销是多少（在介质上发送的字节总数占载荷的字节总数）？

   e. 总的开销是多少（在介质上发送的字节总数占用户消息的字节总数）？

2. 调查一下 1988 年度互联网上的蠕虫病毒情况，并说明它是如何传播的？

3. MTA 没有授权，但要求用户在电子邮件系统上发送电子邮件时进行验证，其后果是什么？

4. 为什么 POP 和 IMAP 协议是授权服务，而 SMTP 服务是非授权服务？

5. 研究已经提议的用于减少垃圾邮件的不同方法，并对为什么它们不是有效的方法加以评论。

6. 研究垃圾邮件发送者绕过垃圾邮件过滤器的方法，并对它们如何有效加以评论。

7. 研究电子邮件扫描程序并比较它们，基于主机的病毒扫描程序是如何工作的？

8. 研究攻击者采用绕过病毒扫描程序，让用户运行恶意代码的方法，对一些减少这种行为的方法进行理论概括。

9. 图 9.12 给出了提议用于电子邮件的几种不同的加密方法，它们被分成三类：SMTP 加密、POP/IMAP 加密和用户到用户加密。对每一个进行正、反两个方面的评论，如果只允许你挑选一种用于电子邮件安全，你选择是哪一种？为什么？

10. 电子邮件的最初设计是用于发送简单文本消息，但 MIME 协议使传输复杂数据类型成为可能，对使用 MIME 的电子邮件的可用性与安全问题加以评论。

11. 研究并发现监控垃圾邮件机器人的 Web 站点。

12. 头部中什么类型的信息可以用于追踪电子邮件的发送者？并对如何有效追踪正在为非法目的发送电子邮件的发送者加以评论。

13. 考察在过去几天你收到的垃圾邮件的头部，绘制一个表说明来自每一个国家有多少条消息（如果你可以区分的话）。

实验作业

1. 使用 TELNET 连接到实验室的电子邮件服务器，假装成某个用户给你的账户发送一条电子邮件消息，你需要手工输入 SMTP 命令。

2. 使用 TELNET 命令连接到你在实验 1 使用的同一台计算机的 POP3 服务器，使用 POP3 命令检索你在实验 1 中发送到你账户中的电子邮件。

3. 找到互联网上的一个电子邮件追溯网站，以几个你接收到的电子邮件消息为例，考察一下追溯结果。

4. 使用 tcpdump 或 wireshark 命令捕捉实验室中两台计算机间电子邮件的发送，试图捕捉 SMTP、POP 和 IMAP。

程序设计

1. 由 ftp://www.dougj.net 网站下载文件 spam.tar。在文件中包含 MTA 和 SMTP 之间交互的核心代码，在 Web 网站的 spam.tar 中有关于程序的描述。执行下列步骤：

   a. 修改程序，给你的实验室中一台电子邮件服务器的账户发送电子邮件，它是一个不存在的用户，使用参数(-s user@host)将其传递到虚假的地址，以及使用参数(-u user)将其传递到目标用户名中。

   b. 登录到电子邮件服务器，并观察你的电子邮件。

   c. 修改程序接受一个文件作为参数(-f 为文件名)，并作为电子邮件发送。

   d. 产生一个带有 MIME 头部的 HTML 文件，使用修改后的垃圾邮件程序发送它，登录服务器阅读这个电子邮件。

2. 使用由第 5 章下载并在第 6 章修改后的代码，追加代码并执行下面的步骤：

   a. 解码和打印 SMTP 载荷，以 ASCII 码打印。

b. 解码和打印 POP 载荷，以 ASCII 码打印。

c. 解码和打印 IMAP 载荷，以 ASCII 码打印。

d. 在计数器集中增加一个计数器，统计 SMTP、POP 和 IMAP 数据包的数量，在子程序 program_ending( )中增加打印这些计数器的值的代码。

参考文献

［1］ Leiner，B. M.，et al. 1999. A brief history of the Internet. Arxiv preprint cs. NI/9901011.

［2］ Segal，B. 1995. A short history of Internet protocols at CERN. http://www. cern. ch/ben/TCPHIST. html, accessed August 23，2008.

［3］ Mowery，D. C.，and T. Simcoe. 2002. Is the Internet a US invention? An economic and technological history of computer networking. *Research Policy* 31：1369-87.

［4］ Leiner，B. M.，et al. 1997. The past and future history. *Communications of the ACM* 40：103.

［5］ Hafiz，M. 2005. Security patterns and evolution of MTA architecture. In *Conference on Object Oriented Programming Systems Languages and Applications*，San Diego，CA：142-43.

［6］ Giencke，P. 1995. The future of email or when will grandma be on the net? In *Electro/95 International. Professional Program Proceedings*，Boston，MA：61-67.

［7］ Knowles，B.，and N. Christenson. 2000. Design and implementation of highly scalable e-mail systems. Paper presented at Proceedings of the LISA Conference，New Orleans，December.

［8］ Freed，N.，and N. Borenstein. 1996. *Multipurpose Internet mail extensions（MIME）part one：Format of Internet message bodies*. RFC 2045.

［9］ Freed，N.，and N. Borenstein. 1996. *Multipurpose Internet mail extensions（MIME）part two：Media types*. RFC 2046.

［10］ Moore，K. 1996. *MIME（multipurpose Internet mail extensions）part three：Message header extensions for non-ASCII text*. RFC 2047.

［11］ Freed，N.，J. Klensin，and J. Postel. 1996. *Multipurpose Internet mail extensions（mime）part four：Registration procedures*. RFC 2048.

［12］ Freed，N.，and N. Borenstein. 1996. *Multipurpose Internet mail extensions（MIME）part five：Conformance criteria and examples*. RFC 2049.

［13］ Postel，J. B. 1982. *SMTP-simple mail transfer protocol*. RFC 821. http://www. ietf. org/rfc/rfc0821. txt, accessed August 23，2008.

［14］ Leiba，B.，et al. 2005. SMTP path analysis. Paper presented at Proceedings of the Second Conference on E-mail and Anti-Spam（CEAS）. Stanford，CA.

［15］ Secure，S. 2002. Network working group p. Hoffman request for comments：3207 Internet mail consortium obsoletes：2487 February category：Standards track.

［16］ Hoffman，P. 1999. *SMTP service extension for secure SMTP over TLS*. RFC 2487.

［17］ Hoffman，P. 2002. *SMTP service extension for secure SMTP over transport layer security*. RFC 3207.

［18］ Manabe，D.，S. Kimura，and Y. Ebihara. 2006. *A compression method designed for SMTP over TLS*，803. Lecture Notes in Computer Science 3961.

［19］ Gray，T. 1993. Comparing two approaches to remote mailbox access：IMAP vs. POP，1-4. http://www. imap. org/imap. vs. pop. brief. html，accessed August 23，2008.

［20］ Newman，C. 1999. *Using TLS with IMAP，POP3 and ACAP*. RFC 2595.

［21］ Crispin，M. 1996. *Internet message access protocol—version 4revl*. RFC 2060. Sebastopol，CA.

[22] Garfinkel, S. 1995. *PGP: Pretty good privacy*. O'Reilly.

[23] Garfinkel, S. L., et al. 2005. How to make secure email easier to use. In *Proceedings of the SIGCHI Conference on Human Factors in Computing Systems*, Portland, OR: 701-10.

[24] Zhou, D., et al. 1999. Formal development of secure email. Paper presented at Proceedings of the 32nd Annual Hawaii International Conference on System Sciences. Maui, HI.

[25] Borisov, N., I. Goldberg, and E. Brewer. 2004. Off-the-record communication, or, why not to use PGP In *Proceedings of the 2004 ACM Workshop on Privacy in the Electronic Society*, Washington, DC: 77-84.

[26] Hidalgo, J. M. G. 2002. Evaluating cost-sensitive unsolicited bulk email categorization. In *Proceedings of the 2002 ACM Symposium on Applied Computing*, Madrid, Spain, 615-20.

[27] Michelakis, E., et al. 2004. Filtron: A learning-based anti-spam filter. Paper presented at Proceedings of the First Conference on Email and Anti-Spam (CEAS). Mountain View, CA.

[28] Bass, T., and G. Watt. 1997. A simple framework for filtering queued SMTP mail (cyberwar countermeasures). In *MILCOM 97 Proceedings*, Monterey, CA: 3.

[29] Cerf, V. G. 2005. Spam, spim, and spit. *Communications of the ACM* 48:39-43.

[30] Jung, J., and E. Sit. 2004. An empirical study of spam traffic and the use of DNS black lists. In *Proceedings of the 4th ACM SIGCOMM Conference on Internet Measurement*, Taormina, Sicily, Italy. 370-75.

[31] Golbeck, J., and J. Hendler. 2004. Reputation network analysis for email filtering. Paper presented at Conference on Email and Anti-Spam (CEAS). Mountain View, CA.

[32] Kartaltepe, E. J., and S. Xu. 2006. Towards blocking outgoing malicious impostor emails. In *Proceedings of the 2006 International Symposium on World of Wireless, Mobile and Multimedia Networks*, Buffalo, NY: 657-61.

[33] Gansterer, W. N., A. G. K. Janecek, and P. Lechner. 2007. A reliable component-based architecture for e-mail filtering. In *Proceedings of the Second International Conference on Availability, Reliability and Security*, 43-52.

[34] Twining, R. D., et al. 2004. Email prioritization: Reducing delays on legitimate mail caused by junk mail. In *Proceedings of Usenix Annual Technical Conference*, Boston, MA: 45-58.

[35] Levine, J. R. 2005. Experiences with greylisting. Paper presented at Conference on Email and Anti-Spam. Stanford University, Stanford, CA.

[36] Wiehes, A. 2005. Comparing anti spam methods. Masters of Science in Information Security, Department of Computer Science and Media Technology, Gøvik University College.

[37] Miszalska, I., W. Zabierowski, and A. Napieralski. 2007. Selected methods, of spam filtering in email. In *CADSM' 07. 9th International Conference. The Experience of Designing and Applications*, Chapel Hill, NC: 507-13.

[38] de Vel, O., et al. 2001. Mining e-mail content for author identification forensics. *ACM SIGMOD Record* 30: 55-64. Santa Barbara, CA.

第 10 章 Web 安全

万维网(World Wide Web, WWW)不仅仅是一种协议的集合[1~7]，它还是一种由大量的用主机名标识的服务器组成，每一个服务器包含着通过文档地址就能够访问的大量文档。万维网对互联网产生了巨大的影响并驱动许多新的技术变革。主要是因为有了万维网，我们通过互联网几乎能够访问任何地方。万维网已经将互联网从面向研究人员和学者使用的网络变成大众使用的网络。

由于拥有大量的服务器和用户，万维网也已变成黑客的主要目标。在我们开始讨论网络协议之前，需要先理解万维网的基本结构和支持它的应用软件。图 10.1 显示了在万维网上一个文档是如何被访问的。

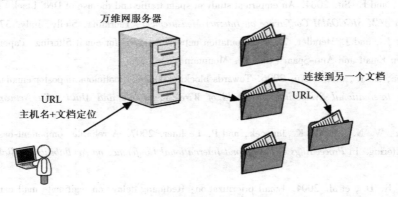

图 10.1 万维网中的文档寻址示意图

如图 10.1 所示，用户通过服务器的主机名及服务器内文档的定位给文档提供一个地址。这个地址称为统一资源定位符(Uniform Reference Locator, URL)。URL 在万维网内唯一地识别一个文档。文档可以包含指向其他文档的链接，称之为超链接。这些超链接也是 URL。万维网设计者使用超链接创建一条或者一系列路径，为使用者提供导航方法以使其找到存储在万维网服务器上的文档。由于网络没有设计集中的索引来保存文档位置路径，因此使得搜索引擎大为流行。搜索引擎访问网站、检查文档并对其内容进行分类。搜索引擎依据超链接来收集额外的内容。收集的信息供用户搜索，为其查询提供答案。搜索引擎是生成万维网文档的网站，在所生成的文档中用超链接指向其他更多的文档，以匹配用户的查询。

图 10.2 显示出一个超链接如何提供一系列文档的位置。用户能访问一个搜索引擎以获得第一个网站的位置，或用户可能知道他或者她想要访问的站点。如图 10.2 所示，用户在服务器 S1 上使用网址 HTTP://S1/D1 访问文档 D1，其包含指向其他站点的链接。用户只要通过点击超链接就能够访问另一个站点。此外，一个站点可能包含来自另外一个站点的内容，当用户浏览这个站点时就可以访问这些内容。举例来说，在服务器 S2 上的文档 D2 可能包含储存在服务器 S3 上的一张照片。网络这种高度分布式的性质提供了访问海量数据的入口。这种分布式性质也给攻击者损害数据或服务器提供了许多方式。

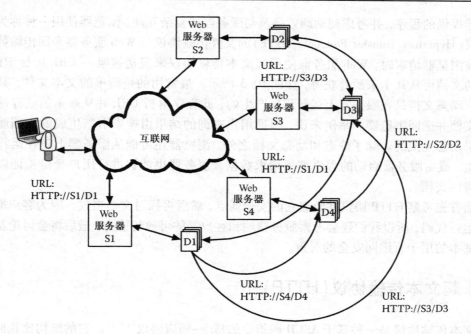

图 10.2 万维网中的超链接文档

最开始的万维网是基于文本数据而设计的，是为了访问图书馆资料。随着计算机的处理能力变得越来越强大，以及图形化的用户界面变得越来越普及，从万维网上所能得到的内容也发生了变化。现代的万维网中都是图形化的客户端和服务器，如图 10.3 所示。

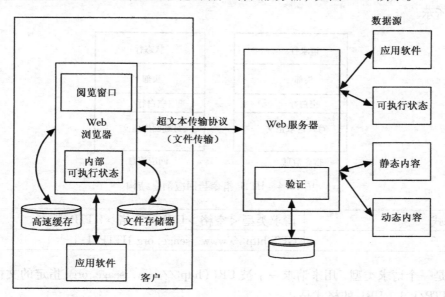

图 10.3 Web 客户端/服务器

如图 10.3 所示，用来访问万维网的客户端称为浏览器，并由几个部分组成。它有一个阅览窗口，以解析从服务器接收的数据并将其呈现给用户。用户也能在其计算机上下载文档并存储它们。此外，它有一个高速缓存用以存储从服务器收到的图片和其他的文档。浏览器也能够运行应用以帮助用户解析数据；例如，它能激活媒体播放器来播放音乐。浏览器也能运行由服务器提供的程序，并考虑到动画效果及与服务器的复杂互动，浏览器使用一种称为超文本传输协议（Hypertext Transfer Protocol，HTTP）的文件传输协议与 Web 服务器来回传输数据。

在被浏览器请求时，Web 服务器使用超文本传输协议来发送被唯一 URL 所标识的文档。被请求的文档可从几个来源处获得，如图 10.3 所示。最常用的是简单的文本文件，其内容是静态的。动态文档是在服务器上运行程序产生的，此程序解析 URL 并从聚集的或存储的数据中生成文档并送回浏览器。举例来说，根据用户查询的结果由搜索引擎生成的文档就是根据搜索结果动态生成的。除了静态和动态文档之外，浏览器还可能从服务器上正在运行的应用软件那里，或由服务器启动的程序那里请求数据。服务器也能够进行用户身份验证以限制访问某些特定文档。

下面首先考察 HTTP 协议并研究它的安全弱点，然后再探讨文档格式。因为客户端和服务器都能运行代码，所以我们还会考察服务器端和客户端的可执行能力，最后将会讨论基于网络的几个基本的用于万维网安全的对策。

10.1　超文本传输协议（HTTP）

超文本传输协议是一种基于 ASCII 码指令的指令–回应协议[8~11]。它的结构比我们所见到的电子邮件协议要复杂的多。指令与回应协议的基本信息结构如图 10.4 所示。

10.1.1　指令信息

如图 10.4 所示，指令信息开始于一条请求行，它包括请求类型、URL 和 HTTP 版本。请求格式如下所示

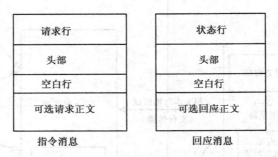

图 10.4　HTTP 指令与回应消息结构

格式	请求类型 < 空格 > URL < 空格 > HTTP/版本
例子	GET http://www.iseage.org HTTP/1.1

GET 是一个请求类型，用来请求一个被 URL（http://www.iseage.org）指定的文档，其协议版本是 HTTP/1.1。URL 的格式是：

method://host[: port][/path]

method 方法指明用来获得文档的文件传输协议，默认为 HTTP。浏览器可以支持其他文件传输类型，例如文件传输协议（File Transfer Protocol，FTP）。可选的端口号是用来连接的服务器端口。HTTP 默认为端口 80。可选的路径是文档在服务器上的位置。如果没有给出路径，服

务器将返回一个指定的站点的默认文档。HTTP 协议支持好几个请求类型，如表 10.1 所示。当我们使用其他的协议时，许多请求类型出于安全的原因经常被禁止使用（如表 10.1 所示）。

表 10.1　HTTP 请求类型

类　型	作　用
GET	获取 URL 所指定的文档
HEAD	获取 URL 所指定的文档的标题（回应不包含正文）
POST	向服务器提供数据
PUT	提供 URL 所指定的新的或替换文档（禁止使用）
PATCH	为了改变文档，向 URL 所指定的文档提供差异（禁止使用）
COPY	将 URL 所指定的文档复制到标题所指定的文件（禁止使用）
MOVE	将 URL 所指定的文档移至标题所指定的文件（禁止使用）
DELETE	删除 URL 所指定的文档（禁止使用）
LINK	在 URL 中创建一个指向特定文件的链接，链接名在标题中指明（禁止使用）
UNLINK	在 URL 中移除指定的链接（禁止使用）
OPTION	询问服务器哪些选项是可用的

10.1.2　回应消息

就像指令是基于 ASCII 码一样，回应消息也是基于 ASCII 码的。回应消息始于一条状态行，状态行包括 HTTP 的版本、3 位 ASCII 数字或回应码和状态短语，如下所示：

格式	HTTP/version < sp > status code < sp > status phrase
例子	HTTP/1.1 404 File not found

回应码的第一个数字（在上面例子中的 404）指出指令生效了，还是失败了；第二个数字具体说明了代码的类型（一般是 0）；第三个数字用来表示特殊的代码。表 10.2 给出了回应码的句法，表 10.3 给出了几个常用的回应码。

表 10.2　回应码格式

代　码	回应状态
1XX	信息消息
2XX	成功的请求
3XX	将客户作为 URL 转至另一个被指定的文档
4XX	客户端错误
5XX	服务器端错误

表 10.3　常用回应码

代　码	短　语	意　义
100	Continue	请求的第一部分已收到，客户能够继续
200	OK	成功的请求
204	No content	主体没有内容
302	Moved permanently	URL 所指定的文档不在服务器上
304	Moved temporarily	URL 所指定的文档已被临时转移
400	Bad request	请求包含一个句法错误

（续表）

代　码	短　语	意　义
401	Unauthorized	请求文档验证失败
403	Forbidden	请求的服务不被允许
404	Not found	请求的文档没有找到
405	Method not allowed	URL 中请求的方法不被允许
500	Internal server error	服务器失败
501	Not implemented	请求的动作不能被服务器执行
503	Service unavailable	请求不能够立刻执行；稍后再试

10.1.3　HTTP 消息头部

HTTP 请求与回应消息的下一部分就是头部。如图 10.5 所示，请求与回应消息的头部格式是相同的。应当注意的是，头部是可选的，特别是在请求消息中。

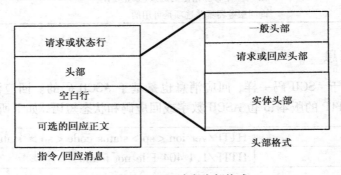

图 10.5　HTTP 消息头部格式

HTTP 的头部包括一行或多行文本，每一行以一个头部名称开始，接着是一个冒号、一个空格和头部值，如下所示：

Header Name：< sp > Header Value

一般的头部包括关于请求或回应的信息，常用的一般头部如表 10.4 所示。

表 10.4　常用的一般头部

头　部	功　能
Cache-control	用于指定关于客户端缓存的信息
Connection	指示连接是否应该被关闭
Date	提供当前的日期
MIME-version	指示正在使用的 MIME 版本
Connection	用于确定连接的类型
Keep-alive	用于管理保持激活的连接

请求头部用于请求消息，它提供关于客户端配置的服务器信息，并指出客户端关于文档格式的偏好。从安全的角度讲，这种头部能够给服务器提供关于浏览器和用户的信息。常用的请求头部如表 10.5 所示。

回应头部报告关于服务器和被请求文档的返回信息，如表 10.6 所示。

表 10.5　常用的请求头部

头　部	功　能
Accept	指示浏览器能够接受哪些数据格式
Accept -charset	指示浏览器能够接受的字符集
Accept -encoding	指示浏览器能够处理的编码方式
Accept-language	指示浏览器能够接受的语言
From	提供浏览器上用户的电子邮件
Host	提供浏览器的主机和瞬息端口
Referrer	提供连接文档的 URL
User-agent	提供关于浏览器软件的信息

表 10.6　回应头部

头　部	功　能
Accept-range	指示服务器接受的浏览器请求的范围
Retry-after	指出服务器空闲的日期
Server	提供服务器应用程序的名称和版本

　　实体头部包含的是关于消息正文所包含数据的信息，例如编码的类型和数据的长度。常用的实体头部如表 10.7 所示。

表 10.7　常用的实体头部

头　部	功　能
Allow	提供 URL 允许的方法列表
Content-encoding	指出文档的编码方法
Content-language	指出文档的语言
Content-length	指出文档的长度
Content-location	请求文档的真实名字
Content-type	指出文档的媒体类型
Etag	为文档提供一个标记
Last-modified	文档被最后修改的日期

　　下面的几个图显示了在 Web 浏览器与 Web 服务器之间交换的例子。图 10.6 所示为浏览器检索的网页，图 10.7 所示为一个用于加载网页的数据包的摘要。

　　如果你能明白这一点，它表示在这个系统中 Apache Web 服务器软件的安装是成功的。现在可以向这个目录添加内容并替换这个网页。

注意这个进度条，取代了你预期的网站吗？

这个网页的显示，是因为网站管理员已经更改了这个 Web 服务器的配置。如果有问题**请与负责维护这个服务器的人员联系**。Apache Software Foundation 写的是这个网站管理员使用的 Web 服务器软件，与维护这个网站无关，也不能帮助解决配置问题。

本次发行包括 Apache 文档。
可以在具有 Apache 版权的 Web 服务器上免费使用下面的图片。谢谢使用 Apache！

图 10.6　Web 网页图片

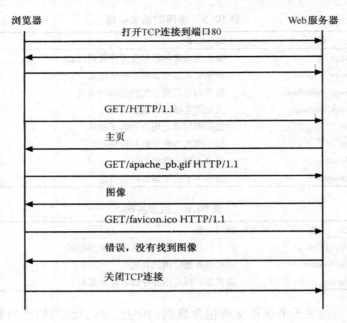

图 10.7　HTTP 协议交换

　　图 10.8 所示为请求消息，图 10.9 所示为回应消息，图 10.10 所示为对第一幅图像的请求，图 10.11 所示为回应，图 10.12 和图 10.13 显示出数据包的交换以获取文件 favicon. ico，这是一个小图片，显示在浏览器窗口中与 URL 相邻的位置。这个网站没有文件 favicon. ico，所以 Web 服务器返回一个错误。

请求行

GET/HTTP/1.1

一般头部

Keep-Alive: 300 Connection: keep-alive

请求头部

Host: spock.ee.iastate.edu User-Agent: Mozilla/5.0 (Windows; U; Windows NT 5.1; en-US; rv:1.8.0.7) 　　　Gecko/20060909 Firefox/1.5.0.7 Accept: text/xml, application/xml, application/xhtml + xml, text/html; 　　　q = 0.9, text/plain; q = 0.8, image/png, */*; q = 0.5 Accept-Language: en-us, en; q = 0.5 Accept-Encoding: gzip, deflate Accept-Charset: ISO-8859-1, utf-8; q = 0.7, * ; q = 0.7

无实体头部
空白行
无正文

图 10.8　HTTP 请求消息

状态行

```
HTTP/1.1 200 OK
```

一般头部

```
Date: Sat, 28 Oct 2006 16:01:55 GMT
Keep-Alive: timeout = 15, max = 100
Connection: Keep-Alive
```

回应头部

```
Server: Apache/1.3.33 (Unix)
Accept-Ranges: bytes
```

实体头部

```
Content-Location: index.html.en
Last-Modified: Fri, 04 May 2001 00:00:38 GMT
ETag: "428fd8-5b0-3af1f126;452e43f5"
Content-Length: 1456
Content-Type: text/html
Content-Language: en
```

空白行

```
HTML Document (1456 bytes long)
```

图 10.9　HTTP 回应消息

请求行

```
GET/apache_pb.gif HTTP/1.1
```

一般头部

```
Keep-Alive: 300
Connection: keep-alive
```

请求头部

```
Host: spock.ee.iastate.edu
User-Agent: Mozilla/5.0 (Windows; U; Windows NT 5.1; en-US; rv:1.8.0.7)
    Gecko/20060909 Firefox/1.5.0.7
Accept: image/png, */*; q = 0.5
Accept-Language: en-us, en; q = 0.5
Accept-Encoding: gzip, deflate
Accept-Charset: ISO-8859-1, utf-8; q = 0.7, *; q = 0.7
Referer: http://spock.ee.iastate.edu/
```

无实体头部
空白行
无正文

图 10.10　HTTP 请求消息

状态行

```
HTTP/1.1 200 OK
```

一般头部

```
Date: Sat, 28 Oct 2006 16:01:55 GMT
Keep-Alive: timeout = 15, max = 99
Connection: Keep-Alive
```

回应头部

```
Server: Apache/1.3.33 (Unix)
Accept-Ranges: bytes
```

实体头部

```
Last-Modified: Wed, 03 Jul 1996 06:18:15 GMT
ETag: "428fd1-916-31da10a7"
Content-Length: 2326
Content-Type: image/gif
```

空白行

```
GIF image (2326 bytes long)
```

图 10.11　HTTP 回应消息

请求行

```
GET/favicon.ico HTTP/1.1
```

一般头部

```
Keep-Alive: 300
Connection: keep-alive
```

请求头部

```
Host: spock.ee.iastate.edu
User-Agent: Mozilla/5.0 (Windows; U; Windows NT 5.1; en-US; rv:1.8.0.7)
    Gecko/20060909 Firefox/1.5.0.7
Accept: image/png, */*; q = 0.5
Accept-Language: en-us, en; q = 0.5
Accept-Encoding: gzip, deflate
Accept-Charset: ISO-8859-1, utf-8; q = 0.7, *; q = 0.7
```

无实体头部
空白行
无正文

图 10.12　HTTP 请求消息

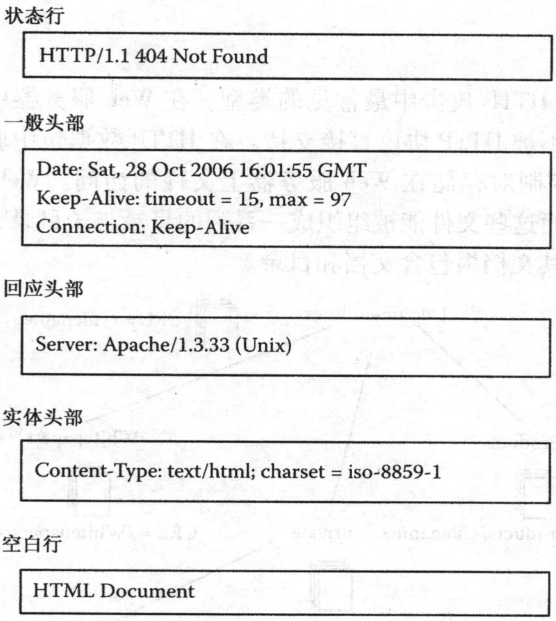

状态行

> HTTP/1.1 404 Not Found

一般头部

> Date: Sat, 28 Oct 2006 16:01:55 GMT
> Keep-Alive: timeout = 15, max = 97
> Connection: Keep-Alive

回应头部

> Server: Apache/1.3.33 (Unix)

实体头部

> Content-Type: text/html; charset = iso-8859-1

空白行

> HTML Document

图 10.13　HTTP 回应消息

10.1.4　漏洞、攻击和对策

即使 HTTP 协议相当直观，但也有几个漏洞。如果回顾第一部分讨论的 4 类漏洞和攻击，将发现基于验证和基于流量的攻击最为普遍。

1. 基于头部的攻击

由于头部简单且任何无效的指令或回应都被忽略了，因此基于头部的攻击不是很常见。由于客户端(浏览器)和服务器都使用自由头部，且包含了几个能够控制数据解析方式的选项，因此 HTTP 协议的确出现了一些值得注意的问题。Web 服务器和浏览器的早期版本易受到缓冲溢出攻击。有几个攻击能够通过发送过长的指令来占用固定长度的缓冲区。今天更大的问题是关于客户端和服务器端的可执行能力，后面将讨论这一点。正如在图 10.3 中看到的，Web 服务器可以处于另一个程序的前端，从浏览器直接向另一个应用传递数据。这为攻击者提供了使用 HTTP 协议向另一个应用传输攻击的机会。

另一种头部攻击是使用 HTTP 协议来获取不属于任何超连接文档集合的文件。攻击者可以为了某些文件而搜索一个网站，这些文件有时是通过在 URL 里包括一个文件名而默认被留在服务器上的。对于攻击者而言，这些文件通常包含的是无用的信息，但是有时这些文件可能包含验证信息或其他重要数据。一个普通的配置错误就可能把 Web 密码文件遗忘在文档目录里。如果攻击者能够找到这个文件，他就能够使用公共域攻击软件获得有效的用户名和密码。

2. 基于协议的攻击

HTTP 协议很简单，故几乎没有基于协议的攻击。

3. 基于验证的攻击

基于验证的攻击是 HTTP 攻击中最常见的类型。在 Web 服务器中使用好几种验证方法，且许多被应用实现，但不被 HTTP 协议直接支持。在 HTTP 数据包中验证数据作为载荷发送。HTTP 协议支持验证来控制对存储在 Web 服务器上文件的访问。Web 服务器包含许多文档，它们被存储在文件中，而这些文件能被组织成一系列的目录与子目录，如图 10.14 所示为一个网站的一般组织结构，其文档根包含文档和目录。

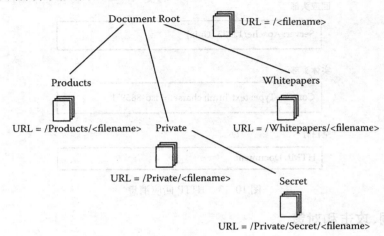

图 10.14　典型的网站目录结构

在文档根目录下的文档用一个"/"标注并跟着文件名，在子目录中的文档用一个"/"标注并跟着子目录名，再加上一个"/"和指定文件名。例如，在子目录 Products 中的文件用 URL Host://products/< filename >表示。

HTTP 的验证设计要控制对基于用户名和密码的目录访问，对目录中文档的访问可以基于浏览器的 IP 地址。在第 6 章中已讨论过基于 IP 的验证。例如，图 10.14 所示目录 Private 可被设置为在对这一子目录下的任何文档的访问之前要提供用户名和密码。目录 Private 下的所有子目录也因这同一验证而受到保护，即通过设置 Web 服务器支持验证或把验证文件放入目录 Private 中。当浏览器第一次请求目录或被保护目录下的任何子目录所包含的文件时，服务器要求浏览器验证。例如，当一个用户试图访问 URL Host://Private/Secret/ < filename >时，要求他提供验证。图 10.15 所示为当浏览器从一个被保护的目录请求文档时所使用的部分 HTTP 头部。

图 10.15 所示为对一个文档的请求，其第 1 个请求头部地址为 URL/ ~ dougj/private/doc.html。服务器用一个 401 回应头部做出回应，它表示服务器需要验证。服务器还发送验证类型和称为领域(realm)的验证信息，领域是用来帮助浏览器对用于同一网站上的不同验证的跟踪。例如，另一个目录可能使用不同的用户名和密码来获得访问。在这个例子中消息是"Enter Password"。浏览器负责催促用户提供用户名和密码。一旦用户输入了用户名和密码，浏览器将给服务器发送另一个带验证提示请求。验证提示是被":"分开的用户名和密码，并用 64 位进行编码。发送到相同区域的每一个请求都包含验证提示。

从网络安全的角度讲，HTTP 验证提示并非很安全，因为用户名和密码是用明文发送的。此外，密码能被猜出来，就像任何基于网络的注册机制一样，都有相同的问题。密码问题的解决办法就是教育用户要选择安全密码。下一节将讨论流量嗅探的解决办法。

请求头部

```
GET/~dougj/private/doc.html HTTP/1.1
Host: spock.ee.iastate.edu
```

回应头部

```
HTTP/1.1 401 Authorization Required
Date: Tue, 14 Nov 2006 22:37:47 GMT
Server: Apache/1.3.33 (Unix)
WWW-Authenticate: Basic realm = "Enter Password"
```

请求头部

```
GET/~dougj/private/doc.html HTTP/1.1
Host: spock.ee.iastate.edu
Authorization: Basic bG9yaWVuOmZpcnN0b25l
```

图 10.15　验证协议交换

　　另一个基于验证的攻击是电子欺骗。用户被诱骗进入一个他认为是属于某个机构的网站，而事实上这一网站是伪装的。由于从网站上很容易捕捉任何信息，因此建立一个看起来就像真实站点的伪装网站是很容易的(有好几种设计用于从网站下载所有内容的程序)。伪装的网站能够使用户不知不觉地暴露出像密码、账户信息和个人信息的数据。包含超链接的电子邮件信息经常被作为一种使用户登录虚假网站的方法。由于大多数网站没有主机验证，因而就要教育用户减少攻击。加密能够帮助提供主机验证。然而，大多数人并不太关注他们是否被连接到一个已加密的网络。另外，如果你通常是使用一个安全站点处理业务，那么当你被骗进入一个未加密的伪装网站时，浏览器将不会警告你。

4．基于流量的攻击

　　Web 服务器易于受到几种基于流量的攻击。攻击者通过制造数量巨大的请求来控制服务器。Web 服务器所允许的同时连接的数量是有限的。有时只是正常的流量就能导致 Web 服务器达到它的极限，并开始拒绝连接。当一个站点在短时间内变得非常流行时这种情况就能够发生，也有一些导致相同效果的攻击工具。为了达到服务器的极限而打开多重连接并保持它们的激活状态是很简单的一件事情，这将有效地使网站宕机。

　　由于网站的目标时常是去吸引流量，而不是限制流量，因此没有好办法来阻止这一情况的发生。这种类型的攻击产生的另一个副作用就是导致接近 Web 服务器的路由器因流量过载而成为瓶颈，这一结果将导致互联网的访问几近中断。

　　对于 HTTP 协议来说另一个主要问题就是它是一个明文协议，因此易于遭受数据包嗅探。在一些情况中，这可能是一个保密问题，而不是一个安全问题。例如，通过嗅探到的流量可以分辨某人所访问过的网站和他所浏览的网页，即使网络流量被加密，嗅探程序仍能分辨访问过的 IP 地址。有这样一些情况其网络流量是敏感的，例如，用明文访问一个银行账户将暴露财务数据。对网络嗅探主要的减少办法是使用数据加密。对一个到网站的连接进行加密的主要方法就是 HTTPS，它使用安全套接字层(Secure Sockets Layer, SSL)。SSL 被多种应用使用以提供一个加密的信道。图 10.16 说明了 HTTPS 的结构。

　　HTTPS 使用端口 443，对用户一般是透明的。当连接被加密时，Web 浏览器将通过一个显示在屏幕上的图标(通常是一个挂锁)指示出来。浏览器有 Web 服务器的公钥或签名权(它已经签署了 Web 服务器的公钥)的公钥。在这一章我们将简短地讨论当公钥应用于万维网时的管理。我们在第 7 章已经讨论过 SSL 协议的交换。

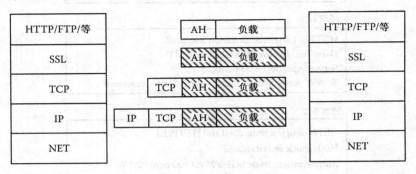

图 10.16　HTTPS 结构

参考附录 A 有关公钥加密的信息,以及它是如何将证书作为一个方法应用于验证和分配公钥的。图 10.17 所示为带有一个或更多公钥证书的 Web 服务器和带有多重公钥证书的浏览器。

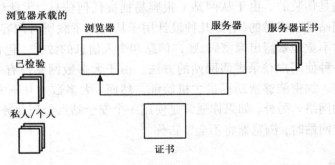

图 10.17　万维网证书

服务器给浏览器提交一个公钥证书以验证服务器,并开始会话加密密钥的协商。服务器的公钥证书由签名机构签署。签名权被用来认证公钥证书的真实性。浏览器检验服务器所提供的要求签名权的证书。浏览器检查它当前的证书,看是否有与签名权证书匹配的证书。如果匹配,浏览器将使用签名权的公钥来认证所接收证书的真实性。浏览器是如何得到第一份证书的? 它又是如何知道它是有效的? 作为签名官方机构运转的公司向浏览器公司支付费用,目的是将其证书包括在浏览器的发行中。如图 10.18 所示,权力机构的证书链条一般可以跟踪到浏览器所提供的众多证书中的一个。

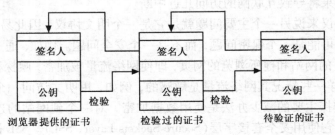

图 10.18　证书链的授权

当用户访问各种各样的安全网站时，他将获得新的证书。用户也可获得新的能够提供其他证书授权的签名权证书。服务器也能给浏览器提供没有被证书权力机构（或浏览器所知的证书权力机构）所签署的证书。在这种情况下，浏览器将提示用户注意是否将接受证书。用户可以拒绝证书，可以在对话期接受它，也可以永久地接受它。

图 10.18 所示的是浏览器所接受的证书被认证过的证书所签署的情况。那个证书就是由浏览器所提供的证书所认证。所接受的证书的认证，是通过从认证过的证书那里拿到公钥并用这个密钥对证书的数字签名进行解密的过程。由于数字签名的产生是采用签名机构的私钥，因此我们可以设想证书是由签名机构发出的。我们从证书上获得与服务器匹配的有效公钥。我们可以使用这个公钥加密只有指定的 Web 服务器才能够解密的信息，因为只有指定的 Web 服务器才知道与公钥关联的私钥。所以实际上，签名权并不能使 Web 服务器生效，它是使属于 Web 服务器的证书里的公钥生效。如果 Web 服务器使它的私钥泄密，由于证书是公开的信息，那么就有人能够欺骗一个安全的网站。一旦浏览器有了 Web 服务器的公钥，它就能协商一次性会话密钥并使用它来加密浏览器和服务器之间的所有流量。

定　义

HTTPS

　　使用安全套接字层（Secure Sockets Layer，SSL）的 HTTP 协议的一个加密版本。

超链接

　　嵌入一个网络文档之内的 URL。

超文本传输协议（Hypertext Transfer Protocol，HTTP）

　　万维网用来向或自 Web 服务器传输数据的协议。

统一资源定位符（Uniform Resource Locator，URL）

　　在万维网中一个文档的地址。

10.2　超文本标记语言（HTML）

前面讨论过，万维网包括从服务器到浏览器待处理的传输文件。用来显示内容的主语言称为超文本标记语言（Hypertext Markup Language，HTML）[12~17]。HTML 文档由浏览器翻译，文档的指令指出文档内容如何显示。由于文档是由浏览器来处理的，因此服务器产生的文档可能存在安全风险。详细分析研究 HTML 协议不是本书的目标；然而，协议的某几个方面的确能引起安全问题。图 10.19 所示为 HTML 文档的一般格式，它包含两部分：头部和正文。头部包含浏览器要使用的信息，正文包含在页面上要显示的信息。整个 HTML 文档由标签组成，这些标签用来指导浏览器如何显示内容。如图 10.19 所示，每一个 HTML 标签有一个开始标记和一个结束标记。

表 10.8 显示的是几个能导致安全问题的 HTML 标签。从安全的角度来讲，需要给予最大关注的 3 个 HTML 指令是：< a URL >，它的功能是允许超链接；< img >，它的功能是显示图像；< APPLET >，它的功能是下载可执行代码。这些 HTML 标签中的每一个都紧接着简短的描述。它们的安全威胁将在关于 HTML 漏洞的章节进行更为详细的讨论。

HTML文档的开始

```
<HMTL>
```

头部段

```
<HEAD>
<TITLE> The page title </TITLE>
</HEAD>
```

正文段

```
<BODY>
        HTML CODE
</BODY>
```

HTML文档的结束

```
</HTML>
```

图 10.19　HTML 格式

表 10.8　常用的 HTML 标签

标　　签	功　　能
< HTML >	告知浏览器 HTML 文档何处开始何处结束
< HEAD >	指出头部段的开始
< TITLE >	在浏览器的标题栏中所显示的文本
< BODY >	指出文档正文的开始
< a URL >	超链接
< img >	将要显示的被嵌入的图像
< APPLET >	客户端的可执行能力
< ! Comment >	用于向文档中添加注释

超链接标签 < a URL > 用于在屏幕上显示一个超链接,它由两部分组成:超链接本身,就是一个指向一个新文档的网址,以及在屏幕上显示的文本。例如,下面所示的 HTML 标签就是一个指向在服务器 www. iseage. org 上的文档 index. html 的链接。浏览器将显示文本字符串 Click Here 作为超链接。

```
<a href=http://www.iseage.org/index.html>Click Here </a>
```

图像标签用于在屏幕上显示一张图片。标签指定了图像的位置,图像可以在本地服务器上,或者存放于一个不同的服务器上。和超链接标签需要用户操作不同,图像标签导致图像被下载并被浏览器显示。除了图像定位之外,该标签也有文本内容,如果图像没能被上载,文本内容将显示出来。下面所示的就是图像标签的格式。第一个例子显示的是从本地服务器上载的图像,第二个例子显示的是从 Web 服务器 www. iseage. org 上载的图像。

```
<img src=image.gif alt=" image" />
<img src=" http://www.iseage.org/image.gif" alt=" remote image" />
```

APPLET 标签用于下载 Java applet 到浏览器。Java applet 是一种被浏览器运行的可执行程序，并且可以有给程序传递的参数。Java applet 可以像图像一样处理，因为它们被 HTML 代码定义了在屏幕上显示的具体位置和给定的大小。正像图像标签，如果用户在浏览器设置中激活了 Java applet，那么 Java applet 就能在无须用户的干涉下而被自动下载。下面所示的就是 Applet 标签的格式，浏览器调用一个称为 The Applet 的 Java applet 并传递字符串 Hello Doug 作为参数。PARAM 标记是可选择的，仅仅使用于当 Java applet 需要参数的时候。如果不能执行 Java 程序，就会显示 HTML 标签 < P > Hello Doug < /P >。

```
<APPLET CODE="TheApplet.code" WIDTH=200 HEIGHT=100>
<PARAM NAME=TEXT VALUE="Hello Doug">
<P>Hello Doug</P>
</APPLET>
```

图 10.20 所示的 HTML 代码生成的网页如图 10.6 所示。关于文档需要注意的一些内容是注释、超链接和内含的图像。

```
<!DOCTYPE html PUBLIC "-//W3C//DTD XHTML 1.0 Transitional//EN"
    "http://www.w3.org/TR/xhtml1/DTD/xhtml1-transitional.dtd">
<html xmlns = "http://www.w3.org/1999/xhtml">
<head>
<title>Test Page for Apache Installation</title>
</head>
<!-- Background white, links blue (unvisited), navy (visited), red (active)-->
 <body bgcolor = "#FFFFFF" text = "#000000" link = "#0000FF" vlink = "#000080"
alink = "#FF0000">
 <p>If you can see this, it means that the installation of the
<a href = "http://www.apache.org/foundation/preFAQ.html">Apache web server</a>
software on this system was successful. You may now add content to this directory and
replace this page.</p>

<hr width = "50%" size = "8" />
<h2 align = "center">Seeing this instead of the website you expected?</h2>

<p>This page is here because the site administrator has changed the configuration of this
web server. Please <strong>contact the person responsible for maintaining this server with
questions.</strong> The Apache Software Foundation, which wrote the web server software
this site administrator is  using, has nothing to do with maintaining this site and cannot help
resolve configuration issues.</p>

<hr width = "50%" size = "8" />
 <p>The Apache <a href = "manual/">documentation</a> has been included with this
distribution.</p>

<p>You are free to use the image below on an Apache-powered web server. Thanks for
using Apache!</p>

<div align = "center"><img src = "apache_pb.gif" alt = "" /></div>
</body>
</html>
```

图 10.20　HTML 文档的例子

10.2.1　漏洞、攻击和对策

1. 基于头部的攻击

HTML 文档有一个复杂的形式自由的头部格式。对 HTML 头部的大多数攻击涉及三个标签：image、applet 和 hyperlink。Hyperlink 标签的漏洞归因于对任何与 URL 不相关的内容设置显示在屏幕上的链接信息的能力。它用于将人们转而引入欺骗性的网站。我们在 HTML 邮件中经常看到这种情况，超链接文本显示 URL 是一家银行，但实际上是其他某处。相同的事情也能在网站中发生，在那里超链接能够误导用户并使他进入并非期望进入的某个地方。超链接不仅能指向其他网站或其他的 HTML 文档，也能指向其他类型的文档，它们或者包含有恶意代码，或者它们自身就是恶意的。例如，超链接可能显示该文档是某种类型（HTML 和 text 等），但实际上它可能是一个可执行文件。即使浏览器询问对一个可执行文件类型如何处理，用户仅仅需要点击"是"，文件就将被执行。这一问题将在关于客户端可执行能力的章节里进行讨论。

image 标签允许网站包含可能存储于另一个网站的图像。然而这并没有说明一个明确的安全漏洞，这能导致保密顾虑。当图像被访问时，Web 服务器能记录那些包含指向此图像的链接的站点。这一信息使 Web 服务器能够追踪用户所访问的地方。这被称之为 Web bug 或 clear gif。这种图像通常是一个 1 像素宽的从另一个站点获得的清晰图像。其他的用于跟踪网络和网络活动的方法将在关于对等和匿名连网的章节进行讨论。

applet 标签能使 Web 服务器将代码下载到你的本地运行的浏览器上。applet 也给 Web 服务器返回数据。当 Java applet 第一次被执行时，Java applet 能读取不应该被访问的文件和数据，这就出现了几个漏洞。它允许攻击者写入能够从运行浏览器的计算机那里抽取数据的恶意代码。如今浏览器已经限制了 Java applet 所能访问的数据。然而，许多用户和机构只是简单地禁止来自于不信任源的 Java applet。

对于 HTML 头部攻击的唯一实际的对策是用户教育。由于大多数的攻击是通过社会工程把用户作为目标，因此阻止他们唯一的方式就是培养教育程度更好的用户。关于 HTML 攻击的最大问题是网站能轻易被欺骗及通过社会工程的方法。我们需要教育用户一般情况下如何应对这些攻击，而反对聚焦于某个特殊的例子。

2．基于协议的攻击

从需要消息交换才能发挥作用的意义上说，HTML 不是一个协议。在某种意义上，由于使用 HTML 协议，我们能够将基于头部的许多攻击归类为基于协议的攻击。一种基于协议的攻击是 HTML 代码设计者将信息嵌入到 HTML 文档中，另一类是以注释的形式或者以固定值传递到服务器端运行。因为 HTML 代码在被浏览器处理时是用清晰的文本表示（即使它通过加密信道被转换了），所以能显示 URL 所指页面的任何人都能读到源代码。有这样的案例，攻击者修改网页并从本地上载，使用该网页给 Web 服务器发送虚假的信息。最为著名的案例是攻击者使商品的价格嵌入 HTML 文档中的修改过的网页。通过在 HTML 文档中改变价格，攻击者能够以极低的价格买到商品。

3．基于验证的攻击

HTML 并不直接支持验证，因此没有基于用户验证的漏洞。由于大多数的网站没有被验证，唯一的验证问题是主机到用户的验证，这使网站进行电子欺骗成为可能。前面讨论的基于证书的验证能帮助 Web 服务器验证，但是由于许多网站没有被加密，这也不能解决问题。

4．基于流量的攻击

基于流量的唯一漏洞是流量嗅探，前面已经讨论过这个问题及其对策。

定　义

HTML APPLET 标签

　　HTML 中的一条允许在文档中插入 Java applet 的指令。

HTML img 标签

　　HTML 中的一条允许在文档中插入图像的指令。

HTML URL 标签

　　HTML 中的一条允许在文档中插入 URL 的指令。

超文本标记语言（Hypertext Markup Language，HTML）

　　使用于万维网中的文档的格式规范。

Web bug/clear gif

　　被嵌进网页的小图像，用来指出网页被访问的时间。

10.3　服务器端安全

　　如图 10.3 所示，Web 服务器可以从可执行程序那里得到数据，URL 可以指向一个在服务器上被运行的程序。因此，HTML 文档能导致代码在服务器上执行[18~27]。目前使用最多的方法称为公共网关接口（Common Gateway Interface，CGI），它不是编程语言，却是定义一个程序如何与 Web 服务器进行连接的标准。CGI 程序能够是不带参数的自包含的，或是通过 URL 或 HTTP POST 指令而传递的参数。CGI 程序的输出是 HTML 代码，CGI 程序也能与其他运行在本地服务器或其他服务器上的应用程序产生接口。图 10.21 所示就是一个 CGI 程序如何与浏览器、Web 服务器和其他应用程序交互的示意图。

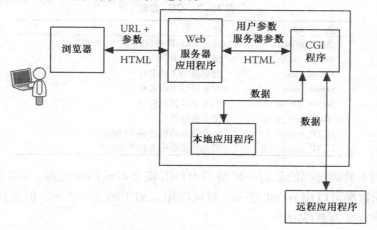

图 10.21　CGI 与其他程序的交互

　　如图 10.21 所示，浏览器发送一个 URL 作为 CGI 脚本的调用，这个调用包含通过 URL 或 POST 指令来传递的参数，两种方法的示例如下所示。如果 URL 是 HTML 文档的一部分，那么服务器端的脚本将要被激活，而不必通知用户。

```
http://www.iseage.org/cgi-bin/program.pl?name = Doug; state = IA
```

　　上面的例子说明了脚本 program.pl 带有两个参数（name 和 state）被激活，每一个参数都有数值(Doug 和 IA)，问号将到达可执行程序的路径与参数域分开，分号用于区分参数。对于 HTML 文档，当参数固定时，这种方法很好。然而，如果用户需要输入参数，那么就会在 HTML 文档中用到 FORM 标签，如下所示：

```
<FORM ACTION="/cgibin/program.pl">
Your Name: <INPUT NAME=name><BR>
Your State: <INPUT NAME=state><BR>
<INPUT TYPE=SUBMIT>
</FORM>
```

这些 HTML 指令将生成两个文本输入框：You Name:和 Your State:，和一个 Submit Query 按钮。当用户按下该按钮时，输入到文本框的值将被输入到 URL 并提交到 Web 服务器。另外，可以使用 POST 方法向 CGI 程序发送数据。

除了从用户那里向 CGI 脚本传递参数以外，有些参数是从 Web 服务器那里传递到脚本的。表 10.9 列出了一些这样的参数，这些参数是为 CGI 脚本准备的。

一旦通过参数激活了 CGI 脚本，脚本无须附加的交互就能够运行，也能关闭另一个程序。CGI 脚本也能与远程应用程序(例如数据库服务器)进行通信。CGI 规范没有包含在 CGI 脚本和其他应用程序之间的交互。这种与其他应用程序的交互允许数据从浏览器传递到应用程序，这些数据对于浏览器或任何人来说，通过网络通常情况下可能并不能访问到。例如，可以产生一个 CGI 脚本，通过调用服务器上的某个程序，把文本文件的内容显示到屏幕上。即使 CGI 脚本携带固定参数嵌入 HTML 文档，攻击者也可能推测出 CGI 脚本的位置并将它自己的参数传递到脚本，请求存储在计算机上的任何文件的内容。

表 10.9　CGI 参数

名　　称	功　　能
Query_string	通过 URL 传递到脚本的字符串
Remote_address	浏览器的 IP 地址
Remote_host	浏览器的主机名称
Server_name	服务器的主机名称
Server_software	Web 服务器软件
HTTP_user_agent	浏览器软件
HTTP_referer	包含链接的机器的 IP 地址
HTTP_accept	浏览器接受的文档类型列表

对于 CGI 脚本处理过程的最后一步是用 HTML 将文本送回浏览器。CGI 脚本从其他应用程序那里得到的数据可以用 HTML 表示，也可以用未加工的文本表示，但在这种情况下，CGI 脚本需要将数据转换为 HTML。

10.3.1　漏洞、攻击和对策

1. 基于头部的攻击

由于 CGI 脚本从网络接受参数，因此缓冲溢出就是一个常见的问题。CGI 脚本经常提供到应用程序的网络访问，而这些应用程序并不是为网络访问而设计的，这一事实使得缓冲溢出这一问题变得更加复杂。例如，应用程序可能被设计用于从键盘读取数据，并假设输入被操作系统限制在一个固定大小的范围内。当 CGI 脚本激活应用程序时，它将所接受的数据从网络传递到应用程序。这将绕过操作系统所强制的大小限制，并导致在应用程序中的缓冲溢出。

由于 CGI 脚本经常是使用不强制缓冲保护的语言编写的，因此易于受到缓冲溢出攻击。当使用 CGI 脚本访问应用程序时就会暴露出另一个漏洞，就是应用程序可能没有强制性的参数类型检查，因此 CGI 脚本可以给应用程序传递无效的参数。当 CGI 脚本用于访问应用程序时，例如拥有自己的检查参数的应用程序前端的数据库，就会发生这个问题。CGI 脚本可能绕过前端直接访问应用程序。

另一个常见的漏洞是当攻击者使用 CGI 脚本访问没有打算被访问的文件或程序时出现的。当在 CGI 脚本中存在错误并且没有限制参数时，漏洞就暴露出来了。

在使用 CGI 脚本时，头部问题不仅与 CGI 脚本有关，也与应用程序有关，这使得减少风险变得很复杂。CGI 脚本应当确认所有输入数据的有效性，当它提供对文件或其他应用程序的访问时，还要给予特别的注意。

2. 基于协议的攻击

由于 CGI 并不是一种真正的网络协议，因此不存在基于协议的漏洞。

3. 基于验证的攻击

主要的验证漏洞不存在于 CGI 脚本本身，而是存在于提供对另一个应用程序验证系统的访问的 CGI 脚本。CGI 脚本能够提供对应用程序验证方法的访问，而它并没有被设计来接受基于网络的验证。此外，编写得蹩脚的 CGI 脚本可能把用户验证作为参数在 URL 中传递，这使攻击者自动密码猜测变得更容易。通过 CGI 脚本的良好设计和正确使用应用程序验证可以缓解这种攻击。

另一种类型的验证漏洞是客户没有办法去验证 Web 服务器或去获知服务器端的可执行程序是否正被使用。来自于服务器端可执行程序的针对实际浏览器的威胁很小，但是它们能被用来收集关于用户的数据。然而，既然 CGI 脚本所自动收集的大多数数据也被 Web 服务器所收集，因此 CGI 脚本并不比任何其他网络活动提供更多的秘密威胁。唯一例外的秘密威胁是 CGI 脚本是否从用户那里请求用户不应当发布的信息，例如社会安全号等。

4. 基于流量的攻击

没有因 CGI 脚本的使用，而引发额外的基于流量的攻击。

定　义

通用网关接口（Common Gateway Interface，CGI）

　　通过 URL 传递输入参数到服务器端可执行程序的一种方法。

服务器端可执行程序

　　运行在 Web 服务器上并回应 Web 服务器用户动作的一种程序。

10.4　客户端安全

除了 HTML 文档以外，浏览器还能够处理其他文档类型，包括图像、字处理文件和可执行文件[28~38]。图 10.22 所示为文档被浏览器处理的各种方式。

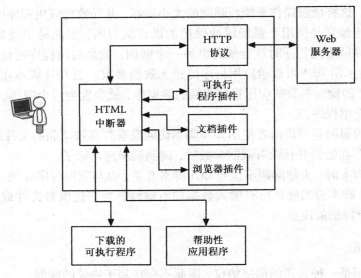

图 10.22　客户端可执行程序

　　如图 10.22 所示，浏览器经常需要使用插件，它是一种能使浏览器处理各种文档类型的可执行程序。插件常常由第三方编写以使得软件对于其他人是可用的，许多第三方是个人，而不是公司。根据所处理文档的类型，插件可以分类。可执行插件处理在浏览器上执行的代码，如 Java applet。文档插件处理其他文档类型，如 PDF 文件。浏览器插件处理其他文档类型的显示，如图像、音频或实时图像。有时文档需要通过外部应用程序（例如字处理器）来浏览。

　　除了浏览各种文档以外，浏览器自己能执行服务器所发来的代码。在图 10.22 所示的所有情况中，Web 服务器正提供文档和可能的可执行代码，该可执行代码是在其他程序的帮助下由浏览器来处理的，一些文档自动地被浏览器处理并作为 HTML 文档的一部分执行。作为 HTML 文档的一部分而被执行的客户端可执行程序中最常见的例子就是 Java applet。

　　用户点击超链接的结果是下载大多数客户端可执行程序并将其传递到另一个应用程序。在这些情况中，如果文档由插件处理，那么浏览器将不提示用户，而直接处理文档。如果文档由一个帮助性应用程序打开或者由操作系统执行，则浏览器将询问用户是否确定要下载这个文件。一般用户有三个选择：下载该文档到一个文件，打开或执行该文档或者取消操作。

　　客户端安全的另一个问题是对 cookie 的使用。cookie 是通过 Web 服务器而被储存在有浏览器的计算机上的小片数据信息。它所包含的由服务器放置在那里的数据可由服务器读回去。由于 HTTP 是无状态的，因此 cookie 很有用，这意味着当你浏览一个站点时，就将包含多重连接。由于每一个 HTTP 连接都是独立的，因此 Web 服务器没有办法将用户连接到他去过的地方。一个 Web 站点想要跟踪用户，可以将 cookie 存储到浏览器的计算机上，cookie 通常包括显示用户身份的用户标识。当你浏览网站时，或者通过重写 cookie，或者通过维护网站上的按用户 ID 索引的数据库，cookie 可以用来记录你所做过的事情。cookie 提出的不仅是一个安全问题，更是一个隐私问题。当用户访问网站时，cookie 被用来跟踪用户。如果网站在其站点上放置一个来自于广告交换所（advertisement clearinghouse）的广告，如果用户点击这一广告，那么 cookie 就能够记录哪些广告被用户点击。cookie 的安全问题已经争论了数年了，在 cookies 的早些时期，任何 Web 服务器都能够读取其他网站所放置的所有 cookie。现在 cookie 被保护了以至于 Web 服务器只能读取其所放置的 cookie，然而这是基于主机名称和 IP 的，所以并非完全安全。与 cookie 相关的另一个问题是当公共计算机被用于访问互联网时，cookie 和其他的浏览器历史记录将被更新。稍后来的另一个用户能够看出其他用户曾经访问过的站点。这个问题将在有关对等和匿名互联网的章节里进行更为详细的讨论。

10.4.1　漏洞、攻击和对策

1. 基于头部和协议的攻击

由于没有头部或协议，且它超出了曾经讨论过的内容，所以没有基于头部和协议的漏洞。

2. 基于验证的攻击

大多数的客户端可执行程序没有被验证，这可以导致恶意代码的产生。我们需要分别讨论三种文档类型中的每一种，以理解安全漏洞。回顾图 10.22，我们可以看出恶意文档可被插件（一种帮助性应用程序）处理，或者在有浏览器的计算机上运行。

由于插件是自动被处理的，并且用户有时甚至不知道插件已经被激活，因此插件攻击可能是最难侦察和减少的。在文档和浏览器插件中，并没有多少漏洞，但是如果有漏洞，那么就可能很难解决，因为插件是第三方编写的。例如，Java 可执行插件在最初的设计中就有好几个安全漏洞，且大多数漏洞与它访问计算机上的文件和向互联网上的其他计算机发送数据相关。现在 Java 被锁定在被限制访问的文件和它所能连通的地方。浏览器能被设置成只允许可执行插件在某一站点范围内运行，要是用户许可，当然可以在所有站点运行。当一个 Java applet 被激活时，通常是禁止其运行或者提示用户。有一些网站除非允许 Java applet，否则不可以运行它。

与帮助性应用程序相关的漏洞是与帮助性应用程序相关的。已经有攻击字处理器的宏病毒，并且 Web 是传播这一病毒的一个途径。然而，电子邮件似乎是传播帮助性应用程序攻击的首选途径。

通过 Web 下载的可执行文件是最大的客户端威胁。Web 提供了一个下载可执行文件的容易方法，这些文件中能包含恶意代码，如特洛伊木马、侦探工具和键盘记录器。恶意代码能被植入其他应用程序，但实际执行的是恶意代码要做的事情。然而被这些可执行程序所利用的漏洞并不是基于网络的，网络使代码能被下载，Web 使下载变得很容易。有时能够使用电子邮件将人们引导到有恶意代码的网站。通过使用电子邮件来怂恿某人到一个网站，并使用社会工程使他确信下载并执行一个程序，攻击者能够绕过电子邮件病毒扫描程序。对于这些攻击最好的解决办法是用户教育和好的客户端安全技术，例如本地病毒扫描程序和个人防火墙。部署基于网络的解决技术来应对客户端攻击是很困难的，原因是数据传递能被加密而且可能的攻击方式是多样的。

3. 基于流量的攻击

除了嗅探漏洞之外，与客户端可执行程序相关的基于流量的漏洞是不多的，尤其在客户端下载量较少的情况下。但在客户端可执行程序产生巨大流量时，会导致网络问题的出现。例如，提供实时的股票市场信息或实时的气候数据的插件和网站，服务器将产生到客户端插件的巨大的流量。用户教育和公司政策可以帮助缓解流量规模问题。另一个方法就是通过提供超量的数据来阻塞对某些网站的访问。下一节会将其作为一个一般的 Web 对策进行讨论。

定　义

浏览器插件

附加在 Web 浏览器上的一个应用程序，它是为处理非 HTML 数据而设计的。

cookie

通过 Web 服务器存放在运行浏览器的计算机上的文件。这些文件可以被 Web 服务器用于帮助跟踪用户在网站上的活动。

帮助性应用程序

由浏览器调用来处理数据的应用程序，这些数据不能被浏览器或浏览器插件处理。

Java applet

一种 Java 可执行程序，由 Web 服务器下载并由浏览器作为 Java 插件来运行。

10.5　常用 Web 对策

万维网有两个活跃的网络组件：Web 服务器和浏览器。对于基于网络的对策，两者有不同的设置要求。服务器需要保护以防针对 Web 服务器应用程序和实际服务器的攻击。对于 Web 服务器，常用的网络对策与保护网络免受攻击的对策具有相同的类型，后面的章节将对此进行讨论。

在客户端必须保护用户免受攻击，这类攻击经常是用户行为所至。如本章前面所述，用户能被指引到欺骗性的网站，并被骗下载恶意代码，也能被诱惑怂恿进入不适宜的网站。保护用户的一个方法就是使用 Web 过滤以阻止用户进入有害的地方，或者阻止用户传递不应当传递的文件[39~46]。为了阻止用户进入不适宜的网站，安装了许多过滤器。因此这已经不是一个真正的安全问题了。然而，Web 过滤器能够使用户远离因恶意代码而引起安全陷阱的站点。有两类网络过滤器：URL 过滤器和内容过滤器，两者可以部署在同一台设备上。

10.5.1　URL 过滤

客户端 Web 保护的早期方法之一就是使用 URL 过滤器，它控制用户可访问的网址。URL 过滤器的判断依据是基于最终目的地址或被请求的网址。URL 过滤有三种主要的方法：客户端、代理服务器和网络，并且每一种方法都部署一个禁止访问站点的黑名单或一个仅由能被访问站点组成的白名单。对于任何基于黑名单的过滤器，最大的问题是保持名单更新，这是非常困难的，劳动强度很高。如果名单要保持最新，名单提供者将需要不间断地搜索互联网以寻找与过滤标准匹配的 URL。典型的做法是名单提供者将过滤名单上的 URL 进行分类，终端用户可以选择阻止哪一类网址，URL 数据库通常只包含 URL 的哈希值，而不是实际的网址。这样做是为了加速搜索并减少存储需求，也是为了保护名单提供者的（网址名单）知识产权。

典型的情况是将客户端过滤器作为一个软件楔子进行部署，软件楔子被插入网络协议栈，监控所有的 Web 流量。图 10.23 所示的就是软件楔子的可能位置。

将过滤器放入协议栈，用户禁止它就很困难了。在协议栈的准确定位依赖于过滤器的部署。如图 10.23 所示，过滤器既可以有本地站点数据库，也可以有远程数据库，远程数据库在查询之前要允许连接。

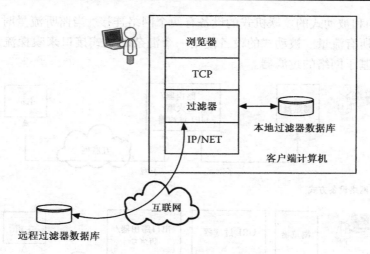

图 10.23　客户端网址过滤器

　　基于代理服务器的过滤器使用 Web 代理服务器，它负责处理来自浏览器的 Web 请求，并从互联网或本地高速缓存检索文档。Web 代理服务器是为减少网络流量和加速请求而设计的，因为它缓存了请求的应答。为了使用 Web 代理服务器，浏览器需要被告知它应当向代理服务器索求 URL。图 10.24 所示为在浏览器、代理服务器和远程网站之间的交互。过滤器数据库可以部署在代理服务器中或者位于远程，但感觉上好像和客户端过滤器是在一起的。

　　从图 10.24 可以看到，浏览器给包含文档网址的代理服务器发送一个 HTTP 请求，其使用的 IP 地址是代理服务器的 IP 地址。这与通常的 HTTP 请求是不同的，这里的 IP 地址是包含文档的目标主机的 IP 地址。代理服务器然后给最终主机发送一个 HTTP 请求，回应被缓存并返回到浏览器。如果 URL 与过滤器规则发生冲突，那么代理服务器返回一个网页，指出用户请求的网址不允许或不存在。就像我们将在关于匿名互联网的章节中看到的，由于每个使用代理服务器的客户端获得的返回地址是相同的，因此代理服务器也能用于帮助隐藏客户端。

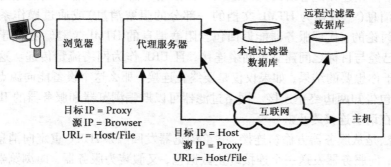

图 10.24　Web 代理服务器过滤器

　　基于网络的 URL 过滤器部署在网络的出口点并检查通过网络的流量。与基于客户端或基于代理服务器的方法不同，它没有必要改变客户端。基于网络的方法能将它作为一个网络设备（例如路由器）一样进行部署，有时作为防火墙的一部分。在这种情况中，这个设备需要有 IP 地址，还将路由数据包。基于网络的过滤器也能作为一个透明设备部署。这个透明设备实际上并不传递流量，它嗅探网络上的流量并决定连接是否应当被终止。有两种类型的透明网络过滤器:联机的和被动式的。联机式的设备有两个网络连接,当监听流量时,从一个端口向另一个端口传递所有流量。被动式的设备使用一个混杂的模式接口来嗅探流量。图10.25所示为三个不同的基于网络的过滤器。

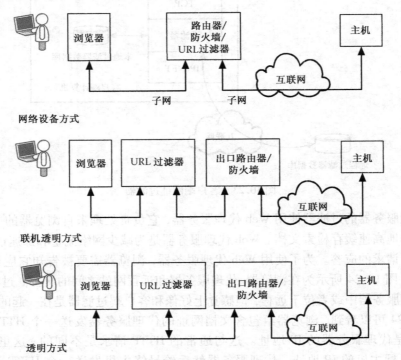

图10.25　基于网络的 URL 过滤器

　　这三种方式都能使用本地数据库或远程数据库。在基于网络的过滤器与基于客户端或代理服务器的过滤器之间的另一个不同之处是用来停止连接的方法。在基于代理服务器或客户端的过滤器中,停止连接是容易的并能返回一条阻塞消息。基于客户端的过滤器可以因网络流量返回阻塞消息(一条作为 HTML 文档的一部分的阻塞消息)或通过操作系统返回一条消息。就像前面讨论的,代理服务器能返回包含阻塞消息的 HTML 文档。在基于网络的过滤器中,源计算机已经与目标之间建立了网络连接,且 URL 作为网络流量传递。这两个主要方法的使用,取决于你想要的结果,如果仅仅是要终止连接,那么这个设备能向源点和终点计算机发送一个数据包告知两边终止连接。网络过滤器可以欺骗浏览器和服务器的 IP 地址,让双方认为是另一方在请求连接终止。

　　另一个方法是从服务器方偷窃连接,并给浏览器发回一条 HTTP 重定向消息。具体做法是假装为客户端,向服务器发送一个连接终止数据包,又假装为服务器,向浏览器发送一条 HT-TP 重定向消息。于是浏览器被改向到一个网页,并告知它做错了什么。图10.26所示为这两种方法和被网络过滤器所欺骗的 IP 地址的值。

　　代理服务器可以设计为绕过基于网络的过滤器,它是通过在浏览器和代理服务器之间使用 SSL 加密流量实现的,这可以通过阻塞代理服务器的 IP 地址来处理。在互联网上用来绕过过滤器并保持匿名的其他方法在第9章进行了讨论。

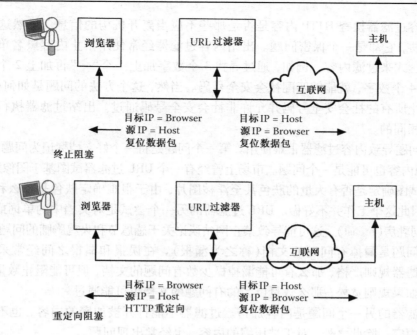

图 10.26   网络连接阻塞

10.5.2   内容过滤

内容过滤更进一步地采纳了 URL 过滤的思想，并试图检验 HTTP 的载荷。内容过滤器和 URL 过滤器的实现是相同的，除了它们通常是网络设备而不是客户端应用程序这一点之外。有些 URL 过滤器也执行内容过滤。有两种主要类型的内容过滤器：入站的和出站的。两者之间的唯一不同点是它们所寻找的内容的类型。

入站内容过滤器主要与基于网络的对浏览器的攻击有关。有一些入站网络内容过滤器也关注于保护 Web 服务器远离无效数据。这些设备像病毒扫描程序一样工作，因为它们审核有效载荷并试图确定有效载荷是否包含恶意代码。由于流量接近于实时的，对于 Web 这就变得更加困难。对于电子邮件，病毒扫描程序能暂存消息，如果没有问题再释放它们。入站内容过滤器与代理服务器一起工作最好，这样它能存储并转发内容，如图 10.27 所示。

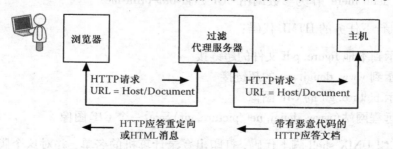

图 10.27   基于代理服务器的内容过滤器

图 10.27 显示了浏览器通过代理服务器对文档的请求，代理服务器下载文档并检查它的恶意代码。如果文档是干净的，就被传递到浏览器。如果文档不是干净的，那么代理服务器或者发送一个空文档或者发送一个重定向指出文档有问题。然而，如果 URL 使用另一个方法来传递文件（例如 FTP），那么 Web 过滤器将不能阻止恶意代码。

出站内容过滤器检查 HTTP 内容是否是那些不应当离开机构的信息。虽然这不是一个直接的安全威胁，它却是一个保密问题。出站内容过滤器经常使用禁止内容黑名单。过滤器也可以使用表达式来过滤内容。例如，通过寻找 3 个数字加上一个"—"再加上 2 个数字再加上一个"—"和 4 个数字，就能够匹配社会安全号码。当然，这个方法的问题是如何构建表达式，使之可以阻止所有的社会安全号码并允许非社会安全号码通过。出站过滤器执行的方式与代理服务器是相同的。

有几个问题导致内容过滤器很难使用。第一个问题是将一个好文档标记为问题文档（称之为误报）。其他内容也可能是一个问题。市场上曾经有一个 URL 过滤器试图基于图像进行封堵，它检验图像并试图确定是否有大量的肤色甚至淫秽图片，由于很难确定肤色是什么和肤色是否属于人类的，因此这个工作并不好做。URL 过滤器的另一个尝试是对文档中的单词或短语进行过滤，例如单词乳房（breast），这可能导致禁止网站谈论关于感恩节和火鸡胸脯的问题。

另一个问题是漏掉有问题的文档（称之为漏报）。在误报和漏报之间经常采取折中的办法。如果过滤器规则严格，那么有可能漏掉极少数有问题的文档，但可能阻止数量巨大的没问题的文档。如果规则宽松，那么数量巨大的有问题的文档也可能通过。

内容过滤器的另一个问题是内容加密。过滤器不能打开被加密的内容，也不能确定是否应当阻止该内容。除此之外，对于被压缩的内容，也经常出现问题。

一般而言，URL 和内容过滤器在网络安全中占有一定位置，并的确能提供一些帮助。它们也应当与用户教育和公司政策结合起来。就像我们已经看到的，单靠技术不能阻止用户去做那些引起安全问题的事情。

课后作业和实验作业

课后作业

1. 给出执行下列事项的 HTTP 指令：

     a. 访问网页"/index.html"

     b. 访问网页"/files/index.html"

     c. 用"hello there"作为参数调用 CGI"/cgi-bin/print-me"

2. 给出执行下任务的 HTML 代码：

     a. 显示到本地 figure.pdf 文件的超链接

     b. 显示到 www.dougj.net 的超链接

     c. 显示 picture.gif 的 GIF 图像

     d. 从远程网站（www.dougj.net/picture.gif）显示一个 GIF 图像

3. 给出 CGI UNIX shell 脚本代码，打印出登录计算机的名单，并对这个脚本是否应当对公众开放加以讨论。

4. 调查万维网的增长情况，包括网页的数量和网站的数量。

5. 研究能够捕获整个网站的软件，并对这类软件使用的优劣加以讨论。

6. 研究扫描 Web 服务器漏洞的软件。

7. 研究 HTML 格式和生成 HTML 的软件。

8. 研究结构化查询语言(Structure Query Language, SQL)注入攻击以及其他服务器端注入攻击。并对如何减少这些攻击加以讨论。

9. 研究各种常用的服务器端脚本语言。

10. 研究客户端攻击,并针对分类学对它们进行比较。

11. 研究与 HTTP 协议和 HTTPS 协议相关的请求评议(RFC)。

12. 研究几个 URL 过滤器公司,并确定他们的 URL 过滤名单的规模和过滤类别的数目,并确定它们是否是基于代理服务器的、基于客户端的或是被动的网络设备。

实验作业

1. 用 TELNET 连接到测试实验室中的 Web 服务器,给出访问主页的命令。

2. 用 tcpdump 或 wireshark 捕获试验室的某台机器与 Web 服务器之间的网络对话。点击 Web 服务器上的几个链接,并对网络捕获及所需连接的数量和数据传输的数量和类型加以讨论。并考察所用的头部和主页的出处及其与网络捕获的关系。

3. 用 tcpdump 或 wireshark 捕获试验室某台机器与 Web 服务器之间的网络对话,点击到密码保护的链接并输入密码。考察网络捕获,寻找并解码密码。

4. 用 tcpdump 或 wireshark 来捕获试验室某台机器与 Web 服务器之间的网络对话,同时捕获试验室某台机器与安全 Web 服务器之间的安全网络对话。对你所看到的及两次捕获之间的差别加以讨论。

5. 考察浏览器证书和 cookie 的内容,并对可以获得的信息及它们如何使用的优缺点加以讨论。

6. 考察测试实验室的 Web 服务器的日志文件。说明这些文件是如何用来帮助保护 Web 服务器的。

程序设计

1. 由 ftp://www.dougj.net 下载文件 spam.tar。用这个程序作为基础,执行下列任务:

   a. 修改程序,用 HTTP HEAD 命令请求头部信息,用参数(-h 主机)传递 Web 服务器的主机地址,用参数(-f 文件名)传递目标文件的文件名。

   b. 用这个程序在 Web 服务器上搜索文件,通过对 index.htm 的检验来测试这个程序。

   c. 说明这个程序如何被用于攻击一个网站。

2. 用由第 5 章所下载的代码和在第 6 章和第 9 章修改的代码,增加代码以执行下列操作:

   a. 解码并打印 HTTP 载荷,用 ASCII 打印载荷。

   b. 向计数器组件中增加计算 HTTP 数据包数量的计数器,在子程序 program_ending() 中增加打印这个计数器值的代码。

3. 编写一段 CGI 脚本,打印已被传递的参数。

参考文献

[1]　Catledge, L. D., and J. E. Pitkow. 1995. Characterizing browsing strategies in the world-wide web. *Computer Networks and ISDN Systems* 27:1065-73.

[2]　Lawrence, S., and C. L. Giles. 1998. Searching the World Wide Web. *Science* 280:98.

［3］　Albert, R., H. Jeong, and A. L. Barabasi. 1999. The diameter of the World Wide Web. Arxiv preprint cond-mat/9907038.

［4］　Vass, J., et al. 1998. The World Wide Web. *IEEE Potentials* 17:33-37.

［5］　Murtaza, S. S., and H. Choong Seon. 2005. A conceptual architecture for the uniform identification of objects. Paper presented at Fourth Annual ACIS International Conference on Computer and Information Science. Jeju Island, South Korea: 100-104.

［6］　Schatz, B. R., and J. B. Hardin. 1994. NCSA mosaic and the World Wide Web: Global hypermedia protocols for the internet. *Science* 265: 895-901.

［7］　Berners-Lee, T., et al. 1992. World-wide Web: The information universe. *Internet Research* 2:52-58.

［8］　Berners-Lee, T. Hypertext transfer protocol. 1996. Work in progress of the HTTP working group of the IETF. < URL: ftp://nic. merit. edu/ documents/internet-drafts/draft-fielding-http-spec-00. txt.

［9］　Fielding, R., et al. 1999. *Hypertext transfer protocol—http/1. 1*. RFC 2616.

［10］　Fielding, R., et al. 1997. *Hypertext transfer protocol—http/1. 1*. RFC 2068.

［11］　Touch, J., J. Heidemann, and K. Obraczka. 1998. Analysis of HTTP performance. ISI Research Report ISI/RR-98-463, USC/Information Sciences Institute. http ://www. Isi. edu/touch/pubs/http-perf96.

［12］　Raggett, D., A. Le Hors, and I. Jacobs. 1999. HTML 4.01 specification. Paper presented at W3C Recommendation REC-html401-19991224, World Wide Web Consortium (W3C). Cambridge, MA.

［13］　Berners-Lee, T., J. Hendler, and O. Lassila. 2001. The semantic web. *Scientific American* 284:28-37.

［14］　Lemay, L. 1994. *Teach yourself web publishing with HTML in a week*. Indianapolis: Sam's Publishing.

［15］　Niederst, J. 2003. *Learning web design: A beginner's guide to HTML, graphics, and beyond*. O'Reilly Media.

［16］　Hendler, J. 2003. Communication: Enhanced: Science and the semantic web. *Science* 299:520-21.

［17］　Pfaffenberger, B., and B. Karow. 2000. *HTML 4 bible*. New York: Wiley.

［18］　Kirda, E., et al. *2006*. Noxes: A client-side solution for mitigating cross-site scripting attacks. In *Proceedings of the 2006 ACM Symposium on Applied Computing*, Dijon, France: 330-37.

［19］　Jiang, S., S. Smith, and K. Minami. 2001. Securing web servers against insider attack. In *Proceedings of the 17th Annual Computer Security Applications Conference (ACSAC 2001)*, New Orleans: 265-76.

［20］　Thiemann, P. 2005. An embedded domain-specific language for type-safe server-side Web scripting. *ACM Transactions on Internet Technology (TOIT)* 5:1-46.

［21］　Xie, Y., and A. Aiken. 2006. Static detection of security vulnerabilities in scripting languages. In *Proceedings of the 15th USENtX Security Symposium*, Vancouver, B. C., Canada: 179-92.

［22］　Minamide, Y. 2005. Static approximation of dynamically generated web pages. In *Proceedings of the 14th International Conference on World Wide Web*, Chiba, Japan: 432-41.

［23］　Jim, T., N. Swamy, and M. Hicks. 2007. Defeating script injection attacks with browser-enforced embedded policies. In *Proceedings of the 16th International Conference on World Wide Web*, Banff, Alberta, Canada: 601-10.

［24］　Yu, D., et al. 2007. Javascript instrumentation for browser security. In *Proceedings of the 34th Annual ACM SIGPLAN-SIGACT Symposium on Principles of Programming Languages*, Nice, France: 237-49.

［25］　Erlingsson, U., B. Livshits, and Y. Xie. 2007. End-to-end web application security. Paper presented at Proceedings of the Workshop on Hot Topics in Operating Systems (HotOS XI). San Diego, CA.

［26］　Huseby, S. H. 2005. Common security problems in the code of dynamic web applications. Paper presented at Web Application Security Consortium. http://www. webappsec. org/projects/articles/062105. TX?

［27］　Kumar, A., R. Chandran, and V. Vasudevan. 2006. Web application security: The next battleground. In *Enhancing Computer Security with Smart Technology*. Boca Raton, FL: CRC Press, 41-72.

［28］　Marchesini, J., S. W. Smith, and M. Zhao. 2005. Keyjacking: The surprising: insecurity of client-side

SSL. Computers and Security 24:109-23.

[29] Jovanovic, N. , C. Kruegel, and E. Kirda. 2006. Pixy: A static analysis tool for detecting web application vulnerabilities. Paper presented at IEEE Symposium on Security and Privacy. Oakland, CA.

[30] Jackson, C. , et al. 2006. Protecting browser state from web privacy attacks. In *Proceedings of the 15th International Conference on World Wide Web*, 737-44.

[31] Kirda, E. , and C. Kruegel. 2005. Protecting users against phishing attacks with antiphish. Paper presented at Proceedings of 29th COMPSAC. Edinburgh, Scotland.

[32] Raffetseder, T. , E. Kirda, and C. Kruegel. 2007. Building anti-phishing browser plug-ins: An experience report. Paper presented at Proceedings of the Third International Workshop on Software Engineering for Secure Systems. Minneapolis, MN.

[33] Jakobsson, M. , and S. Stamm. 2006. Invasive browser sniffing and countermeasures. In *Proceedings of the 15th International Conference on World Wide Web*, 523-32.

[34] Reynaud-Plantey, D. 2005. New threats of Java viruses. *Journal in Computer Virology* 1:32-43.

[35] Fu, S. , and C. Z. Xu. 2006. Mobile code and security. In *Handbook of information security*. Hoboken, NJ: John Wiley & Sons, V. III, Chapter 144.

[36] Tilevich, E. , Y. Smaragdakis, and M. Handte. 2005. Appletizing: Running legacy Java code remotely from a web browser. Paper presented at IEEE International Conference on Software Maintenance (ICSM). Budapest, Hungary.

[37] Adelsbach, A. , S. Gajek, and J. Schwenk. 2005. Visual spoofing of SSL protected web sites and effective countermeasures. Paper presented at Information Security Practice and Experience Conference. Singapore.

[38] Herzog, A. , and N. Shahmehri. 2005. An evaluation of Java application containers according to security requirements. In *Proceedings of the 14th IEEE International Workshops on Enabling Technologies: Infrastructure for Collaborative Enterprise (WETICE ' 05)*, Linköping, Sweden. 178-83.

[39] Kendall, K. E. , and J. E. Kendall. 2002. *Systems analysis and design*. Upper Saddle River, NJ: Prentice-Hall.

[40] Bergmark, D. 2002. Collection synthesis. In *Proceedings of the 2nd ACM/IEEE-CS Joint Conference on Digital Libraries*, 253-62.

[41] Kim, J. , K. Chung, and K. Choi. 2007. Spam filtering with dynamically updated URL statistics. *IEEE Security and Privacy*, 33-39.

[42] Lee, P. Y. , S. C. Hui, and A. C. M. Fong. 2002. Neural networks for web content filtering. *IEEE Intelligent Systems* 17:48-57.

[43] Hammami, M. , Y. Chahir, and L. Chen. 2003. Webguard: Web based adult content detection and filtering system. In *Proceedings of IEEE/WIC International Conference on Web Intelligence (WI2003)*, Beijing, China: 574-78.

[44] Lee, P. Y. , S. C. Hui, and A. C. M. Fong. 2003. A structural and contentbased analysis for Web filtering. *Internet Research: Electronic Networking Applications and Policy* 13:27-37.

[45] Zittrain, J. , and B. Edelman. 2003. Internet filtering in China. *IEEE Internet Computing*, 70-77.

[46] Sugiyama, K. , K. Hatano, and M. Yoshikawa. 2004. Adaptive web search based on user profile constructed without any effort from users. In *Proceedings of the 13th International Conference on World Wide Web*, New York, NY: 675-84.

第11章 远程访问安全

　　自早期计算机诞生以来，对计算资源的远程访问就成为计算机用户的需求。第一个计算机通信系统的设计目标就是支持对大型机的远程访问，通过使用简单的终端设备并依托电话网或专线连接远程用户。远程访问的第二个阶段是依托电话线或专线将个人计算机作为哑终端，由此也导致了终端通信程序(例如 Kermit，ProComm，Qmodem 等[1~3])的激增。随着桌面计算机开始支持连网，远程访问需求从基于专用连接的简单终端访问转换到基于互联网的从一个计算机到另一个计算机的远程访问，这确定了若干支持从一台计算机到另一台计算机的远程终端访问的互联网协议的发展。开发于 1969 年的第一个协议称为 Teletype Network (TEL-NET)，TELNET 协议允许运行 TELNET 客户端程序的计算机连接到运行 TELNET 服务程序的计算机。另一个协议称为 rlogin，它的设计支持远程用户访问，就像 TELNET，它也允许一台计算机上的用户连接到另一台计算机。与 TELNET 不同的是，rlogin 的设计支持基于 UNIX 的计算机及任何被信任的环境。除了 TELNET 和 rlogin(远程登录命令)之外，多年来也开发了支持远程访问的其他协议。另一个重要的协议是 X-视窗操作系统，它允许运行 X-视窗操作系统服务程序的计算机用户连接到远程计算机。用户计算机将显示图形化内容，并且用户能使用一个鼠标作为到远程计算机的接口。对于许多协议来说，安全漏洞是相同的。

　　除了远程终端访问需求之外，也有在计算机之间传递数据文件的需求。连网的早期发展了好几种方法，出现了几种普遍使用的协议。文件传输协议(File Transfer Protocol，FTP)是在互联网上支持文件在不同计算机之间传输的最初协议之一，例如为异种计算机设计的 TEL-NET。另一种协议是 rlogin 命令序列中的一部分，被称之为远程复制协议(Remote Copy Protocol，RCP)，RCP 设计用于在运行 UNIX 的彼此信任的计算机之间复制文件。

　　在过去的 10 年里，新型的文件传输协议出现了，它是为大型网络的计算机用户相互共享数据设计的，协议的设计常常是为了逃避传统的安全设备，这些新网络称为对等网络(peer-to-peer，P2P)。

　　这一章我们将考察远程访问协议，例如 TELNET、rlogin(远程登录命令)和 X-Windows。我们还将讨论几种文件传输协议，包括 P2P 协议。在理解了这些协议及其漏洞之后，我们将探讨常用的对策和几种如今被用来提供安全远程访问的安全协议。

11.1 基于终端的远程访问(TELNET，rlogin 和 X-Windows)

11.1.1 TELNET

　　TELNET 协议定义了运行 TELNET 客户端程序的远程计算机如何与运行 TELNET 服务程序的计算机进行通信[4~13]。TELNET 的设计，使得服务器上的各类应用不必修改就能与客户端 TELNET 应用进行交互。为了允许使用不同字符集的计算机之间彼此互相通信，TELNET 定义了一个网络虚拟终端(Network Virtual Terminal，NVT)字符集。图 11.1 所示为 TELNET 服务程序背后的基本概念及其与应用程序的交互。

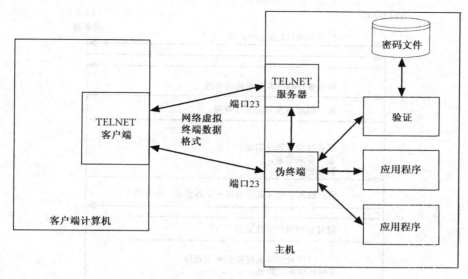

图 11.1　TELNET 服务程序结构

在图 11.1 中，TELNET 服务器接受在端口 23 上的连接，并通过伪终端驱动器将远程 TEL-NET 客户端连接到服务器的应用程序。一般第一个应用程序提供验证并询问用户的用户名和密码。图 11.1 所示为通过服务器上的伪终端和密码文件，与 TELNET 客户端程序进行交互的验证应用程序。只要数据是通过 TELNET 协议传递的，验证应用能使用任何方法去认证用户的身份。如果验证失败，验证应用将中止与客户端的连接。由验证应用来判定验证失败的构成，三次失败的登录尝试就是一个验证失败的例子。

运行在服务器上的应用程序与伪终端驱动程序之间的交互就好像终端被直接连接到服务器。在服务器应用方，这种方式没有修改的必要。TELNET 协议是基于终端的应用而设计的，并不适合于基于图形的系统(例如微软的 Windows 操作系统)。有一款运行在 MS Windows 操作系统上的 TELNET 客户端程序可被连接到基于终端的计算机，这就是 UNIX 操作系统。

图 11.2 所示为 TELNET 客户端与服务器应用程序之间如何进行交互，它允许一个用户连接到远程计算机。

就像图 11.2 所示，TELNET 客户应用程序通过端口 23 连接到 TELNET 服务器应用程序。客户所输入的字符被转换成 NVT(7 位 ASCII 码)并发送至服务器，在这里它们被变换为服务器本地字符集并传递至应用程序。为了使用户感觉是直接连接到服务器应用程序，一般地，TELNET 将输入的每一个字符作为一个单独的数据包利用传输控制协议(TCP)的 PUSH 数据包(在第 7 章已经讨论过)进行发送。TELNET 客户依靠服务器端回应用户所输入的每一个字符，这就要求尽快传送每一个字符，且不等 TCP 流缓冲区注满。除了通过 TELNET 连接传送用户数据以外，TELNET 使用同一连接来传递在最初连接期间所用到的控制信息，这些控制信息也用于传递从客户到服务器的特殊字符。TELNET 命令也是字符，但它们的上位设置为 a1，表 11.1 所示为部分 TELNET 命令和选项。

指令 BRK、IOP 和 EC 用于以标准数据流处理客户与服务器之间字符解释的差异。例如，EC 指令允许客户使用控制字符 h 作为回退键，而服务器端使用删除字符作为回退键。当用户按下 h 控制键时，TELNET 客户程序就发送一个 EC 指令，服务器端截取并转换成删除字符。

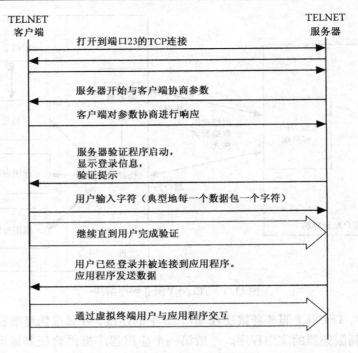

图 11.2　TELNET 客户–服务器交互

表 11.1　TELNET 指令

值	缩　写	指　令
		TELNET 指令
240	SE	子协商结束
241	NOP	无操作
242	DM	数据标记(流同步字符)
243	BRK	中断
244	IOP	中断处理
247	EC	删除字符
250	SB	开始子协商
251	WILL	协商指令(发送者想要激活选项)
252	WON'T	协商指令(发送者不想激活选项)
253	DO	协商指令(发送者希望另一方激活选项)
254	DON'T	协商指令(发送者不希望另一方激活选项)
255	IAC	将下列字符解析为指令
		TELNET 选项
ID	RFC	描　述
0	856	二进制传输
1	857	回应
5	859	状态
24	930	终端类型

除了数据流指令之外，TELNET 也使用一个简单指令响应协议来协商(通过使用表 11.1 所示的协商指令)初始参数。默认状态下，TELNET 客户并不开始参数协商，只是建立一个不发送任何数据的连接。TELNET 服务器开始参数协商，如表 11.2 所示。

表 11.2　TELNET 数据流

方　　向	数　　据	注　　释
C←S	0xff 0xfd 0x01	IAC, 执行回应(请求客户端回应)
	0xff 0xfd 0x22	IAC, 执行行模式(请求客户端一次发送一行)
	0xff 0xfb 0x05	IAC, 设置状态(服务器希望发送状态信息)
C→S	0xff 0xfb 0x01	IAC, 设置回应(客户端希望发回应字符)
	0xff 0xfc 0x22	IAC, 不执行行模式(客户端不执行行模式)
	0xff 0xfe 0x05	IAC, 不发送状态(客户端不要服务器发送状态信息)
C←S	0xff 0xfe 0x01	IAC, 不回应(告知客户端不要回应)
	0xff 0xfb 0x01	IAC, 设置回应(告知客户端-服务器要回应)
C→S	0xff 0xfc 0x01	IAC, 不回应(告知服务器–客户端不要回应)
	0xff 0xfd 0x01	IAC, 执行回应(告知服务器可以回应)
C←S	\r\n login:	发送验证应用提示
C→S	j	用户名的第一个字符
C←S	j	字符的回应
		重复直到按下回车键
C→S	\r\n	发送回车键 + 换行键
C←S	\r\n	回应回车键 + 换行键
C←S	Password:	发送验证应用提示
C→S	p	密码的第一个字符(服务器将不回应)
		重复直到按下回车键
C→S	\r\n	发送回车键 + 换行键
C←S	\r\n	回应回车键 + 换行键
C←S		用户现在处于连接状态,服务器应用程序将发送消息

　　正如表 11.2 所示,TELNET 服务器请求激活几个参数,客户端回应,一旦协商完成,TEL-NET 服务器连接到验证应用程序,应用程序用验证消息回应客户。我们知道验证期间客户端按照一个字符一个数据包发送,服务器要给客户端回应字符。注意,当有一个较长的消息时,服务器可以响应每个数据包多个字符。还要注意应用程序对客户端的密码并不回应。

11.1.2　rlogin

　　TELNET 最初的设计是为了连接异种客户端和服务器计算机,并不直接支持任何用户或主机验证。TELNET 简单地将客户和服务器应用程序连接起来,依赖服务器验证用户。1983 年一种新的终端程序 rlogin 随着 BSD4.2 UNIX 一同发行[14~20]。rlogin 的设计允许可信的 UNIX 机器与其他可信的 UNIX 机器进行无须用户验证或很少用户验证的连接。不像 TELNET, rlogin 协议支持验证。用户验证是基于客户端机器的 IP 地址、客户端用户的用户名和服务器用户的用户名。如果这三个参数被认为是可信的,那么客户端用户无须密码就被登录入服务器计算机。如果有任何一个参数是不可信的,那么就要求密码,并有一个提示要求输入密码。图 11.3 所示为 rlogin 过程的结构和 rlogin 运行所需的配置文件。

　　图 11.3 所示为一个监听端口 513 的 rlogin 服务器正等待客户的连接。当一个客户来连接时,它向服务器发送本地用户名、远程用户名和终端类型。rlogin 服务器在 hosts.equiv 文件和 .rhosts 文件上查找本地用户以确定在远程计算机上的远程用户是否应当被信任。hosts.equiv 文件能授权对系统范围内的未经验证的访问。如果 hosts.equiv 文件没有授权访问,那么位于本地用户目录里的.rhosts 文件被检查;如果远程用户是值得信任的,那么他或她就被连接到 UNIX shell。图 11.4 所示为由 rlogin 服务器确定远程用户信任过程的流程图。

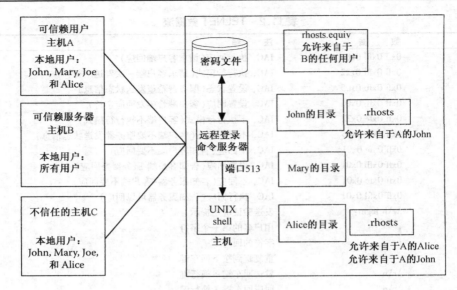

图 11.3　rlogin 结构

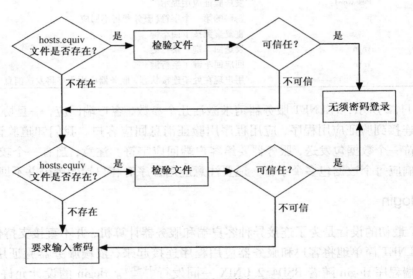

图 11.4　rlogin 服务器信任流程图

　　图 11.3 所示为信任机制的一个例子。rlogin 服务器正监听端口 513 等待 rlogin 客户的连接。三个远程计算机(A，B 和 C)中，机器 A 和机器 C 都有 4 个相同的用户(John，Mary，Joe 和 Alice)。既然服务器上的每一个有效用户都无须验证(被信任的用户)，hosts. equiv 文件的设置允许来自于主机 B 的任何用户去登录服务器。服务器有三个用户(John，Mary 和 Alice)，John 和 Alice 都有一个配置的.rhosts 文件。rlogin 服务器依赖用户本地计算机的验证支持对服务器的可信赖的验证。换句话说，rlogin 客户将客户端上用户的用户名当成协议的一部分发送，且服务器信任客户端提供的经本地验证的用户提供的用户名。表 11.3 所示为远程客户端用户、远程主机和服务器用户的可能组合，以及所得到的可信任的相互关系。

　　如果可信任客户端机器上的用户可信任而作为服务器上的一个用户去登录，那么服务器将不要求密码。当用户输入 rlogin 密码时，他接收到来自于服务器的一个命令提示，如果客户机器上的用户不被信任，那么提示用户输入密码。

表 11.3　rlogin 信任示例

客 户 主 机	客户端用户	服务器端用户	结　　果
	John	John	信任
		Mary	不信任
		Alice	信任
	Mary	John	不信任
		Mary	不信任
A		Alice	不信任
	Joe	John	不信任
		Mary	不信任
		Alice	不信任
	Alice	John	不信任
		Mary	不信任
		Alice	信任
B	任何用户	任何用户	信任
	John	John	不信任
		Mary	不信任
		Alice	不信任
	Mary	John	不信任
		Mary	不信任
C		Alice	不信任
	Joe	John	不信任
		Mary	不信任
		Alice	不信任
	Alice	John	不信任
		Mary	不信任
		Alice	不信任

　　就像我们在上面的例子中所看到的，用户不需要输入任何用户信息到 rlogin 命令。rlogin 客户发送客户端用户、服务器用户和终端类型信息作为初始信息的一部分。发送终端类型，是让服务器应用程序知道在客户端上正在运行的终端的类型。初始协议交换如图 11.5 所示，表 11.4 所示为对于可信和不可信用户的数据流。

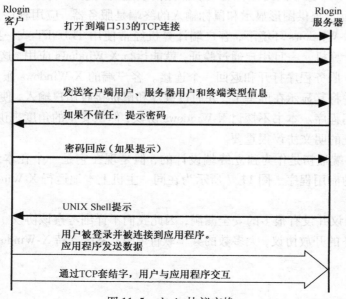

图 11.5　rlogin 协议交换

表 11.4　rlogin 数据流

方　　向	数　　据	注　　释
C→S	John 0x00	客户端用户名
	John 0x00	服务器端用户名
	xterm\34800 0x00	终端类型和速率
		如果要求验证(用户不可信)
C←S	Password:	密码提示
C→S	p	密码的第一个字符(服务器不回应)
		重复直到按 Enter 键为止
C→S	\r	发送回车键
C←S	\r\n	回应回车键 + 换行键
		如果验证成功或用户被信任
C←S	Data from server	用户现在外在连接状态且服务器将显示 UNIX shell 提示

输入密码的提示和回应作为数据流的一部分处理，而不作为初始协议交换的一部分，同样，密码交换使用明文。

一旦用户通过 rlogin 连接，客户端输入的所有字符不经修改就送到服务器，且服务器发送的所有字符由客户端原样接收，和 TELNET 不同，rlogin 不转换字符。

11.1.3　X- Windows

TELNET 和 rlogin 允许远程用户作为远程终端连接到计算机，这就限制远程用户只能是命令行或简单图形方式的应用类型。TELNET 和 rlogin 协议都给到远程服务器发送终端类型，这样远程应用程序才能操控远程终端。由于终端在性能上有不同，这使得产生图形应用很困难。

为了解决这个问题，称为 X-Windows 的支持图形应用协议在 1984 年研制出来了[21~26]。X-Windows 背后的思想是定义一个图形命令标准集，由应用程序用来控制图形显示和接收键盘与鼠标输入。X-Windows 协议允许应用软件程序员产生与终端无关的图形用户界面。X-Windows 定义了一个最小的终端特性集以满足高质量的图形用户界面(见图 11.6)。

如图 11.6 所示，提供图形显示和鼠标输入的终端是服务器，应用程序是连接到显示器的客户端。在远程 X-Windows 环境下，客户端计算机经常使用 TELNET 或一些其他的远程访问协议连接到远程计算机。一旦用户通过验证，就能运行 X-Windows 应用，这个应用给客户端计算机的 X-Windows 服务程序打开和返回一个连接。客户端的 X-Windows 服务程序从应用程序接收图形化指令并将其显示在屏幕上，并通过键盘和鼠标接收用户输入，使用 X-Windows 协议将信息发回至应用程序。本书不探讨 X-Windows 协议，但从安全的角度来讲，知道它是一个有限制性的主机验证的明文协议很重要。

X-Windows 终端最初是作为独立终端设计的，但是现在它是一个在本地计算机或远程计算机上都能运行的应用程序。图 11.7 所示为在同一主机上本地运行 X-Windows 服务程序作为应用程序的案例。

X-Windows 协议并没有很多的安全漏洞，因此我们不详细考察该协议，它是一个具有几个商业和公共域服务的开放协议，大多数的共享软件 UNIX 系统支持 X-Windows 作为主要的图形用户界面。

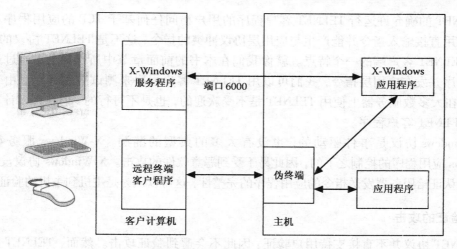

图 11.6　X-Windows 远程结构

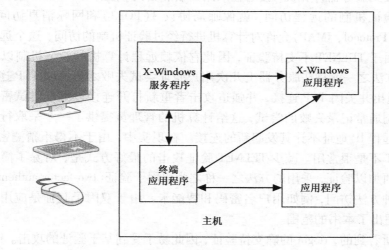

图 11.7　X-Windows 本地结构

11.1.4　漏洞、攻击和对策

即使 TELNET 和 rlogin 协议简单的，也有几个涉及验证的漏洞。X-Windows 也有验证漏洞，但是它复杂得多，因为服务程序运行在用户的计算机上。

1. 基于头部的攻击

TELNET 和 rlogin 没有任何头部，因此不会受到基于头部的攻击。X-Windows 协议的确有头部和相当复杂的编码方案，X-Windows 易于受到缓冲区溢出攻击。缓冲区溢出能影响客户应用程序和 X-Windows 服务程序。近年来在不同的 X-Windows 服务程序中已发现了几种缓冲区溢出漏洞。

2. 基于协议的攻击

TELNET 和 rlogin 采用的协议很简单，在初始连接之后，只不过是一个基于 TCP 流服务从客户端到服务器之间的直接连接。

TELNET 的确允许运行 TELNET 客户程序的用户访问任何基于 TCP 的应用程序。用户能向一个应用直接输入指令并能产生与应用层协议冲突的指令，这不是 TELNET 协议的漏洞，而更像是 TELNET 客户端的一个特点。就像我们在本书的前面章节中所探讨的，通过直接连接到应用程序并发布应用层指令，我们可以用 TELNET 客户程序来测试应用程序。由于这个原因，即使在大多数服务器上使用 TELNET 是不受欢迎的，也是不可行的，但在许多计算机上可以发现 TELNET 客户程序。

X-Windows 协议是事件驱动的，也没有太多的典型的漏洞。X-Windows 服务程序是在 X-Windows 应用程序的控制之下的，因此易于受到恶意软件的攻击。X-Windows 协议没有嵌入任何东西来认证给服务器发送指令的应用程序的完整性，这可以认为是主机到主机的验证问题。

3. 基于验证的攻击

TELNET 协议并不直接支持用户验证，因此不会遭到验证攻击。然而，TELNET 服务器允许远程用户连接到服务器计算机，接着输入用户名和密码，这样，TELNET 就提供了到服务器计算机的经过验证机制的远程访问，就像邮局协议 3（POP3）和网际消息访问协议（Internet Message Access Protocol，IMAP）允许对计算机进行经过验证机制的访问，这个远程访问可以用于密码猜测。由于 TELNET 不支持验证，因此它依赖远程计算机的验证机制以保护自己免受攻击，采用的方法之一就是在服务器上几次用户验证尝试失败之后关闭 TCP 连接，这就导致 TELNET 客户退出并关闭 TCP 连接，并强迫攻击者重新打开连接以继续尝试密码。服务器计算机的验证机制通常记录失败的尝试，这给计算机的管理员提供了一个采取行动的机会。管理员经常阻塞远程 IP 地址不让其发起新的连接。在现实中，由于不得不猜测密码，对于攻击者而言 TELNET 不是很常用。减少 TELNET 验证攻击的最好方式是，对除了简单的用户名和密码以外的东西加以验证，采用的方法之一称之为双因子验证（two-factor authentication），它希望用户使用两种方法访问，例如用户名密码和智能卡。由于双因子验证是应用程序或主机的职责，因此它超出了本书的范围。

就像我们所看到的，rlogin 的确支持验证，因此易于受到基于验证的攻击。rlogin 服务器使用 IP 地址和用户名来检验远程用户的身份，如果远程用户不被信任，那么 rlogin 要求提供密码。如果远程用户可以信任，那么在网络中攻击者能使用 rlogin 来获得从一台被盗取信任的主机到另一台主机的访问。由于客户端提供了客户端方用户的身份作为协议交换的一部分，因此 rlogin 服务器也易受到电子欺骗的攻击，这允许一个恶意客户在协议消息中放入任何用户名，以假装为客户端上的一个通过验证的用户。图 11.8 所示为一个攻击者是如何使用 rlogin 从一个计算机入侵到另一个计算机上的情形。

如图 11.8 所示，攻击者以 Alice 的身份获得对主机 A 的访问，由于主机 A 上的 Alice 被主机 B 所信任，所以攻击者以 Alice 的身份就能获得对主机 B 的访问。如果在 rlogin 协议交换中攻击者能以用户名 Alice 进行欺骗，那么作为主机 A 上的 Alice 身份就不需要被验证。减少这类攻击的最好方法是取消信任主机和用户，每次 rlogin 登录时要求输入密码。

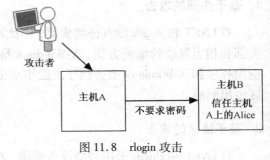

图 11.8　rlogin 攻击

就像 TELNET 一样，rlogin 在询问密码时，也易遭受到密码猜测攻击。由于这个攻击方法花费的时间太长,而且在几次错误猜测之后系统管理员就知晓了,因此作为一种攻击方法它并不经常使用。减少这些攻击的最好方式就是不使用这种协议或将其与额外的验证结合起来一起使用。由于 rlogin 使验证成了协议的一部分,因此使用双因子验证法就更困难一些。

　　X-Windows 服务器使用客户端的 IP 地址验证和对服务器的访问。允许对一个 X-Windows 服务器的非验证访问是可能的。没有基于用户的验证,这意味着如果运行客户端代码的可信机器被入侵,那么在那台机器上的攻击者将通过 X-Windows 获得对运行 X-Windows 服务器的主机的访问。

4. 基于流量的攻击

　　由于 TELNET、rlogin 和 X-Windows 都是明文协议,因此它们易于遭受到嗅探攻击。能捕获流量的攻击者可以在对话中捕获用户名和密码,也能捕获客户端与服务器之间的所有击键和回应。这可能导致入侵其他应用,并允许攻击者获得额外的在会话期间用户输入的用户名和密码。减少嗅探漏洞的最好方式是通过加密,有几种方法用于远程访问协议加密。最常用的是称之为安全壳(Secure SHell, SSH)的协议,它代替 rlogin 并提供加密连接。由于 SSH 不只是保护远程终端连接,因此我们将在关于一般对策的章节中接着讨论。TELNET 有一个不常使用的加密版本,加以讨论是基于共享密钥的。由于 SSH 是加密远程访问的流行方法,因此将其作为一个解决方案加以讨论。

　　TELNET 和 rlogin 协议并不容易遭受雪崩式流量攻击。然而,当远程计算机负责将每一个字符回送到客户端时,它们能产生大量的数据,因为用户每输入一个字符,通常产生两个数据包。由于客户端受到用户输入速度的限制,因此这些协议在网络上一般不会产生大的流量。X-Windows 协议能在网络上产生更大的负载和 X-Windows 服务器的计算资源。因此它更容易受到基于流量的攻击。

定　　义

网络虚拟终端字符集
　　一种字符集,所有的应用实现都必须依据的数据编码,一般是 7 比特 ASCII 码。

敲门砖
　　攻击者进入一台设备,并由此进入另一台设备,继续这一过程直到它到达目标,这是通过隐藏攻击者的真实位置或利用信任关系来实现的。

可信主机
　　一般是指基于 IP 地址作为标识允许其访问的主机。

11.2　文件传输协议

　　在网络出现之前很长一段时间,就一直存在计算机之间传输文件的需求。网络的到来使得计算机之间文件传输变得容易。我们知道超文本传输协议(Hypertext Transfer Protocol, HTTP)本质上就是一个网络浏览器和服务器采用的文件传输协议。在这一节我们将探讨文件传输协议并考察其安全隐患。

11.2.1　文件传输协议(FTP)

　　FTP 是一种用于计算机间传输文件的通用协议[27~32]。FTP 支持用户验证并提供异种计算机间有限的数据转换,FTP 也提供通用的命令结构以支持目录和文件管理(创建目录、列出文件及删除目录等）。通用命令结构允许用户与远程计算机进行交互，而无须知道他期望与之传输文件的每一台计算机的命令。FTP 使用简单的 ASCII 码命令集来支持计算机之间的交互。

为了加快 FTP 客户端与 FTP 服务器之间的交互，FTP 协议使用两个 TCP 连接。当 FTP 客户端使用命令端口（端口 21）连接到服务器时，提示用户输入用户名和密码，在这个会话期间连接命令一直保持开放，并用于客户端和服务器之间发送命令和响应。命令协议就是一个命令-响应协议，下面还要探讨它。如果有任何需要传输的数据，那么客户端和服务器将打开一个数据连接。根据具体配置文件，或者由服务器发起到客户端的数据连接，或者由客户端发起到服务器的数据连接，每一条数据传输要打开一个新的数据连接。图 11.9 所示为 FTP 客户-服务器结构及在 FTP 客户端和服务器应用程序中的命令和数据模块。正如图 11.9 所示，客户端和服务器命令模块使用 NVT ASCII 进行交互，TELNET 也是使用 NVT ASCII。注意，可以使用 TELNET 客户端与命令模块进行交互，但不能传输任何数据。

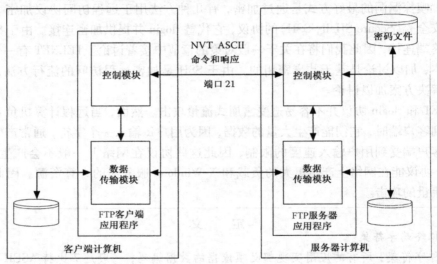

图 11.9　FTP 客户端-服务器结构

如前所述，命令协议是一个简单的基于 ASCII 的命令-响应协议，由于每一条指令有一个三个数字的响应码，因此它与简单邮件传输协议（Simple Mail Transfer Protocol，SMTP）很相似。表 11.5 所示为常用的 FTP 命令。

表 11.5　FTP 命令

命　　令	动　　作
	验证
USER username	将用户名发送到服务器
PASS password	将用户密码发送到服务器
QUIT	完成会话
	文件管理
CWD directory_name	改变服务器上的目录
CDUP	改变到服务器上的父目录
DELE filename	从服务器上删除文件
LIST directory_name	将服务器上的文件列表
MKD directory_name	在服务器上创建一个新目录
PWD	打印服务器上的当前目录
RMD directory_name	从服务器上删除一个目录

（续表）

命　令	动　作
RNFR old_file_name	将服务器上的文件重命名
RNTO new_file_name	将服务器上的文件重命名为
数据格式	
TYPE（A，I）	设置数据传输类型，A = ASCII，I = 图像
数据端口	
PORT 6-digit identifier	为传输数据，客户端将端口号发送到服务器请求连接
PASV	为传输数据，服务器将端口号发送到客户端通知连接
文件传输	
RETR filename（s）	使用数据连接自服务器至客户端传输文件
STOR filename（s）	使用数据连接自客户端至服务器传输文件
其他	
HELP	服务器返回的信息

　　每一个响应码由一个三个数字 ASCII 码数字和一个文本字段组成。响应码的第一个数字指示命令是否有效或失败，第二个数字说明代码类型，第三个数字用于指示特殊码。响应码的句法显示在表 11.6 中。表 11.7 所示为常用 FTP 响应码。

表 11.6　FTP 响应码

代　　码	响 应 状 态
1XX	肯定的预答复——表示在客户端能够继续之前服务器将用另一个响应码来响应
2XX	肯定的完成答复——表示命令是成功的，可以发布新命令
3XX	肯定的中间答复——表示命令是成功的，但是因为从客户端收到另一个命令，动作被中途挂起等待
4XX	短暂否定的完成答复——表示命令不被接受，然而错误是暂时的
5XX	永久否定的完成答复——表示命令不被接受

代　　码	响 应 类 型
X0X	语法错误，或未执行的命令
X1X	信息——对信息请求的答复
X2X	连接——对连接请求的答复
X3X	验证——对验证命令的答复
X4X	未指明
X5X	文件系统——对基于文件系统的请求的答复

表 11.7　常用 FTP 响应码

代　码	响　　应	代　码	响　　应
150	打开数据连接	230	用户登录完成
200	确认命令	331	用户需要密码
220	准备服务	425	不能打开数据连接
225	数据连接打开	500	句法错误
226	关闭数据连接	530	用户登录失败

　　客户端和服务器数据传输模块为每个数据传输使用一个单独的连接。基于客户端还是服务器端打开连接，有两种数据传输的方法。一般我们认为等待来自客户端请求连接的服务器，被称为被动（passive）模式。FTP 最常用的方法是让客户端数据传输模块侦听来自服务器的数据连接。为了让服务器知道端口号，在客户端等待连接的客户程序使用 PORT 命令发送 IP 地址和端口号。服务器端数据传输模块连接到客户数据传输模块并执行客户端命令所指定的数

据传输。如果一个机构试图使用防火墙来阻止连接，就会给这两种数据传输方法增加复杂性。通常防火墙阻塞规则是基于端口号的，它可以阻塞动态分配的端口号，动态连接是把连接与打开的 FTP 指令连接联系起来。如果防火墙知道有一个打开的 FTP 命令连接，那么它就能允许其他的 FTP 客户端和服务器之间的连接。图 11.10 所示为一个 FTP 会话期间的用户交互及其产生的命令与数据协议交互。

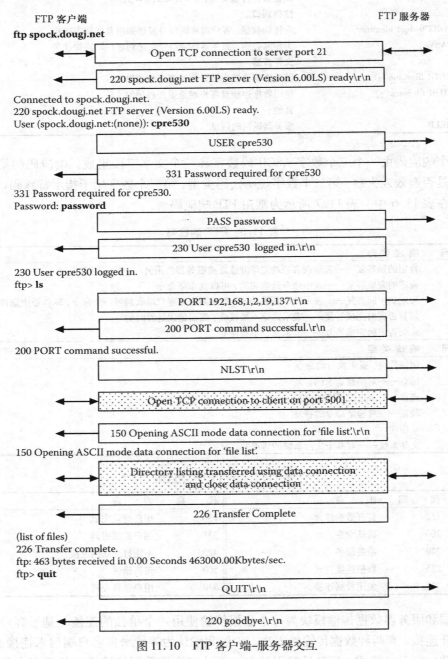

图 11.10　FTP 客户端–服务器交互

在图 11.10 中，用户从运行 FTP 客户端程序并连接到服务器开始，用户输入的数据用粗体文本表示。服务器用 ASCII 响应码(220)和一段文本消息响应。客户端显示它所接收的来自服务器的消息，客户端提示用户输入用户名，一旦输入了用户名，客户端就发送 USER 命令，并将用户所输入的用户名作为其参数。需要注意，与 TELNET 不同的是，用户名包含在数据包中。FTP 服务器用 331 作为响应，表示需要输入密码，服务器用这个代码来响应，即使用户名不是一个有效的用户，这防止了使用 FTP 作为一种方式来猜测有效的用户名。客户端提示用户输入密码，且不将所输入的密码回应给用户。通过使用 PASS 命令将用户所提供的密码作为参数，并发送到服务器。如果用户成功登录，那么服务器用一个 230 码来响应；如果验证失败，就返回一个 530 码。一旦客户端与服务器连接并被验证，用户就可以向服务器发送命令。

　　在图 11.10 中，用户请求一个目录列表，要求客户端和服务器打开一个数据连接，这通过客户端发送端口命令来表示。端口命令的前 4 个参数是客户端 IP 地址，它是一个用逗号隔开的列表。最后两个参数用来计算客户端所侦听的用来连接服务器的端口号。图 11.10 中有两个值分别是 19 和 137，通过用 256 乘以 19 并加上 137 转换为一个端口号，即端口号 5001。客户端然后发送 NLST 命令，服务器打开一个到客户端的连接并发送数据。服务器也发送 150 响应码返回到客户端，表示数据连接已打开。一旦数据被传递，服务器就关闭连接并发送响应码 226，表示已完成传递。另一个数据传递开始于客户端发送端口命令，且其后紧随的是一个请求。客户端通过发送 QUIT 命令关闭命令连接，服务器用 220 来响应。

　　就像在图 11.10 中看到的，在客户端被允许与服务器进行交互前，服务器要求用户名和密码。在某些情况中，未经验证的文件传输也是有用的，一般未经验证的文件传输仅限于从服务器到客户端。FTP 是一个用于分发软件和其他大文件的常用协议，为了支持未经验证的文件传输，FTP 支持匿名 FTP。使用匿名 FTP，客户端输入"匿名"作为用户名，一般以电子邮件地址作为密码，如果它是一个有效的电子邮件地址，那么大多数的服务器并不检验密码。用户然后即可以访问 FTP 站点上存储的所有文件。在图 11.10 中，对于匿名的文件 FTP 会话，在协议交换中的唯一改变就是用户名和密码。在 USER 命令之后服务器发送的响应码仍然是 331，表 11.8 所示为和匿名 FTP 服务器的一个简单会话。

表 11.8　匿名 FTP 访问

```
$ ftp spock.dougj.net

Connected to spock.dougj.net.
220 spock.dougj.net FTP server ready.
User (spock.dougj.net:(none)):

anonymous

331 Guest login ok, type your name as password.
Password:
230 Guest login ok, access
restrictions apply.
ftp
```

　　匿名 FTP 也可以由 Web 浏览器使用，其地址形式如 ftp://machine.net/file。有用户验证的 FTP 与匿名的 FTP 之间的唯一不同是服务器配置。图 11.11 所示为典型的匿名 FTP 服务器配置。在图 11.11 中，我们看到有一个用于用户 FTP 的条目，即密码文件，但这里既不要求用户密码，也没有任何 shell 程序。对于所有其他基于验证的应用程序（TELNET、POP 和 IMAP 等），这个账号是不起作用的。在这个例子中本地目录是/usr/ftp，这是连接到 FTP 服务器的匿名用户目录路径的根目录。这将匿名用户限制在只能访问/usr/ftp 的子目录。既然匿名 FTP

使用相同的 FTP 服务器，那么所有的命令都是可以使用的，包括允许远程用户上载、删除、重命名文件等命令，远程用户也可以使用命令操作目录文件。

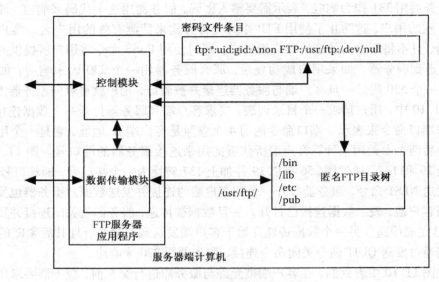

图 11.11 匿名 FTP 服务器配置

  值得注意的是，互联网上有些匿名 FTP 站点上有一些程序，它们可以用于写目录文件。攻击者利用这些匿名 FTP 站点来存储有版权的音乐、软件、电影和其他非法资料。为了阻止匿名用户添加或更改文件，服务器应被设定为所有目录都是只读的。

11.2.2 轻量级文件传输协议

  有时我们需要一个用于传输文件但无须携带过量 TCP 头部的简单文件传输协议[33~38]，这种需求在无盘工作站和网络设备中经常可以见到。轻量级文件传输协议（Trivial File Transfer Protocd，TFTP）的设计是为使用用户数据报协议（User Datagram Protocol，UDP）传输层，且无须验证而运行。本书除了探讨这个无验证的文件传输协议的数据包格式和安全隐患外，不打算深入探讨这个协议的细节。由于 TFTP 使用 UDP 协议，因此没有可靠性保证和有序数据传递。这个协议很简单，并且只有五种数据包类型，如表 11.9 所示。

表 11.9 TFTP 数据包类型

名 称	参 数	功 能
RRQ（1）	Filename（var），0x00 Mode（var），0x00	请求读，模式为 netascii 或 octet
WRQ（2）	Filename（var），0x00 Mode（var），0x00	请求写，模式为 netascii 或 octet
DATA（3）	Block number（2 bytes） Data（0-512 bytes）	块号从 1 开始；除了最后一个，所有块长必须为 512 字节。少于 512 字节的块用来表示最后的块，且表示传输已完成
ACK（4）	Block number（2 bytes）	用于通知数据块
ERROR（5）	Error number（2 bytes） Error data（var），0x00	用于表示一个错误；错误数据是文本数据

TFTP 的设置如同匿名 FTP，TFTP 协议限制仅允许访问服务器文件系统的一部分，就像匿名 FTP 一样，需要注意的是，要把目录设置为只读。大多数机构不需要部署 TFTP 服务器，如果他们需要，也只需要一个服务器。

11.2.3 远程复制协议(RCP)

文件传输的另一个方式，被称之为远程复制协议(Remote Copy Protocol, RCP)，是 rlogin 协议集的一部分，且它使用与 rlogin 章节里所描述的相同的信任机制。其主要的差别是 RCP 不支持验证，并且如果用户不值得信赖，则不发生复制。

> 该命令的语法是：
> rcp machine.user:source_file machine.user:destination_file

如果用户和机器依据 11.1.2 节里描述的规则得到信任，可以发生复制，否则，它将失败。由于 RCP 强制使用未经验证的访问，那么几乎没有理由使用 RCP 协议。

11.2.4 漏洞、攻击和对策

这一节回顾了三个文件传输协议。这些协议存在几个共同的安全漏洞，并且也都存在各自独特的漏洞。下面将根据分类对它们进行比较。

1. 基于头部的攻击

只有 FTP 和 RCP 易于受到基于头部的攻击。TFTP 有一个简单的头部结构，并且如果头部是无效的，那么协议将产生一个错误。FTP 和 RCP 也拥有简单的头部格式，但并没有很多针对头部结构的攻击。当文件名或目录名对于 FTP 服务器来说太长而无法处理时，攻击就会产生，或是强制服务器暂停，或是强制缓冲区溢出。大部分这些漏洞已被修补。

2. 基于协议的攻击

TFTP 是一个简单的协议，不易于受到基于协议的攻击。如果出现错误，那么 TFTP 客户端或服务器端将暂停并中止传递。RCP 也不是很复杂的协议，一旦建立了验证，只是使用 TCP 流套接字来传递文件。FTP 协议存在的漏洞最多。这主要归因于多重数据连接的复杂性和它们如何与命令连接发生关系。针对 FTP 的基于协议的攻击主要集中于使用数据连接来回避像防火墙一类的周围防护，通过把数据连接请求与当前命令连接关联起来，大多数的防火墙能够处理数据连接的动态特性。

一个引起注意的协议攻击是使用端口命令把 FTP 服务器重定向至另一个计算机，使用 TELNET 连接到 FTP 服务器或者利用代码就可以实现这一点。最大的欺骗是从发送一些信息到目标的 FTP 服务器上获得所要的内容。下面是一个例子，该例子使用匿名 FTP 服务器，服务器上有一个文件(m1)，这个文件包含与 SMTP 服务器进行交互的电子邮件命令。端口命令用来指导 FTP 服务器在端口 25 以 192.168.1.40 与计算机连接，端口 25 是电子邮件端口。FTP 命令指导 FTP 服务器连接到电子邮件服务器并发送文件 m1。这个攻击所能做的是有限的，但是可以编写脚本来强制 FTP 服务器产生大量的到任何 IP 地址的连接并试图拒绝服务，或者只是试图将 FTP 服务器列入黑名单。这也可以用于探测防火墙内的系统。当没有服务运行而试图打开一个到端口的连接时，会收到一个错误。这种探测方式是很耗时的，不是很有效率。

```
$ telnet klingon.dougj.net 21
220 klingon.doug.net FTP server ready.
user anonymous
331 Guest login ok, type your name as password.
pass doug
230 Guest login ok, access restrictions apply.
port 192,168,1,40,0,25
200 PORT command successful.
retr m1
150 Opening ASCII mode data connection for 'm1' (84 bytes).
226 Transfer complete.
quit
```

```
HELO cia.gov
MAIL FROM: badperson@cia.gov
RCPT TO: user
DATA
(any mail message)
```

3. 基于验证的攻击

　　与文件传输应用程序有关的最大的漏洞是验证。前面讨论过，FTP 使用服务器验证并提示用户输入用户名和密码，这给攻击者提供了一个猜测密码的途径。然而，在有关远程访问的章节中也讨论过，这不是一个猜测大量用户名和密码的可行的方式。由于任何匿名用户都可以连接到 FTP 服务器，因此匿名 FTP 可以导致额外的验证问题。如果目录是可写模式，那么攻击者就能在匿名 FTP 上存放文件并与其他用户共享。正如前面提及的，有些程序可用来扫描互联网以寻找支持匿名访问的 FTP 服务器，并检验目录的可写性。在图 11.10 中我们能够看到，攻击者需要做的全部只是发送"USER anonymous"和"PASS john@cia.gov"，看代码 230是否返回。这种方法将能发现匿名 FTP 服务器，于是攻击者需要做的全部就是向 FTP 服务器发送一个文件，看服务器是否返回一个错误。由于许多的系统管理员并不紧密监视匿名 FTP服务器的日志文件，因此这些站点经常不会发现被扫描。

　　FTP 相关的另一个验证问题是，运行个人计算机的新客户可以选择将用户名和密码存储起来，以帮助用户在连接到 FTP 服务器时不必记住它们。如果个人计算机是可移动的设备，或被入侵，或处于一个不安全的位置，那么将导致问题产生。例如，如果有人使用你的 FTP 密码访问计算机，那么他就能访问 FTP 站点。根据密码存储的方式，他就能够读取密码并用它来访问服务器。

　　也有服务器能被配置成侦听任何端口并被用户运行。一个正常的 FTP 服务器由于使用了一个更低编号的端口并且有操作系统来保护这些端口，因此需要有特权的用户来执行。这些由用户配置的 FTP 服务器经常被用来共享非法的资料，甚至有服务器可以监测上载到 FTP 服务器的数据的数量，并根据上载的数量来决定可以下载的量。这种方式就是你要想从服务器获得什么好处，FTP 服务器的操作员就要求你向站点做出贡献。

　　我们也知道 TFTP 和 RCP 是无须验证的服务，RCP 根据用户名和 IP 地址来获得信任。这两个协议都只有在绝对需要时才能使用。对于 RCP 协议有一个安全的替代者,下一节将对此进行讨论。

4. 基于流量的攻击

由于我们讨论的所有文件传输协议都是明文协议,因此它们就易于受到嗅探攻击。能够捕获流量的攻击者也能够捕获会话中的用户名和密码,攻击者也能够捕获客户端与服务器之间的所有击键和响应,这能危及其他应用程序的安全并允许攻击者得到用户在会话期间所输入的其他的用户名和密码。减轻嗅探攻击的最好方法是通过加密。我们将在下一节回顾几种加密方法。

FTP 易于受到流量雪崩攻击。这种情形在匿名 FTP 站点中有时可以看到,攻击者存放大量对于公众来说是有益的信息。如果人们试图在同一时间下载非常大的文件,那么 FTP 服务器就招架不住了。大文件传输能够给网络增加大的流量并致使网络带宽降低,尤其通过更低带宽的 ISP 连接。

定 义

匿名 FTP

接受用户名为"匿名"的并且无密码要求的 FTP 服务器。

用户配置的 FTP 服务器

用户安装的 FTP 服务器,一般使用不同的端口号并经常被用来共享有版权的资料。

11.3 对等网络

对等网络背后的基本思想是允许用户搜索文件并与其他用户共享而无须验证。万维网将数据存储于网站,而用户能够从网站下载信息。与万维网不同的是,对等网络允许用户彼此连接并直接从用户到用户传输数据。一般来说,对等网络的用户彼此互不认识,并且在对等网络之外彼此也没有任何关系。这些网络的设计是为了方便文件的搜索和传输,许多对等协议的设计是为了逃避网络过滤器的探测。对等网络的基本类型有两种:集中式和分布式(经常称为对等[ad hoc]模式),如图 11. 12 所示[39~49]。

集中式对等网络使用一个中心服务器,这个中心服务器包含一个由网络用户提供的文件的索引,文件存储在用户的计算机上,而不是中心服务器上。用户给中心索引服务器发送需要共享的文件列表。用户查询中心索引服务器以找到与他们的搜索要求相匹配的文件,文件从一个用户到另一个用户进行传输。另外,用户可以直接彼此连接搜寻文件而无须中心索引服务器,中心索引服务器只是使搜寻更方便一些。中心索引服务器模式也可以拥有多个索引服务务,以构成索引服务器的对等网络。这样可以加速查询,并在几个服务器之间分配工作负荷,这也提供了冗余,因此如果一个服务器节点退出,那么其他节点仍然能够运行,且确保网络仍然是可用的。

对于对等模式的点对点网络,每个计算机都是网络的一部分,并拥有自己的共享文件列表,且每一个计算机都与少量其他(相邻的)计算机连接起来,每一个邻居又都与少量计算机连接起来,以此类推。当用户希望搜索一个文件时,请求被发送到每一个相邻计算机,每一个邻居又将请求发送到其所相邻的计算机,以此类推。当一个计算机收到搜索请求,它便搜索它的共享文件,如果匹配,它将发回消息给请求者,通知他某个点拥有这个文件和有关文件的一些基本信息。

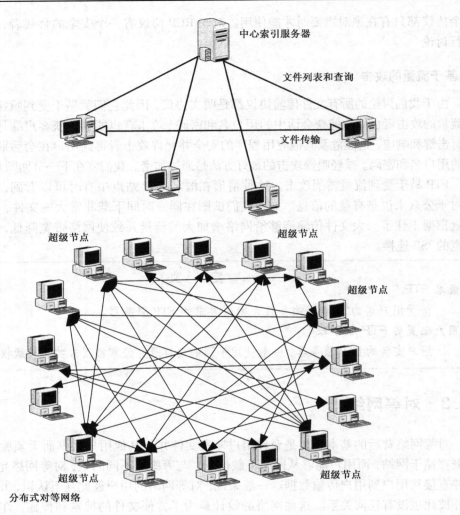

图 11.12　对等网络

对等网络有不同的节点类型，经常被称之为叶节点和超级节点。页节点常常为用户计算机，而超级节点被设计用来拥有数量巨大的与其连接的页节点。通过这种方式任何两个用户之间的距离（两个计算机之间的对等节点的数量）就缩短了，这使得网络的速度更快。

这一节我们将看到用于支持对等网络的三个不同的协议，也将看到对等网络的漏洞，以及用于阻塞对等网络的方法。

11.3.1　集中式对等网络

有两个流行的集中式对等网络协议。第一个为 Napster，它是最初的集中式对等网络之一[50~58]。第二个集中式对等网络为 KaZaA[59~70]。KaZaA 运行的协议为 Fasttrack。Napster 和 KaZaA 的设计是为了用户之间共享音乐，并作为免费音乐共享系统而建立。Napster 和 KaZaA 都转变为每歌付费的模式，并且 Napster 协议没有被广泛使用。有好几款应用程序仍然使用 Fasttrack 协议来共享文件而无须付费。两款协议彼此非常相似。它们之间的主要区别是，在 Napster 协议中中心索引服务器保留了每个文件传输的日志，而在 Fasttrack 协议中中心索引服务器则没有保留。Napster 协议如图 11.13 所示。

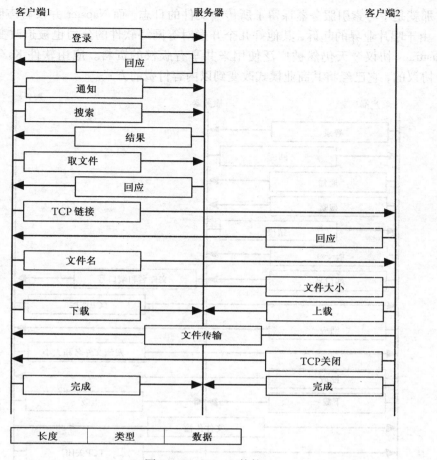

图 11.13　Napster 协议

Napster 在客户端与中心索引服务器之间使用 TCP 协议。从图 11.3 我们看到数据包的格式很简单，由两字节长度的字段组成，这就是数据包的长度。类型字段是两字节长，包含一个表示数据包类型的数字，数据的内容依据数据包的类型。客户端登录到服务器并通报服务器它所必须共享的文件。客户端于是发布搜索请求，服务器将返回结果，结果中包含与搜索相匹配的文件信息，即包含文件所在的位置（IP 地址）信息。当一个客户端希望搜索一个文件时，它给索引服务器发布一个 GET 数据包，索引服务器用一个 ACK 数据包响应，客户端然后连接到拥有此文件的对等客户端，两个客户端交换数据包并决定传输什么文件。两个对等客户端之间建立 TCP 连接，于是文件传输就开始了。两个客户端都将文件传输已经开始的信息通知中心索引服务器，当文件传输完成时对等客户端也通知中心索引服务器。当一个客户端位于阻止信息进入的防火墙之后时，Napster 可以处理这种情况。图 11.14 所示为带有防火墙的 Napster 协议。

在图 11.14 中假定客户端 2 位于防火墙后面，这意味着客户端 1 不能连接到它。如果客户端 2 位于防火墙的后面，那么当它连接到服务器时它会告知服务器。客户端 1 告知服务器它使用哪个端口号等待连接，服务器告诉客户端 2 使用哪一个端口号去连接客户端 1，当客户端 2 连接时，服务器告知客户端 1 要发送的文件。协议剩下的工作与图 11.13 所示的一样。

Napster 是第一个音乐共享对等网络，但输掉了唱片公司所提出的诉讼。这部分归因于这个事实,那就是中心索引服务器保留了所传输文件的日志,而 Napster 并没有声明,它只是提供协议。由于唱片业界的起诉,其他好几个开发对等网络软件的公司也被迫改变他们的运行方式。Fasttrack 协议今天仍然被广泛使用来共享有版权的资料。应用软件 KaZaA 是最了解 Fasttrack 协议的,它已经将其商业模式改变到以内容付费的方式。

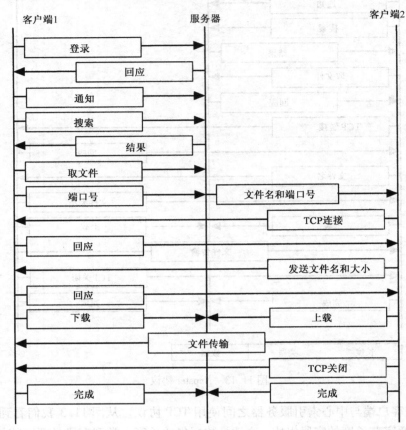

图 11.14 防火墙后面的 Napster 协议

11.3.2 KaZaA

KaZaA 是一个基于 Fasttrack 协议的集中式索引服务器对等网络。KaZaA 有一个共享文件用于存储从其他用户那里下载的文件。默认状态下,这个共享文件夹位于 KaZaA 的程序目录下。KaZaA 还具备为用户提供建立另外共享文件夹的能力,这些文件夹用于与其他的 KaZaA 用户共享文件。当一个用户启动运行 KaZaA 时,他就被连接到一个超级节点上,KaZaA 就提供或通告其所共享的文件。图 11.15 所示为 Fasttrack 协议。

为了发布一个文件,用户必须把文件放到 KaZaA 所使用的下载文件夹中或某一个共享的文件夹中,这些共享文件夹中的所有文件都可以被发布并能被 KaZaA 网络的其他用户所下载。发布由一组用来将文件与用户联系起来的标识符组成,这些标识符包括提供文件的客户端的 IP 地址、文件名、文件大小和内容哈希值。另外,文件描述还提供如艺术家姓名、专集名称和用户文本等信息,这些信息在搜索过程中会用到。用户文本字段用来提供对文件的描述,而且它还是 KaZaA 系统的一部分。内容哈希值是一个数学函数,用来识别相同的文件,如果最初的文件下载失败,这个函数允许用户对其进行搜索。

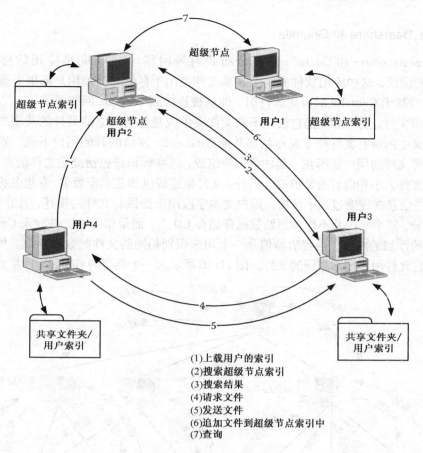

(1)上载用户的索引
(2)搜索超级节点索引
(3)搜索结果
(4)请求文件
(5)发送文件
(6)追加文件到超级节点索引中
(7)查询

图 11.15　Fasttrack 协议

为了找到文件, 用户将查询请求提交到超级节点, 超级节点在其自己的数据库中寻找匹配搜索参数的文件。如果连接到超级节点的用户中有一个或多个用户拥有匹配请求的文件, 则超级节点送回所有匹配的 IP 地址和文件描述。超级节点可以在彼此之间发送查询, 用户也能彼此直接连接, 如果你在一个用户的机器上找到一个文件, 那么你就能查询它看是否还有其他什么共享的文件。文件传输发生在使用 HTTP 协议的两个客户端之间。

与 Napster 不同, 在 Fasttrack 协议中索引服务器不记录客户端之间传输了哪些文件。

11.3.3　分布式对等网络

第一个被广泛使用的分布式对等网络协议为 Gnutella, 直到今天它仍然在用[71~78], 有好几款应用软件的设计是使用 Gnutella 协议运行在主要操作系统上。与集中式对等网络协议不同, Gnutella 软件需要发现它们的邻居, 并且所有的穿过应用程序的搜索流作为 Gnutella 网络的一部分。另一个分布式对等网络为 BitTorrent[71~83]。BitTorrent 允许共享文件在多个客户端中间被分割, 这样就加速了下载大文件(例如电影和 CD-ROM 图像)的速度。本书不打算探讨 BitTorrent 协议。BitTorrent 中存在的漏洞与其他对等网络协议中存在的漏洞是一样的, 减少攻击的方法也是一样的。

1. Limewire、Bearshare 和 Gnutella

Limewire、Bearshare 和 Gnutella 都是分布式对等网络。Gnutella 是应用软件(例如 Limewire)使用的协议,这些应用软件有一个共享文件夹用于存储从其他用户那里下载的文件。当用户开始运行基于 Gnutella 的应用软件时,他就被连接到 Gnutella 网络了。

为了发布文件,用户必须把它放到下载文件夹中或是他所建立的另外的共享文件夹中。这些共享文件夹中的所有文件处于发布状态并能被 Gnutella 网络的其他用户下载。发布的内容是由一组用于将文件与用户捆绑在一起的标识符组成,这些标识符包括提供文件的客户端的 IP 地址、文件名、文件大小和内容哈希值等。另外,文件描述提供如艺术家姓名、专集名称和用户文本等信息,这些信息在搜索过程中使用。用户文本字段用来提供对文件的描述,且它还是 Gnutella 系统的一部分,这个字段并不作为原始数据存储在 CD 上,而是作为将文件放入 Gnutella 共享文件夹的用户所添加的内容。内容哈希值是一个用来识别相同的文件的数学函数。如果原始文件下载失败,它允许用户搜索相同的文件。图 11.16 所示为一个典型的 Gnutella 网络。

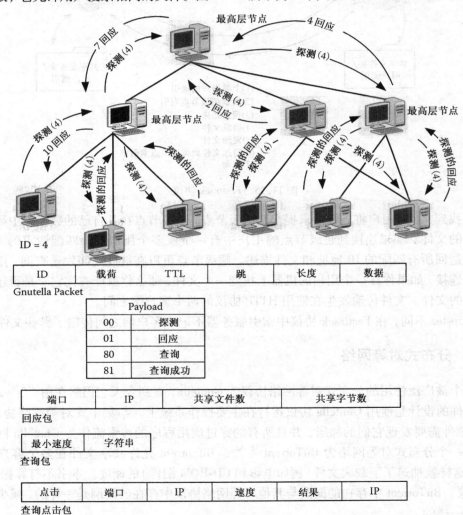

图 11.16　典型的 Gnutella 网络

图 11.16 所示为使用 Gnutella 协议的几个被连接到邻居节点的节点。对等式点对点网络的一个问题是如何创建并维持网络。Gnutella 使用一个基于发送 ping 数据包并等待响应（称为 pong）的协议，这个协议如图 11.16 所示。

数据包的格式很简单（如图 11.16 所示）。载荷（payload）指明数据包的类型，存活时间（time-to-live，TTL）字段指明数据包的有效期，跳计数器（hop count）指明数据包传送的远近。正如在 IP 协议一样，TTL 按照每一个客户端转发一次 TTL 就减少来计数，跳计数器从零开始按照每一个客户端转发一次计数器就增加来计数。图 11.16 所示为将一个 ID = 4 的 ping 数据包发出到其邻居节点的客户端。当 ping 数据包被一个邻居接收时，它向它的邻居转发 ping 数据包并且向最初的发送者回应一个 pong 数据包。ping 数据包将继续从一个邻居转发到另一个邻居直到 TTL 为零。每一个得到唯一的 ping 数据包（ID 字段用来告知邻居是否已经多次看到相同的 ping 数据包）的邻居向发送者发回一个 pong。pong 数据包以与 ping 数据包相同的路径返回。这就在邻居之间产生了数量巨大的流量。pong 数据包包含响应应用程序的端口号、IP 地址、共享文件的总数和共享数据的千字节总数。就像我们在图 11.16 中看到，单个 ping 数据包产生多个 ping 数据包，为了响应一个 ping，10 个 pong 数据包被发送回来。

图 11.16 还显示出查询和查询命中数据包。希望找到一个文件的客户端向它的邻居发出一个查询数据包，邻居接着将数据包传递到它的邻居，直到达到跳的最大计数。每一个获得查询的应用程序搜索其共享文件以确定是否匹配。如果匹配，那么应用程序以查询命中数据包响应，这个响应沿着 Gnutella 网络发送回来直到到达最初的发送者。然后发送查询的客户端能够选择采用哪一个结果来使用获得的文件。文件传输发生在拥有文件的客户端和需要文件的客户端之间。客户端使用 HTTP 协议来传输文件。

11.3.4　漏洞、攻击和对策

与对等网络相关的漏洞很多。除了那些与分类法相关的漏洞之外，还有与共享版权相关的法律问题。有几个版权所有者已经启动了认证程序并起诉那些利用对等网络来共享有版权资料的人。关于对等网络的漏洞和攻击在稍后描述。

1. 基于头部和协议的攻击

对等网络的头部很简单，任何基于头部的漏洞仅限于阻塞客户端的通信。集中式协议易遭受基于头部的攻击，即针对中心索引服务器的攻击。同样地，任何基于协议的攻击仅限于客户端或索引服务器。由于这些应用程序作为用户运行并且不提供到系统的访问，因此攻击者基于头部或协议的攻击很少。

2. 基于验证的攻击

对等网络是在匿名的基础上设计的，因此验证的观念不适用，这就导致几个安全问题，主要是围绕内容的合法性。在所有我们已经探讨的对等网络协议中，是由客户端提供文件并提供共享。既然任何人都可以参与到对等网络中，那么对于提供共享文件的人的合法性和意图就不必要检验。于是攻击者就可以把包含病毒或其他恶意代码的文件进行共享。这些文件经常用人们期望得到的文件的名字来命名，被破坏的文件也被放入网络，于是当一个客户端下载它时，它却是无效的文件，有时还有版权问题，其结果都是阻碍了文件共享。

对于对等网络，普遍存在的一个误解是它们仅仅被用于共享音乐。事实上，用户指定的共享目录下的所有文件都可以共享。一个用户可以分享他整个硬盘驱动器的内容。这也导致用户不打算共享的文件被非正常地共享。

对等网络的另一个问题是有种隐私被察觉的感觉，这就是说对等网络的用户能被跟踪并且他们的一些行为能被监控，不但对等网络不要求验证，而且为了从用户那里传输文件，有共享文件的用户的 IP 地址还需要公开。有人的确做过搜索，并基于搜索的结果，传输文件并探测拥有文件的计算机的 IP 地址。同样，当用户发布一个搜索，且搜索查询可以通过一个中心索引服务器时，也可以通过分布式网络中的邻居，捕获搜索字符串，但把一个文件是否被传递的信息作为搜索结果是不可能的（除非你是文件传输的一部分）。然而，搜索数据能表明某人正在寻找什么内容，这一点对于用户来说也是令人尴尬的。

3．基于流量的攻击

对等网络能产生巨大的流量，其原因一方面是因为它鼓励大文件的传输，另一原因是协议自身产生大量的数据包。分布式协议（例如 Gnutella）通过客户端路由流量，这就意味着即使一个客户端没有传输文件，仍然可能有大量的流量。任何拥有大文件并提供共享的设备也能引起流量问题。超级节点和索引服务器也能不传输文件而产生大量的流量。

在大多数对等网络中，流量嗅探是可能的。因为不进行应用程序验证，所以这不是个问题。有些对等网络使用加密技术，但这正有助于阻止对数据进行检查的对策。

4．对等网络的对策

许多对等网络协议都被设计来避免探测并规避正常的对策。基于网络的对等网络对策需要检查 TCP 载荷，以确定 TCP 连接是否被用于传输对等网络流量。在市场上有两种类型的设备：直插式设备和被动式设备，其设计是为探测和减轻对对等网络的影响。两种类型都需要检查载荷，并基于数据包交换来采取动作，所采取的动作可能是阻塞、记录或是在某些情况下减少攻击性流量的带宽。

直插式设备是在物理网络层起作用，因此不需要像路由器一样配置。有一些路由器也能提供对对等网络的探测和减少攻击。被动式设备嗅探流量并使用 TCP 重置数据包来终止连接，正如第 7 章所描述的，被动式设备的优势是没有时延。另一个方面的对策是限制对等网络协议的带宽，通过直插式设备和操控 TCP 窗口的大小很容易做到这一点，但由于协议仍然在工作，所以减少带宽仅仅是减少对等网络协议基于流量的漏洞。

定　　义

中心索引服务器（超级节点）

　　支持集中式 P2P 网络的服务器。

集中式 P2P 网络

　　一个 P2P 网络，每一个用户都与一个中心服务器相连，中心服务器保留用户共享文件的索引，用户向服务器发送搜索请求并告知请求者哪一个用户拥有此文件。

分布式 P2P 网络

　　一个 P2P 网络，每一个用户连接到几个邻居从而创建用户间相互连接的大网络。搜索通过网络从计算机传播到计算机。拥有文件的计算机的身份被传回请求者，请求者于是能直接从资料来源处得到文件。

对等（Peer-to-peer，P2P）网络

　　允许一群用户为了搜索文件和交换文件而彼此相互连接起来的应用程序。

超级节点

　　在 Gnutella 对等网络中支持大量客户端且可以加速搜索的计算机。

11.4　常用的对策

　　就像我们在关于远程访问协议和文件传输协议的漏洞的讨论中看到的，最大的两个问题是验证和明文数据传输。这一节我们将探讨几个能帮助减少这些问题的协议。

11.4.1　加密远程访问

　　当我们关注这两个最普通的问题（验证和明文）时，一个显而易见的解决方法闪现在大脑中，那就是对流量进行加密，并使用加密密钥来帮助认证主机的真实性。有好几个方法都可以提供对流量的加密，包括在更低层的加密技术。例如，无线网络所支持的流量加密。网络加密中最复杂的问题是密钥分配和密钥验证。附录 A 提供了数据加密和密钥分配的概述。

　　有好几种方法常被用来提供对远程访问协议的数据加密，这些方法分为两类：基于应用程序的加密和基于通道的加密。基于应用程序的加密是在应用程序协议那里包含加密功能。例如，这可能包含安全 TELNET。基于通道的加密是使用软件楔子（有时是支持通道的硬件）来创建一个加密的通道，在这里应用软件能够无须改变地运行。传输层安全/安全套接字层（TLS/SSL）就是在传输层的一个基于通道加密的例子，虚拟专用网络（virtual private networks，VPN）是在网络协议（IP）层的一个基于通道加密的例子。图 11.17 所示为两种方式的差别。

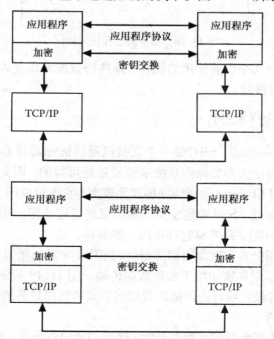

图 11.17　基于应用程序的加密与基于通道的加密

　　两种方法都提供了跨网络的流量加密。基于通道的方法能够处理多种类型的应用程序。将两个方法结合起来也是可能的。例如，内置加密的应用程序只要理解协议就能够连接到一个基于通道的层。

　　所有的协议都有几个共同的在图 11.18 中简述的特征，这些协议都是开始于协议标识和密钥协商阶段；接着是一个可选的用户验证阶段，在这个阶段应用程序要验证用户身份；接着是数据传输阶段；然后是会话结束阶段。有一些协议在数据传输阶段可能会改变密钥。典型的密钥协商阶段包括两部分，在这里双方使用一个共享的密钥来协商一次一密会话密钥并将其用于数据传输。

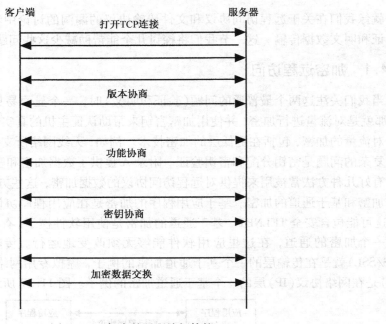

图 11.18　加密的远程访问协议

　　下面几节我们将探讨几个当前常用的协议，这些协议既可以是本节描述的远程访问协议的代替版，也可以是其增强版。

11.4.2　安全外壳协议(SSH)

　　安全外壳协议(Secure Shell，SSH)是一个支持机器验证和流量加密的开源协议[84~90]。由于客户端和服务器程序对于大多数操作系统来说是随处可得的，因此 SSH 已经成为事实上的安全远程访问标准。SSH 以 rlogin 远程访问协议为模型，它也很少用于数据转换，数据转换往往留给客户端和服务器去做。SSH 也能支持其他协议的通道处理，包括 X-Windows。这一节我们将探讨 SSH 是如何工作的，并考察它存在的一些漏洞。

　　SSH 的设计是为使用公共和对称密钥加密(参见附录 A 对加密方法的概述)。公共密钥加密用于验证 SSH 服务器，对称密钥用于加密数据传输。图 11.19 所示为一个 SSH 会话协议交换。需要注意的是，没有显示或讨论严格的数据包格式和数据载荷值，这个内容留给读者在本章末的实验作业中去思考。

　　在图 11.19 中，服务器由通知其版本开始，接着是客户端响应；然后是服务器与客户端交换功能和参数选择，客户端和服务器协商基于密钥交换参数选择的会话密钥，会话密钥用于加密客户端与服务器之间的流量交换。一旦客户端与服务器协商了会话密钥，用户就验证通过。应用程序验证是在 SSH 协议之外处理的，并由 SSH 作为数据处理。

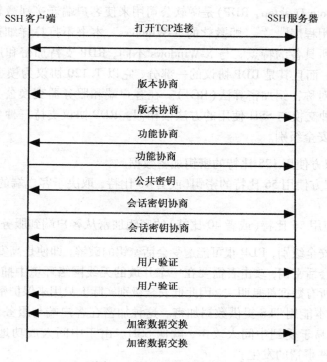

图 11.19 SSH 协议交换

SSH 采用服务器的公共密钥作为标识符来支持服务器机器验证。当客户端与服务器开始联系时，客户端检查服务器的公共密钥确认客户端是否已经知道，如果客户端是第一次连接到服务器，则提示用户认证服务器公共密钥。一旦服务器公共密钥被认证，下一次客户端连接到这个服务器时，发布的公共密钥将与存储在客户端的公共密钥进行比较，如果它们匹配，那么客户端完成密钥交换。如果发布的服务器公共密钥与存储在客户端的服务器公共密钥不匹配，那么客户端不能连接。如果服务器公共密钥变更，则将导致一个问题；如果服务器升级或服务器遭遇系统崩溃而必须重建，那么服务器公共密钥会有变更，然后用户需要清除旧的服务器公共密钥，这样客户端软件认为它是第一次与服务器进行交谈，并存储用于服务器的新密钥。

在 SSH 中最大的弱点是中间人攻击。由于这种类型的攻击要让客户端相信攻击者就是服务器，所以实施起来比较复杂，DNS 或 ARP 中毒可能导致这种攻击。然而，如果在攻击之前客户端已经与服务器连接，那么攻击者的公共密钥与服务器存储的公共密钥可能不匹配，连接将被拒绝。如果攻击者设法欺骗客户端用户，那么攻击者只需要打开一个有预谋的服务器的 SSH 连接，并从用户处向预谋的服务器传递所有的流量，则它可能正好以明文流量流过攻击者。图 11.20 显示了一个成功的中间人攻击的例子。

图 11.20 SSH 中间人攻击

11.4.3　远程桌面

远程桌面(Remote Desktop, RDP)是微软公司用来使客户端连接到微软的基于 Windows 的服务器的协议和应用程序[91~93]，即微软的 X-Windows。本书不打算详细探讨这个协议，也不关注这个应用程序所具备的特点。与 X-Windows 不同，RDP 支持加密和用户验证，RDP 最初版本使用加密技术，而且其是 RDP 协议的一部分，它以 T.120 协议为模型。RDP 协议使用一次一密会话密钥的对称密钥加密算法(RC4)。在客户端和服务器交换公共密钥之后，交换一次性会话密钥，这种交换与 SSH 使用的方法很相似。RDP 协议支持三种 RC4 密钥长度，分别对应于三种不同的安全级别。

高安全级别：双方使用 128 比特的密钥加密数据。

中安全级别：双方使用 56 比特的密钥(或者 40 比特，取决于客户端的操作系统的版本)加密数据。

低安全级别：使用 56 比特(或者 40 比特)的密钥加密从客户端到服务器的数据。

如果是低或中安全级别，RDP 很可能遭受会话密钥的破解，即使是高安全级别，也有可能猜出密钥。为了猜出会话密钥，攻击者需要在一个开放的无线网络环境中捕获网络流量。由于从服务器到客户端的所有数据都是明文，因此低安全级别实际上只用来保护密码。

RDP 的较新版本能用 TLS 提供数据加密。这种加密在客户端与服务器之间提供了一个更安全的连接。RDP 易于受到中间人攻击，就像 SSH。由于中间人成功地实施针对 RDP 的攻击，立即导致了几件事情的发生。

11.4.4　安全文件传输(SFTP、FTPS 和 HTTPS)

为了加密文件传输，设计了几种协议来取代 FTP 协议。这些协议的设计用于保护验证交换和数据传输以避免偷听，这些协议的大多数建立在 SSH 或 SSH 加密协议基础上。这一节我们将通过了解它们所使用的安全数据传输协议是如何进行的，以及它们彼此之间有什么不同，来简要地探讨最常用的安全文件协议。

由于 SSH 文件传输协议(SSH File Transfer Protocol, SFTP)支持相同类型的为 FTP 所支持的命令和功能，因此它是一个类似 FTP 的客户端和服务器程序。SFTP 使用 SSH 协议来加密命令通道和数据通道。SFTP 不是一个简单的运行于 SSH 通道的 FTP，它是一个新的基于 SSH 协议的协议。SFTP 要求客户端和服务器都理解这个协议，并使大多数操作系统都可以随时得到客户端和服务器程序。SFTP 协议易于受到中间人攻击，但是由于这个协议要复杂得多，比起对 SSH 的中间人攻击，实施这种攻击更加困难。针对 SFTP 的中间人攻击的最佳途径是获得用户名和密码。

文件传输协议/SSC(FTPS)是 FTP 协议的一个安全版本，它使用 SSL/TLS 安全传输层协议。FTPS 是标准 FTP 协议的一个增强版，它是一种通过使用安全特性，在初始连接阶段通过使用 AUTH TLS 指令就可以协商会话的协议。FTPS 服务器像标准 FTP 服务器那样在端口 21 处等待，并且像一个标准 FTP 服务器那样运作。本书的前面已经描述过 SSL 和 TLS，因此这里在我们将不再探讨它们。

建立在 SSL 基础之上的 HTTP(HTTPS)是用于安全文件传输的另一个方法。当你点击一个包含文件的链接时，就通过了安全 Web 网站，文件就通过安全连接传输。读者可以阅读第 10 章了解 HTTPS 是如何工作的及它的漏洞。

课后作业和实验作业

课后作业

1. 研究与 TELNET 相关联的 RFC 并评论近几年在协议方面的变化。
2. 研究与 TELNET 的安全拓展相关联的 RFC。
3. 评论在一个主机上运行 TELNET 服务器的安全性。
4. 评论运行或使用 TELNET 客户端的安全性。
5. 使用用户名 bob 和密码 alice 登录到 TELNET 服务器。说明数据包交换，并计算在交换期间涉及到的系统开销（数据包的字节总数与实际载荷之比）。
6. 使用用户名 bob 和 alice 以用户登录到 rlogin 服务器。说明数据包交换，并计算在交换期间涉及到的系统开销（数据包的字节总数与实际载荷之比）。
7. 研究与 FTP 协议相关联的 RFC。
8. 研究安全复制协议（Secure Copy Protocols，SCP）。
9. 研究不同的对等网络应用程序。绘制一张表来显示所使用的不同协议与实际应用程序的名称。并对每种协议类型及侦探这些协议的难易程度进行评论。
10. 研究版权持有者与开发对等网络软件的各公司与集团之间的法律斗争。
11. 研究几个 P2P 网络过滤产品并描述它们是如何运作的，并将 P2P 网络过滤产品与带宽修正产品进行比较。
12. 研究 SSH 协议和针对它的攻击，评论各种攻击成功的可能性。
13. 研究与安全 FTP 的两个版本（FTPS 和 SFTP）相关联的 RFC。评论两个协议之间的差别，你认为为什么有两个协议？

实验作业

1. 使用 TELNET 连接到各种应用程序（Web、FTP、Email 和 rlogin 等）。评论攻击者是如何利用它们所发现的东西，并通过 TELNET 连接到每一个应用程序的。
2. 使用 tcpdump 或 wireshark 命令捕获实验室两台机器之间的 TELNET 会话。发布几个指令来生成流量。

   a. 查看网络，并捕获与发现用户名和密码。
   b. 查找网络流量中的命令及命令执行结果。
   c. 评论你所看到的。

3. 使用 tcpdump 或 wireshark 命令捕获实验室两台机器之间的 rlogin 会话。发布几个指令来生成流量。

   a. 查看网络，并捕获与发现用户名和密码。
   b. 查找网络流量中的命令及命令执行结果。
   c. 评论你所看到的。

4. 使用 tcpdump 或 wireshark 命令来捕获实验室两台机器之间的 FTP 会话。发布几个指令来生成流量。

　　　a. 查看网络，并捕获与发现用户名和密码。

　　　b. 查找网络流量命令及命令执行结果。

　　　c. 评论你所看到的。

5. 使用 tcpdump 或 wireshark 命令来捕获实验室两台机器之间的 X-Windows 会话。发布几个指令来生成流量。

　　　a. 查找网络流量中的命令及命令执行结果。

　　　b. 评论你所看到的。

6. 使用 tcpdump 或 wireshark 命令来捕获实验室两台机器之间的 SSH 会话。发布几个指令来生成流量。

　　　a. 查看网络，捕获并找到会话的明文部分。

　　　b. 对协议交换及初始连接与数据传输中相关的开销进行评论。

7. 使用 tcpdump 或 wireshark 命令来捕获实验室两台机器之间的远程桌面会话。发布几个指令来生成流量。

　　　a. 查看网络，捕获并找到会话的明文部分。

　　　b. 对协议交换及初始连接与数据传输中相关的开销进行评论。

8. 使用 tcpdump 或 wireshark 命令来捕获测试实验室的对等网络流量。

　　　a. 查看网络，捕获并找到会话的明文部分。

　　　b. 对协议交换及初始连接与数据传输中相关的开销进行评论。

程序设计

1. 使用在第 5 章下载的代码和在第 6 章、第 9 章和第 10 章中所修改的代码。增加代码来执行如下任务：

　　　a. 增加给程序一个标志(-p)，以取消对所有头部信息的打印，并在 FTP 和 TELNET 协议中只寻找用户名和密码。

　　　b. 修改程序以打印根据机器的 IP 地址所找到的用户名和密码。

　　　c. 使用程序来搜寻网络上的用户名和密码。

　　　d. 评论这个程序是如何使用及如何放到网络上的。

　　　e. 评论针对这个程序的任何可能的对策。

2. 使用在第 5 章下载的代码和在第 6 章、第 9 章和第 10 章中修改的代码，以及上题的代码。增加代码来执行如下任务：

　　　a. 解码并打印 TELNET 和 FTP 的载荷，用 ASCII 码打印载荷。

　　　b. 给计数器组件中增加一个计数器以记录 TELNET 数据包的数量和 FTP 数据包的数量。在子程序 program_ending( ) 中增加打印这些计数器值的代码。

　　　c. 给计数器组件中增加一个计数器以记录 SSH 数据包的数量和 X-Windows 数据包的数量。在子程序 program_ending( ) 中增加打印这些计数器值的代码。

3. 使用在第 5 章下载的代码和在第 6 章、第 9 章和第 10 章中修改的代码,以及前两题的代码增加代码来执行如下任务:

    a. 给程序中增加一个标志(-s),以取消所有头部信息的打印,在所有数据包的载荷中只寻找 ASCII 字符并打印这些字符。

    b. 给计数器组件增加一个计数器以记录在流量中找到的 ASCII 字节的数量。在子程序 program_ending( )中增加打印这个计数器值的代码。这个计数器可以升级,并打印带标志(-s)的值。

    c. 给计数器组件增加一个计数器以记录在流量中找到的全部字节的数量。在子程序 program_ending( )中增加打印这个计数器的值的代码。这个计数器可以升级,并打印带标志(-s)的值。

参考文献

[1]   Page, J. 1986. Kermit: A file-transfer protocol. *Accounting Review* 61:368-69.

[2]   Walters, W. 1987. Implementing a campus-wide computer-based curriculum. In *Proceedings of the 15th Annual ACM SIGUCCS Conference on User Services*, Kansas City, MO:465-68.

[3]   Banks, M. A. 2000. *The modem reference*. Medford, NJ:Cyberage Books.

[4]   Khare, R. 1998. Telnet: The mother of all (application) protocols. *IEEE Internet Computing* 2:88-91.

[5]   Borman, D. 1994. *Telnet environment option interoperability issues*. RFC 1571.

[6]   Altman, J., and T. Ts'o. 2000. *Telnet authentication option*. RFC 2941.

[7]   Murphy, Jr., T., P. Rieth, and J. Stevens. 2000. *5250 Telnet enhancements*. RFC 2877.

[8]   Hedrick, C. L. 1988. *Telnet remote flow control option*. RFC 1080.

[9]   Postel, J., and J. K. Reynolds. 1983. *Telnet protocol specification*. RFC 0854.

[10]   Leiner, B., et al. 1985. The DARPA Internet protocol suite. *IEEE Communications Magazine* 23:29-34.

[11]   Tam, C. M. 1999. Use of the Internet to enhance construction communication: Total information transfer system. *International Journal of Project Management* 17:107-11.

[12]   Day, J. 1980. Terminal protocols. *IEEE Transactions on Communications* 28:585-93.

[13]   Cohen, D., and J. B. Postel. 1979. On protocol multiplexing. In *Proceedings of the Sixth Symposium on Data Communications*, Pacific Grove, CA:75-81.

[14]   Kantor, B. 1991. *BSD rlogin*. RFC 1282.

[15]   Kantor, B. 1991. *BSD rlogin*. RFC 1258.

[16]   Bahneman, L. 1994. The term protocol. *Linux Journal* 1994(8es).

[17]   Stevens, W. R. 1994. *TCP/IP illustrated*. Reading, MA:Addison-Wesley Professional.

[18]   Rogers, L. R. 1998. *Rlogin (1): The untold story*. NASA.

[19]   Uppal, S. 1989. Performance analysis of a LAN based remote terminal protocol. In *Proceedings of the 14th Conference on Local Computer Networks*, Minneapolis, MN:85-97.

[20]   Stevens, W. R. 1995. *TCP/IP illustrated*. Vol. I, 223-27. Upper Saddle River, NJ:Addision Wesley Publishing Company.

[21]   Scheifler, R. W., and J. Gettys. 1986. The X window system. *ACM Transactions on Graphics (TOG)* 5:79-109.

[22]   Richardson, T., et al. 1994. Teleporting in an X window system environment. *IEEE Personal Communications Magazine* 1:6-12.

［23］ Quercia, V. , and T. O'Reilly. 1993. *X window system user's guide.* Sebastopol, CA：O'Reilly.

［24］ Nye, A. 1995. *X protocol reference manual.* Sebastopol, CA：O'Reilly.

［25］ McCormack, J. , and P. Asente. 1988. An overview of the X toolkit. In *Proceedings of the 1 st Annual ACM SIGGRAPH Symposium on User Interface Software*, 46-55.

［26］ Scheifler, R. W. , et al. 1990. *X-window system：The complete reference to XLIB, X protocol, ICCCM, XLFD：X version 11, release.*

［27］ Postel, J. , and J. Reynolds. 1985. *File transfer protocol (FTP).* STD 9, RFC 959.

［28］ Horowitz, M. , and S. Lunt. 1997. *FTP security extensions.* RFC 2228.

［29］ Bellovin, S. 1994. *Firewall-friendly FTP.* RFC 1579.

［30］ Bhushan, A. K. 1973. *FTP comments and response to RFC* 430. RFC 0463.

［31］ Bhushan, A. , et al. 1971. *The file transfer protocol.* RFC 0172.

［32］ Neigus, N. 1973. *File transfer protocol.* RFC 0542.

［33］ Sollins, K. 1992. *The TFTP protocol* (revision 2). RFC 1350.

［34］ Emberson, A. 1997. *TFTP multicast option.* RFC 2090.

［35］ Malkin, G. , and A. Harkin. 1998. *TFTP option extension.* RFC 2347.

［36］ Aslam, T. , I. Krsul, and E. Spafford. 1996. Use of a taxonomy of security faults. Paper presented at the 19th National Information Systems Security Conference Proceedings, Baltimore.

［37］ Stevens, W. R. , and T. Narten. 1990. Unix network programming. *ACM SIGCOMM Computer Communication Review* 20：8-9.

［38］ Stevens, W. R. 1994. *TCP/IP illustrated.* Vol. 1. *The protocols*, chap. 15. Reading, MA：Addison Wesley.

［39］ Golle, P. , K. Leyton-Brown, and I. Mironov. 2001. Incentives for sharing in peer-to-peer networks. *Electronic Commerce* 14：264-67.

［40］ Tran, D. A. , K. A. Hua, and T. T. Do. 2004. A peer-to-peer architecture for media streaming. *IEEE Journal on Selected Areas in Communications* 22：121-33.

［41］ Androutsellis-Theotokis, S. , and D. Spinellis. 2004. A survey of peer-to-peer content distribution technologies. *ACM Computing Surveys (CSUR)* 36：335-71.

［42］ Androutsellis-Theotokis, S. 2002. A survey of peer-to-peer file sharing technologies. Athens University of Economics and Business.

［43］ Ramaswamy, L. , and L. Liu. 2003. Free riding：A new challenge to peer-to-peer file sharing systems. Paper presented at Proceedings of the Hawaii International Conference on Systems Science. Big Island, HI.

［44］ Lui, S. M. , and S. H. Kwok. 2002, Interoperability of peer-to-peer file sharing protocols. *ACM SIGecom Exchanges* 3：25-33.

［45］ Gummadi, P. K. , S. Saroiu, and S. D. Gribble. 2002. A measurement study of Napster and Gnutella as examples of peer-to-peer file sharing systems. *ACM SIGCOMM Computer Communication Review* 32：82.

［46］ Daswani, N. , H. Garcia-Molina, and B. Yang. 2003. Open problems in data-sharing peer-to-peer systems. In *Proceedings of the 9th International Conference on Database Theory*, Sienna, Italy：1-15.

［47］ Christin, N. , A. S. Weigend, and J. Chuang. 2005. Content availability, pollution and poisoning in file sharing peer-to-peer networks. In *Proceedings of the 6th ACM Conference on Electronic Commerce*, San Diego, CA：68-77.

［48］ Yang, B. , and H. Garcia-Molina. 2002. Improving search in peer-to-peer networks. In *Proceedings of the 22nd International Conference on Distributed Computing Systems*, Vienna, Austria：5-14.

［49］ Kant, K. 2003. An analytic model for peer to peer file sharing networks. In *IEEE International Conference on Communications (ICC'03)*, Anchorage, AK：3.

[50] Saroiu, S., K. P. Gummadi, and S. D. Gribble. 2003. Measuring and analyzing the characteristics of Napster and Gnutella hosts. *Multimedia Systems* 9:170-84.

[51] Scarlata, V., B. N. Levine, and C. Shields. 2001. Responder anonymity and anonymous peer-to-peer file sharing. In *Ninth International Conference on Network Protocols*, Riverside, CA: 272-80.

[52] Aberer, K., and M. Hauswirth. 2002. An overview on peer-to-peer information systems. Paper presented at Workshop on Distributed Data and Structures (WDAS-2002). Paris, France.

[53] Moro, G., A. M. Ouksel, and C. Sartori. 2002. Agents and peer-to-peer computing: A promising combination of paradigms. In *Proceedings of the 1st International Workshop of Agents and Peer-to-Peer Computing (AP2PC2002)*, Bologna, Italy. 1-14.

[54] Howe, A. J. 2000. Napster and Gnutella: A comparison of two popular peer-to-peer protocols. Department of Computer Science, University of Victoria, British Columbia, Canada.

[55] Braione, P. 2002. A semantical and implementative comparison of file sharing peer-to-peer applications. In *Proceedings of the Second International Conference on Peer-to-Peer Computing (P2P 2002)*, Linköping, Sweden: 165-66.

[56] Fellows, G. 2004. Peer-to-peer networking issues—An overview. *Digital Investigation* 1:3-6.

[57] Tzanetakis, G., J. Gao, and P. Steenkiste. 2004. A scalable peer-to-peer system for music information retrieval. *Computer Music Journal* 28:24-33.

[58] Lam, C. K. M., and B. C. Y. Tan. 2001. The Internet is changing the music industry. *Communications of the ACM* 44:62-68.

[59] Leibowitz, N., M. Ripeanu, and A. Wierzbicki. 2003. Deconstructing the KaZaA network. In *Proceedings of the Third IEEE Workshop on Internet Applications (WIAPP 2003)*, San Jose, CA: 112-20.

[60] Liang, J., R. Kumar, and K. W. Ross. 2005. The KaZaA overlay: A measurement study. *Computer Networks Journal* 49(6).

[61] Good, N. S., and A. Krekelberg. 2003. Usability and privacy: A study of KaZaA P2P file-sharing. In *Proceedings of the SIGCHI Conference on Human Factors in Computing Systems*, Fort Lauderdale, FL: 137-44.

[62] Bleul, H., and E. P. Rathgeb. 2005. A simple, efficient and flexible approach to measure multi-protocol peer-to-peer traffic. Paper presented at IEEE International Conference on Networking (ICN '05). Reunion Island.

[63] Lowth, C. 2003. Securing your network against KaZaA. *Linux Journal* 2003(114).

[64] Shin, S., J. Jung, and H. Balakrishnan. 2006. Malware, prevalence in the KaZaA file-sharing network. In *Proceedings of the 6th ACM SIGCOMM on Internet Measurement*, Rio De Janeiro, Brazil: 333-38.

[65] Sen, S., and J. Wang. 2004. Analyzing peer-to-peer traffic across large networks. *IEEE/ACM Transactions on Networking (TON)* 12:219-32.

[66] Balakrishnan, H., et al. 2003. Looking up data in P2P systems. *Communications of the ACM* 46:43-48.

[67] Liang, J., et al. 2005. Pollution in P2P file sharing systems. In *Proceedings of the 24th Annual Joint Conference of the IEEE Computer and Communications Societies (INFOCOM 2005)*, Miami, FL: 2.

[68] Karagiannis, T., A. Broido, and M. Faloutsos. 2004. Transport layer identification of P2P traffic. In *Proceedings of the 4th ACM SIGCOMM Conference on Internet Measurement*, Taormina, Italy: 121-34.

[69] Spognardi, A., A. Lucarelli, and R. Di Pietro. 2005. A methodology for P2P file-sharing traffic detection. In *Second International Workshop on Hot Topics in Peer-to-Peer Systems (HOT-P2P 2005)*, San Diego, CA: 52-61.

[70] Liang, J., N. Naoumov, and K. W. Ross. 2006. The index poisoning attack in P2P file-sharing systems. Paper presented at Infocom 2006. Barcelona, Spain.

[71] Ripeanu, M. 2001. Peer-to-peer architecture case study: Gnutella network:. In *Proceedings of International Conference on Peer-to-Peer Computing*, Linköping, Sweden: 101.

[72] Zeinalipour-Yazti, D. 2002. Exploiting the security weaknesses of the Gnutella protocol, http:llwww. cs. ucr. edu/ncsyiazti/courses/cs260-2/ project/gnutella. pdf, accessed August 23, 2008.

[73] Saroiu, S. , P. K. Gummadi, and S. D. Gribble. 2002. A measurement study of peer-to-peer file sharing systems. Paper presented at Proceedings of Multimedia Computing and Networking. San Jose, CA.

[74] Kwok, S. H. , and K. Y. Chan. 2004. An enhanced Gnutella P2P protocol: A search perspective. In *18th International Conference on Advanced Information Networking and Applications* (*AINA 2004*), Fukuoha, Japan: 1.

[75] Aggarwal, V. , et al. 2004. Methodology for estimating network distances of Gnutella neighbors. Paper presented at GI Informatik—Workshop on P2P Systems. Ulm, Germany.

[76] Karagiannis, T. , et al. 2004. Is P2P dying or just hiding? Paper presented at IEEE Globecom. Dallas, TX.

[77] Klingberg, T. , and R. Manfredi. 2002. *The Gnutella protocol specification*;v0. 6. Technical specification.

[78] Matei, R. , A. Iamnitchi, and E Foster. 2002. Mapping the Gnutella network. *IEEE Internet Computing* 6: 50-57.

[79] Pouwelse, J. A. , et al. 2004. *A measurement study of the BitTorrent peer-to-peer file-sharing system.* Technical Report PDS-2004-007, Delft University of Technology Parallel and Distributed Systems Report Series.

[80] Pouwelse, J. A. , et al. 2005. The BitTorrent P2P file-sharing system: Measurements and analysis. Paper presented at International Workshop on Peer-to-Peer Systems (IPTPS). Ithaca, NY.

[81] Yang, W. , and N. Abu-Ghazaleh. 2005. GPS: A general peer-to-peer simulator and its use for modeling BitTorrent. In *Proceedings of the International Symposium on Modeling, Analysis, and Simulation of Computer and Telecommunication Systems* (*MASCOTS*), Atlanta, GA: 425-32.

[82] Bharambe, A. R. , C. Herley, and V. N. Padmanabhan. 2006. Analyzing and improving a BitTorrent network's performance mechanisms. Paper presented at Proceedings of IEEE INFOCOM. Barcelona.

[83] Guo, L. , et al. 2005. Measurements, analysis, and modeling of BitTorrentlike systems. In *Internet Measurement Conference*, Berkeley, CA: 19-21.

[84] Davis, B. C. , and T. Ylonen. 1997. Working group report on Internet/intranet security. In *Proceedings of the Sixth IEEE Workshop on Enabling Technologies: Infrastructure for Collaborative Enterprises*, Cambridge, MA: 305-8.

[85] Barrett, D. J. , R. E. Silverman, and R. G. Byrnes. 2005. *SSH, the secure shell: The definitive guide.* Sebastopol, CA: O'Reilly Media.

[86] Miltchev, S. , S. Ioannidis, and A. D. Keromytis. 2002. A study of the relative costs of network security protocols. In *Proceedings of the USENIX Annual' Technical Conference, Freenix Track*, Monterey, CA: 41-48.

[87] Poll, E. , and A. Schubert. 2007. Verifying an implementation of SSH. Paper presented at Workshop on Issues in the Theory of Security (WITS'07). Braga, Portugal.

[88] Song, D. X. , D. Wagner, and X. Tian. 2001. Timing analysis of keystrokes and timing attacks on SSH. In *Proceedings of the 10th Conference on USENIX Security Symposium*, Vol. 10, Washington, DC: 25.

[89] Jurjens, J. 2005. Understanding security goals provided by crypto-protocol implementations. In *Proceedings of the 21 st IEEE International Conference on Software Maintenance* (*ICSM '05*), Budapest, Hungary: 643-46.

[90] Vaudenay, S. 2005. *A classical introduction to cryptography: Applications for communications security.* New York, NY: Springer.

[91] Longzheng, C. , Y. Shengsheng, and Z. Jing-li. 2004. Research and implementation of remote desktop protocol service over SSL VPN. In *Proceedings of the IEEE International Conference on Services Computing* (*SCC 2004*), Shanghai, China: 502-5.

[92] Tsai, P. L. , C. L. Lei, and W. Y. Wang. 2004. A remote control scheme for ubiquitous personal computing. In *2004 IEEE International Conference on Networking, Sensing and Control*, Taipei, Taiwan: 2.

[93] Miller, K. , and M. Pegah. 2007. Virtualization: Virtually at the desktop. In *Proceedings of the 35th Annual ACM SIGUCCS Conference on User Services*, Portland, OR: 255-60.

第四部分　网络减灾

第 12 章　常用网络安全设备

第四部分将讨论几种常用的基于网络的设备，这些设备在网络交换中可以减少或者探测到网络流量中包含的攻击。我们将不再深入探讨这些设备如何工作，而是介绍它们的一般类型和功能。基于网络的减灾方法只是整个安全防护系统的一个部分。正如它们的名字所表示的，这些设备能够很好地抵御基于网络的攻击。

第12章 常用网络安全设备

第12章将讨论三种不同类型的设备。首先是防火墙,防火墙在设计上只允许无害流量通过网络;第二种是入侵检测设备,它设计用来检测网络流量,以确定流量是否为攻击流量;最后一种是数据丢失防护设备,它可以阻止敏感或者隐私数据丢失。所有这三种设备都部署在网络中或者靠近互联网的连接处,并且与其他网络设备(例如路由器等)结合使用。

12.1 网络防火墙

网络防火墙是用来检测通过它的每一个数据包,决定这个数据包是允许进入网络还是将其阻止在外[1~13]。根据它们所处的层不同,防火墙分为几种不同的类型,这里我们指防火墙出现在网络层(例如路由器或应用),并非是用来决定数据包是否被阻止的层的头部信息。网络防火墙在无线路由器等装置中很常用。图12.1表示了网络防火墙内部的一般概念。

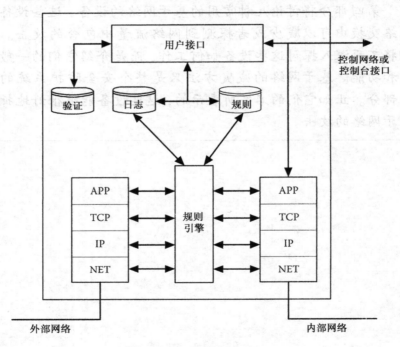

图 12.1　网络防火墙

图12.1所示的是一种有两个网络接口的网络防火墙。当每个数据包到达路由器的入口时,都按照规则引擎与一组规则进行比较。如果进入的数据包与规则库中的允许标准一致,那么数据包就可以进入内部网络。应该指出的是,除这里讨论的类型之外,防火墙还有很多种不同的配置;然而其基本的概念是一样的。规则引擎通常使用协议头部,在有些情况下也使用数据载荷来决定过滤规则。

规则引擎一般使用两种常用的规则,分别是有状态的和无状态的。无状态规则用于独立于其他数据包的每一个数据包。典型的如端口号和 IP 地址使用无状态规则。例如一条除了端口 53(DNS)之外将阻止所有 UDP 端口的规则就是一个无状态规则。有状态规则使用多个数据包来决定该数据是否应该被阻止还是通过。例如某条规则会阻止所有 53 号端口上进来的 DNS数据包，除非有一个待定的外部 DNS 请求，这就是一个状态型规则。有状态规则在应用和配置时更加复杂，但是它的确对进入网络的数据包提供了更强的控制能力。大多数防火墙都是两种类型规则并用。

图 12.1 表明了用户接口访问防火墙配置的机理。配置机制的访问可以通过内部网络、一种独立的网络接口或者通过一个直接连接的控制台。基于网络的用户接口经常是基于 Web 的，它提供了一种更新规则和访问防火墙日志文件的方法。通过用户接口访问防火墙配置经常是受密码保护的。大多数机构的防火墙设置都通过内部接口来管理。用户常犯的一种错误是允许他们的防火墙从外部管理。无线路由器常常出现这种情况。一些机构建立了独立网络用于管理所有的网络和安全设备。这种独立的网络典型的是通过 NAT 或防火墙与互联网隔离。

本节我们将探讨 4 种不同类型的网络防火墙。每种类型在普通场合都可以应用，而且可以通过两块网卡安装在标准个人电脑中。许多不同的安全和网络产品提供商都能提供这些防火墙产品。图 12.2 给出了一种工作在物理网络层的防火墙，常称其为透明防火墙。

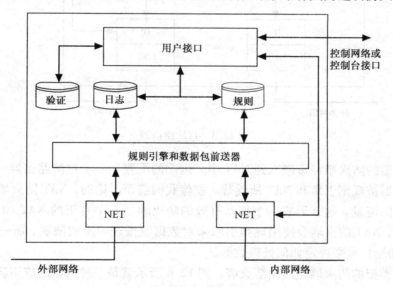

图 12.2　透明防火墙

透明防火墙不作为路由器、NAT 或者应用程序出现在网络中。图 12.2 给出了一种带有两个网络接口且配置为诱骗流量的防火墙。到目前为止，对于我们所关注的网络和网络上的设备，只有透明防火墙不存在于网络上。透明防火墙规则引擎会检查所有的数据包以决定数据包是否允许通过，如果这个数据包允许通过，就被转发到其他网络接口。典型的透明防火墙规则包含拦截规则和默认通过规则。透明防火墙的优势在于不必改变网络的配置就可以部署防火墙。透明防火墙可以部署在整个单位内，以限制内部用户访问内部的资源。透明防火墙由于无法降低流量并且没有充足的时间处理数据包，因此通常执行无状态规则和简单有状态规则。另外一个实现透明防火墙的方法是使用一个网络接口。这种透明防火墙工作在传输控制层(TCP)流量上，并且通过 TCP 重置数据包来拦截不想要的应用协议。

　　另外一种防火墙的类型经常称为过滤或屏蔽路由器，如图 12.3 所示。过滤路由器就像一个普通的路由器一样工作，只不过它使用规则来确定数据流是否被过滤。典型的过滤路由器允许数据流通过，同时它的规则集包含了主要的拦截规则。规则集通常是无状态的，因为路由器本身就已经是一个瓶颈。大多数的路由器都有规则引擎，可以允许基于协议类型、IP 地址和端口号过滤数据流。本书前面章节在讨论 ICMP 协议时就讨论过这个问题。过滤路由器经常作为连接到互联网的路由器实现。

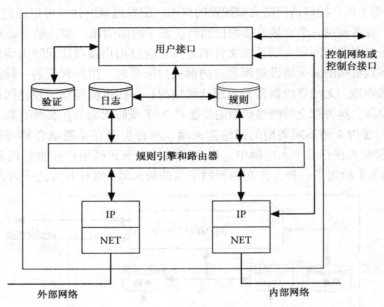

图 12.3　过滤路由器

　　第三种类型的防火墙经常嵌入到 NAT 中。内部的配置和一个过滤路由器一样，只不过规则引擎和路由器被规则引擎和 NAT 所代替。就像我们前面讨论的，NAT 防火墙除了通过隧道阻止一切进来的流量。这就形成一个相当有效的防火墙。一个真正的 NAT 和一个 NAT 防火墙的区别在于，NAT 防火墙会使用规则引擎来对数据流做进一步的限制，而一个标准的 NAT 使用 IP 地址和端口号来决定如何处理数据。

　　最后一种类型的防火墙是应用防火墙。图 12.4 所示就是一种典型的应用防火墙。应用防火墙允许用户通过防火墙上运行的网关来进行连接，并且通过应用网关来连接内部的应用。应用网关要求用户使用前必须提供相应的权限。防火墙的权限处理和最终应用的权限处理相互分离。应用防火墙是非常严格的，对于用户来说不透明。典型的应用防火墙支持简单防火墙规则上的 NAT 信道等应用。

　　防火墙的另一个问题是它在网络中的位置问题，我们在前面提到过，防火墙一般部署在机构和互联网之间。图 12.5 给出了几种常见的防火墙部署位置。应该指出的是，防火墙部署有几种不同的技术方案，它取决于机构的访问和安全要求。

　　由图 12.5 可以看出，防火墙 FW1 是一个过滤路由器，是路由器的一部分，它负责连接机构到互联网。在过滤路由器的后面是一个 DMZ 网络，这个网络部署有提供给互联网用户访问的服务器，例如 Web 服务器和电子邮件服务器。防火墙背后的思想是，由互联网来的用户可以充分访问 DMZ 区域。部署在 DMZ 区的服务器是面向攻击的区域，DMZ 通过另外一个防火墙与机构内部网隔离开。这个防火墙一般是 NAT 或基于路由器的防火墙。这个防火墙比 FW1 有更多的规则限制，通常只有符合 FW2 规则的外部流量才能由公共服务区进入有限的端口。

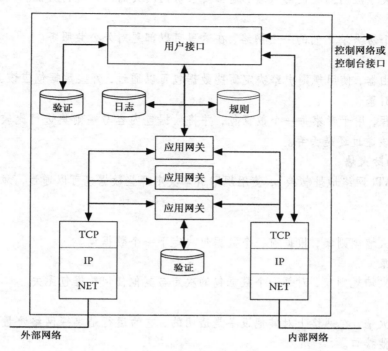

图 12.4　应用防火墙

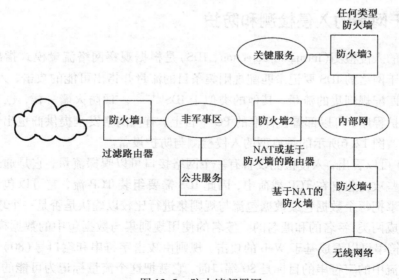

图 12.5　防火墙部署图

大多数机构都部署 DMZ，图 12.5 给出了在这个机构内部还部署了另外两个防火墙。FW3 位于机构内部，只要能防护机构内部的关键服务，任何类型的防火墙都可以，取决于用户要求访问的类型。FW4 用于防护内部网与无线互联网，它部署为无线路由器的一部分。

定　义

基于应用的防火墙

　　一种安装了应用网关的防火墙，通常要求访问网关的用户进行验证。

DMZ

　　介于两个防火墙之间的一个网络，在这里可以部署对外公共服务。

过滤路由器

　　一种路由器，使用规则引擎决定哪些数据包可以通过，哪些数据包应该丢弃。

防火墙规则引擎

　　一种进程，用于考察每一个数据包，并将数据包内容与规则集进行比较，以便决定数据包是应该通过还是丢弃。

基于 NAT 的防火墙

　　一种 NAT(网络地址转换)，使用规则引擎决定哪些数据包可以通过，哪些数据包应该丢弃。

状态规则集

　　一组防火墙规则集，根据前一个数据包决定下一个数据包。

无状态规则集

　　一组防火墙规则集，对每一个数据包的决定与其他任何数据包无关。

透明防火墙

　　一种防火墙，在网络上对其他设备是透明的，它的运行是嗅探网络流量并传递可接收流量到其他接口。

12.2　基于网络的入侵检测和防护

　　基于网络的入侵检测(intrusion detection，IDS)是根据观察网络流量模式指出攻击可能发生的思想。基于网络的 IDS 要记录匹配规则集条目的流量并指出可能的攻击，入侵防护设备，除了可以阻塞匹配规则集的流量，其他的类似于 IDS[14~35]。像防火墙一样，也有几类公共域入侵检测与防护程序，可以部署在标准的 PC 平台上，有些网络安全提供商也出售入侵检测产品与防护设备。图 12.6所示的是典型的入侵检测与防护设备。

　　由图 12.6 可以看出，入侵检测设备有一个网络接口可以嗅探流量，它是通过规则引擎实现的。由于有些攻击包含在 TCP 载荷中，因此 IDS 需要组装 TCP 流，它可以包含在多个数据包中。规则引擎把每个数据包或数据包流与规则集进行比较以确认是否是一个攻击。

　　规则集分成两类:签名的和匿名的。签名的使用规则集与数据包中的数据模式进行匹配。例如，某些字符串可以看成基于 Web 的攻击，规则由攻击字符串和端口号(80)组成。当规则集发现数据包流中的字符串的目标是 80 端口时，它就把这个流量标记为可能的攻击。对于匿名的规则集，规则引擎寻找网络上非正常的流量。例如，某个过大的流量也预示为攻击，IDS 最常见的类型是签名的，也有一些是匿名的。

　　IDS 与入侵防护系统(intrusion prevention system，IPS)的主要区别是，IPS 一般有两个网络接口，通常配置成类似透明防火墙，IPS 使用规则引擎阻塞与规则集匹配的流量。

　　有两个问题使得 IDS 与 IPS 的使用变得复杂起来，首先是它们检测的效果如何，IDS 与

IPS 的规则集也是很复杂的，且并不能总是正确地检测出攻击流量。一个规则引擎有三种可能的结果，第一种结果是规则集正确地识别数据包或数据包流量为攻击流量。

第二种结果是规则引擎识别流量为攻击流量，但实际上它不是，这叫误判。误判可以引起这样的问题，即日志空间被大量占用，引起资源（人力、时间等）花费在追逐非攻击上。对于 IPS 来说，误判可能引起设备阻塞正常流量。这就是许多机构没有广泛部署 IPS 的理由之一，就是安装了，也只能根据规则子集进行阻塞。另一种类型的误判是设备检测到一个攻击，但攻击并不能在机构内任何设备上起作用。例如，IDS 能检测到一个针对 TELNET 协议的攻击，但如果这个机构没有运行任何 TELNET 服务器，那么这个攻击就不能对任何设备起作用，这类误判占满了日志文件。

第三种结果是设备没有检测到攻击，这叫漏判，漏判会引起明显的问题，因为攻击流量发生了但没有通知。IDS 与 IPS 设备制造商在积极努力减少误判和漏判的数量，但两者之间有个平衡的问题，常常是你减少了这一方，就意味着增加了另一方。

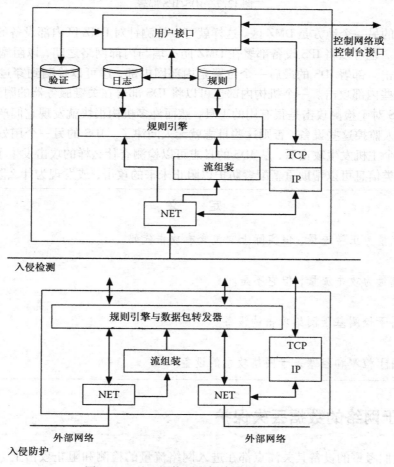

图 12.6 基于网络的入侵检测与防护设备

其次是 IDS 与 IPS 部署的位置，如图 12.7 所示，IDS/IPS 可以部署在几个地方，一是路由器与互联网之间，这里部署 IDS 表明有大量的入侵来自于互联网，由于许多攻击不能穿过防火墙，这样设备就记录了不需要记录的攻击。IDS 部署在这里的唯一理由是发现针对机构内部的攻击流量级别有没有什么倾向。

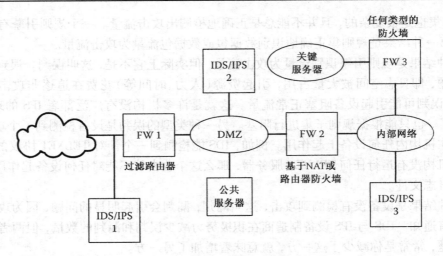

图 12.7　IDS/IPS 部署

部署 IDS 的另一个地方是 DMZ 区，这样就可以检测针对 DMZ 区内部设备的攻击和针对内部网络的攻击。也可以将 IPS 设备部署在 DMZ 防火墙与内部网络之间，以阻塞任何由防火墙可以捕获的攻击。部署 IDS 的最后一个位置是内部网内部，这可以检测到穿过防火墙的任何攻击或检测一些内部攻击。一个机构内部也可以将 IDS 部署在关键服务器的附近。

IDS 与 IPS 对于检测攻击是很有用的工具，然而许多机构很快就发现它们产生了大量的日志，除非有专人监控这些设备，否则这些日志就无人问津了。IDS 的另一个用处是提供攻击后的数据，对一个主机发生攻击后，从 IDS 的日志可以检测有什么样的攻击发生了，还会有什么样的攻击，这类信息可以帮助重新配置防护以阻止未来的攻击，或发现为什么防护失败。

定　义

漏判

　标注流量为正常流量，但实际上它包含有攻击代码。

误判

　标注流量为攻击流量，但它不是。

入侵检测

　一种用于检测基于网络攻击的设备。

入侵防护

　一种用于检测和阻塞基于网络攻击的设备。

12.3　基于网络的数据丢失保护

这一章我们考察的设备其关注点都在进入网络流量的检测和阻止攻击上。关于设备一个新的并且正在增长的市场是保证数据的秘密和私密性（例如，信用卡、社会安全号和医疗日志），以防止数据流出机构。这就是数据丢失保护（data loss prevention，DLP），图 12.8 给出了一个 DLP 设备的一般配置。

由图 12.8 我们可以看出，这个设备类似于 IDS/IPS，主要区别在规则引擎，且增加了一个代理服务器。规则引擎分析 TCP 载荷以决定内容是否与数据私密性政策有冲突。

有几种方法可以用于决定数据是否是秘密的或专用的，数据可以分成两种类型：结构化和非结构化。结构化数据由数据元素组成，可以与一个表相对应，或与类似于信用卡号的结构化表对应。非结构化数据一般包含私人信息，如备忘录、信件或其他内部文件这样的文档。结构化数据可以用几种不同的方法进行检测，在 DLP 设备里有一个专用数据元素列表用于对数据进行严格比对，即把网络流量与列表进行比较。应该指出的是，大多数 DLP 设备存储数据元素的哈希值，同时计算网络流量的哈希值，并比较两个哈希值。结构化数据分类的另一个方法是使用正则表达式。社会安全号常常适合这种分类，因为它们可以用许多不同的形式表达（例如带"一"和不带"一"）。

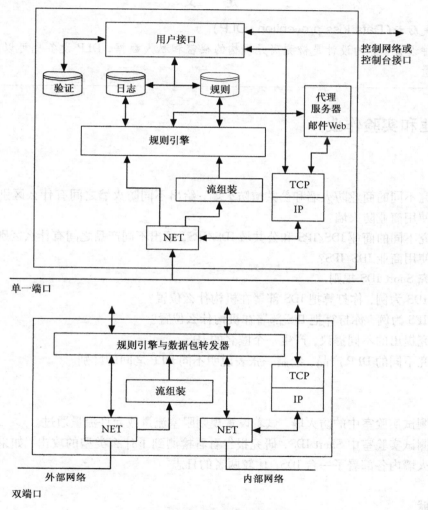

图 12.8 基于网络的数据丢失保护

处理非结构化数据的一种方法为特征值处理，这种方法要求分析原文档并产生特征值，特征值是文档的部分哈希值。网络流量被特征化，其网络特征值与由原文档产生的特征值表进行比较。另一个处理非结构化文档的方法为词汇分析法，这种方法分析流量是看文档是否匹配规则集。例如，医疗数据会包含医疗术语、ID 号和看起来像病人名字的类似内容，有这些术语的组合就可以把文档划到私人数据一类。

　　DLP 设备一旦捕捉到私人数据,处理它有几种方法。有一些设备的设计用于捕获网络上所有流量,这样机构可以检查是否有什么冲突,因为这些设备一般不打算阻止冲突。另一类型的设备企图阻止冲突,但由于花费大量时间分析,因此实现起来很困难。许多这类设备阻塞代理服务器通过的有冲突的流量,两个最常用的代理服务器类型是电子邮件和 Web。电子邮件代理服务器就像 MTA,一旦 DLP 设备检测到有冲突,就可以阻塞它。在电子邮件情况下,也可以采用加密模式将消息转发到目标,对于社会安全号码、信用卡一类的数据常采用这种处理。DLP 设备也可以暂存冲突电子邮件消息,直到管理员释放它或删除它。

定　义

数据丢失防护(Data loss prevention, DLP)

　　一种设备,它的设计是检测离开机构的秘密和私人数据,DLP 设备也可以阻塞有冲突的流量。

课后作业和实验作业

课后作业

1. 研究不同的商业防火墙和公共域防火墙,给出不同防火墙之间有什么区别? 为什么有人使用商业防火墙?
2. 研究不同的商业 IDS/IPS 和公共域 IDS/IPS,给出不同产品之间有什么区别? 为什么有人使用商业 IDS/IPS?
3. 研究 Snort IDS 规则。
4. 以 IDS 为例,你打算把 IDS 部署在机构什么位置?
5. 以 IPS 为例,你打算把 IPS 部署在机构什么位置?
6. 研究提出的不同提议,产生一个匿名的 IDS。
7. 研究不同的 DLP 产品,绘制一张表说明不同 DLP 之间的区别。

实验作业

1. 用测试实验室中的防火墙,试着设置规则阻塞流量或允许流量通过。
2. 用测试实验室中 Snort IDS,研究报告看看检测到了什么类型的攻击,如果防火墙外和防火墙内各部署了一台 IDS,比较两者的日志。

参考文献

［1］　Lucas, M. , A. S ingh, and C. Cantrell. 2006. Firewall policies and VPN configurations. Rockland, MA: Syngress Media.

［2］　Rowan, T. 2007. Application firewalls: Filling the void. *Network Security* 2007:4-7.

［3］　Gouda, M. G. , and A. X. Liu. 2007. Structured firewall design. *Computer Networks* 51:1106-20.

［4］　Loh, Y. S. , et al. 2006. Design and implementation of an XML firewall. In *2006 International Conference on Computational Intelligence and Security*, Guangzhou, China: 2.

[5]　Jia, Z. , S. Liu, and G. Wang. 2006. Research and design of NIDS based on Linux firewall. In *2006 1st International Symposium on Pervasive Computing and Applications*, Xiniiang, China: 556-60.

[6]　Gawish, E. K. , et al. 2006. Design and FPGA-implementation of a flexible text search-based spam-stopping firewall. Paper presented at Proceedings of the Twenty-Third National Radio Science Conference, Menout, Egypt. (NRSC 2006).

[7]　Goldman, J. E. 2006. Firewall architectures. In *Handbook of information security*, Vol. III, Chapter 170.

[8]　Goldman, J. E. 2006. Firewall Basics. In *Handbook of information security*, Vol. III, Chapter 169.

[9]　Byrne, P. 2006. Application firewalls in a defense-in-depth design. *Network* Security 2006:9-11.

[10]　Hamed, H. , and E. Al-Shaer. 2006. Dynamic rule-ordering optimization for high-speed firewall filtering. In *Proceedings of the 2006 ACM Symposium on Information*, Computer and Communications Security, Taipei, Taiwan: 332-42.

[11]　Zhou, C. , Z. Dai, and L. Jiang. 2007. Research and implementation of complex firewall based on netfilter. *Jisuanji Celiang yu Kongzhi/Computer Measurement and Control* 15:790-91.

[12]　Zhang, C. C. , M. Winslett, and C. A. Gunter. 2007. On the safety and efficiency of firewall policy deployment. In *IEEE Symposium on Security and Privacy*, Oakland, CA: 33-50.

[13]　Firewall, B. I. M. 2006. Product roundup. *Infosecurity Today* 3:12.

[14]　Biermann, E. , E. Cloete, and L. M. Venter. 2001. A comparison of intrusion detection systems. *Computers and Security* 20:676-83.

[15]　Hegazy, I. M. , et al. 2005. Evaluating how well agent-based IDS perform. *IEEE Potentials* 24:27-30.

[16]　Bace, R. , and P. Mell. 2001. *NIST special publication on intrusion detection systems*.

[17]　Antonatos, S. , et al. *2004.* Performance analysis of content matching intrusion detection systems. In *Proceedings of the* 2004 *International Symposium on Applications and the Internet*, Tokyo, Japan: 208-15.

[18]　Jansen, W. A. 2002. Intrusion detection with mobile agents. *Computer Communications* 25:1392-401.

[19]　Cavusoglu, H. , B. Mishra, and S. Raghunathan. 2005. The value of intrusion detection systems in information technology security architecture. *Information Systems Research* 16:28-46.

[20]　Markatos, E. P. , et al. 2002. Exclusion-based signature matching for intrusion detection. In *Proceedings of the IASTED International Conference on Communications and Computer Networks (CCN)*, Cambridge, MA: 146-52.

[21]　Undercoffer, J. , A. Joshi, and J. Pinkston. 2003. Modeling computer attacks: An ontology for intrusion detection. Paper presented at 6th International Symposium on Recent Advances in Intrusion Detection. Pittsburg, PA.

[22]　Mell, R. , D. Marks, and M. McLarnon. 2000. A denial-of-service resistant intrusion detection architecture. *Computer Networks* 34:641-58.

[23]　Pillai, M. M. , J. H. P. Eloff, and H. S. Venter. 2004. An approach to implement a network intrusion detection system using genetic algorithms. In *Proceedings of the 2004 Annual Research Conference of the South African Institute of Computer Scientists and Information Technologists on IT Research in Developing Countries*, Maputo, Mozambigue: 221.

[24]　Charitakis, I. , K. Anagnostakis, and E. Markatos. 2003. An active traffic splitter architecture for intrusion detection. In *11th IEEE/ACM International Symposium on Modeling*, Analysis and Simulation of Computer Telecommunications Systems (MASCOTS 2003), Orlando, FL: 238-41.

[25]　Axelsson, S. 1999. The base-rate fallacy and its implications for the difficulty of intrusion detection. In *Proceedings of the 6th ACM Conference on Computer and Communications Security*, Singapore: 1-7.

[26]　Alpcan, T. , and T. Basar. 2003. A game theoretic approach to decision and analysis in network intrusion detection. In *Proceedings of the 42nd IEEE Conference on Decision and Control*, Maui, HI: 3.

[27] Sequeira, D. 2003. Intrusion prevention systems: Security's silver bullet? *Business Communications Reviews* 33:36-41.

[28] Rash, M., and A. Orebaugh. 2005. *Intrusion prevention and active response: Deploying network and host IPs*. Syngress. Rockland, MA: Media.

[29] Mattsson, U. 2004. A practical implementation of a real-time intrusion prevention system for commercial enterprise databases. *Data Mining V: Data Mining, Text Mining and Their Business Applications*, 263-72.

[30] Zhang, X., C. Li, and W. Zheng. 2004. Intrusion prevention system design. In *Fourth International Conference on Computer and Information Technology (CIT '04)*, Wuhan, China: 386-90.

[31] Wilander, J., and M. Kamkar. 2002. A comparison of publicly available tools, for static intrusion prevention. In *Proceedings of the 7th Nordic Workshop on Secure IT Systems, Karlstad, Sweden*: 68-84.

[32] *Janakiraman, R. W., and M. Q. Zhang. 2003. Indra: A peer-to-peer approach to network intrusion detection and prevention. In* Proceedings of the Twelfth IEEE International Workshop on Enabling Technologies: Infrastructure for Collaborative Enterprises (WET ICE *2003), Linz, Austria*: 226-31.

[33] *Ierace, N., C. Urrutia, and R. Bassett. 2005. Intrusion prevention systems.* Ubiquity 6:2.

[34] *Fuchsberger, A. 2005. Intrusion detection systems and intrusion prevention systems.* Information Security Technical Report 10:134-39.

[35] *Schultz, E. 2004. Intrusion prevention.* Computers and Security 23:265-66.

附录 A 密 码 学

在这个附录中我们探讨在网络安全中经常使用的三个基本加密方法背后的基本概念。它们分别是哈希函数、对称密钥加密和非对称密钥加密[1~11]。哈希函数用于把原数据转换成固定长度表达式,加密用于把数据转换成只有具有密钥的人才能阅读的格式。这个附录只是为需要了解这三个概念的读者提供基本信息,而不介绍算法的内部工作原理。

A.1 哈希函数

哈希函数是一种将任意长度数据输入转换成固定长度数据元素的单向函数,这个函数又称为多对一函数,这意味着由许多不同的输入数据集,可以产生相同的输出值。哈希函数的设计是让人只知道输出但不知道输入,哈希函数输出的长度决定了可能的哈希值。典型的哈希值有 16 字节,可产生 2^{128} 次方的可能的哈希值(大约为 3.4×10^{38})。

哈希函数在网络安全环境中有几个用法,哈希函数是一个将密码转换成数值并存储在密码文件中的常用方法,图 A.1 所示的是使用哈希运算产生和检查密码的示意图。哈希运算用于处理密码并存储在密码文件中,当系统需要对一个用户进行验证时,用户提供用户名(哈希函数用来在密码文件中索引)和密码,用户密码经过哈希运算,其值与存储在密码文件中的值进行比较。使用哈希函数允许系统将密码值以不易解码的格式存储,解码密码条目的一般方法要求使用软件程序,将密码与经过哈希运算处理的值进行组合,且将两个值进行比较。

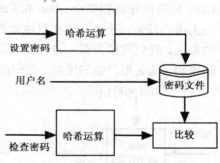

图 A.1 密码经过哈希函数的处理

哈希函数的另一种用法是显示数据没被修改过,这叫签名。当你搜索一个文件时,哈希签名用于唯一识别要找的文件。哈希签名的一个问题是如何保证哈希签名不被修改,且保证签名对应的是原文件。方法之一是随同文件一起发布哈希值,这种方法一般用于从 Web 站点得到的文件。开源应用采用这个方法以确认软件的有效性。另一种方法是确保哈希值没被修改过,且属于某个需要加密的文件,一般称此为数字签名,稍后在 A.2 节会探讨它。

A.2 对称密钥加密

对称密钥加密是一种让需要加密和解密数据的各方都公开密钥的方法,如图 A.2 所示,加密和解密的方法是相同的。当对原数据施密,它就转换成密文,密文通过使用同样的密钥(即加密数据的密钥)转换成原数据。有很多算法可以用于对称密钥加密,不同算法的区别在于密钥长度和算法计算时间。

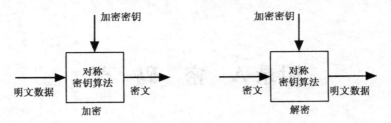

图 A.2　对称密钥加密

　　采用对称密钥加密有几个与安全相关的问题需要考虑。一是密钥发布，我们在图 A.2 可以看到，消息的发送与接收者都需要密钥。对称密钥又称为共享密钥，使用对称密钥加密的系统强度取决于采用的共享与保护共享密钥的方法。对称密钥加密的常见用法是加密双方应用程序的数据，为双方应用之间的连接产生新的密钥，并采用非对称密钥加密在双方应用中传递。

　　由于有时使用加密保证应用、设备或人员的身份，因此我们需要探讨加密和解密一条消息意味着什么。在对称密钥加密中，消息只能由知道共享密钥的某人解密。图 A.3 给出了一个使用对称密钥加密帮助验证用户的例子。可以看出，Alice 使用密钥 K1 加密了一条消息，并发送了那条消息，如果 Bob 和 Carol 都知道密钥 K1，他们就可以解密那条消息。现在的问题是，如何证明这一点呢？Alice 知道只有知道 K1 的人才能打开这条消息，因此她必须信任 Bob 和 Carol 能够保守密钥安全，Bob 和 Carol 也知道是知道密钥 K1 的某人产生的这条消息，可能是三人中的任何一个人，这样对称密钥加密就出现了基本的问题。为了确保任何一对人员之间的安全，我们需要为每一方可能的通信采用单独密钥。对于图 A.3 给出的例子我们就需要 3 个密钥，随着用户数的增加，密钥的管理变得很困难。那么非对称密钥加密解决了这个问题。

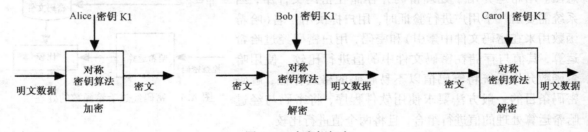

图 A.3　多密钥加密

　　下一个问题是破解加密的可能性。基本上来说，加密是一种使用密钥操纵数据的数学运算。目标是使得密钥足够大，使尝试每一种可能的组合花费的时间长到难以忍受。和密码不同，那里的密钥的长度较短且限制于可打印字符。而在对称密钥加密中使用的密钥一般都很大，且对某些字符没有限制。在对称密钥加密系统中密钥的长度范围一般从 128 比特（3.4×10^{38} 个可能密钥）到 1024 比特（1.7×10^{308} 个可能密钥），这使得对每一种组合的试图解密几乎不可能。攻击者往往从密钥产生方法和密钥发布系统入手，而不是猜测可能的密钥。有通过给出足够多的数据来攻击加密算法的方法，但这些知识超出了本书的范围。

A.3　非对称加密

　　非对称密钥加密通常又称为公钥加密，它采用在数学上相关的两个密钥，图 A.4 示意了非对称加密。在图 A.4 中给出了两个算法，一个用于加密，一个用于解密。相互匹配的密钥之一可以用于加密数据，另一个密钥用于解密数据。这个想法就是使用相互匹配的密钥之一作为公钥，并让对方知道，另一个匹配的密钥是私钥要保持秘密。图 A.5 显示了公钥和私钥如何用于加密多个应用程序之间的数据。如果 Alice 使用私钥加密数据，那么知道 Alice 公钥的任何人都可以阅读那条消息。在图 A.5 中，Bob 和 Carol 都能解密这条消息，他们知道是知道 Alice 私钥的人产生的这条消息。

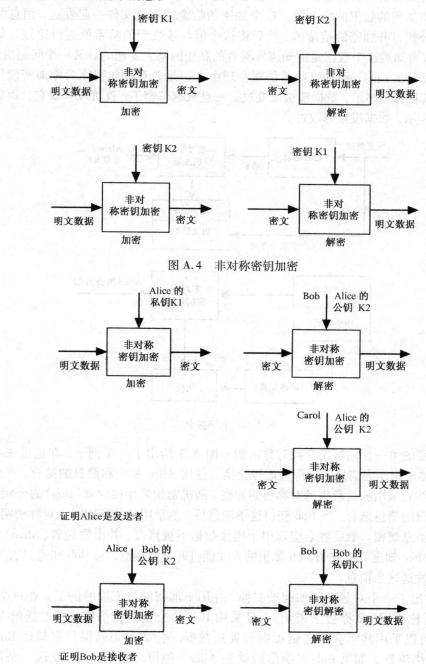

图 A.4 非对称密钥加密

图 A.5 使用非对称密钥加密

    如果 Alice 想只给 Bob 发送一条加密消息，她应该使用 Bob 知道的公钥加密这条消息，只有知道 Bob 私钥的人才能打开这条消息。对于非对称密钥加密的一个很重要的问题是私钥的安全性问题，私钥通常采用对称密钥加密方法加密保护。这样，某人为了使用私钥，他就需要知道密码。

    使用非对称加密有几种方法，一种方法是产生一个数字签名，如图 A.6 所示，数字签名是使用发送者私钥加密的数据的哈希值。这个加密的哈希值和原文件一起发送，消息的接收者使用发送者的公钥打开加密的哈希值，然后将这个值与接收到的哈希值进行比较。如果两者相等，那么接收者知道这个数据是由知道发送者的私钥的某人发送的。又一个问题出来了，为什么不加密带私钥的消息，而加密哈希值呢？理由之一是非对称加密比对称加密慢得多。另一个理由是，其目标是显示，数据没被改变过。一旦数据解密了，就可以修改它。而数字签名总是可以用于表示，数据没被修改过。

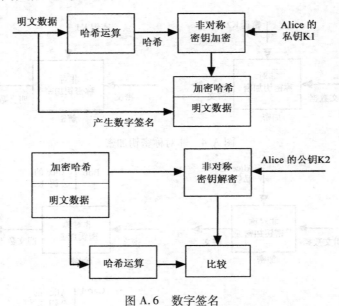

图 A.6   数字签名

    非对称加密的另一个用法是交换对称密钥。图 A.7 给出了一个例子，在这里采用非对称密钥加密，对称密钥作为消息的一部分进行交换。使用 Alice 私钥和消息的结合，产生数字签名。这个消息然后采用随机产生的对称密钥加密，随机密钥采用接收者(Bob)的公钥加密，加密的密钥和加密的消息结合，当 Bob 获得这条消息后，他采用他的私钥脱去对称密钥，然后使用对称密钥给消息解密。数字签名应该用于确保数据不被修改，并由发送者(Alice)发出。在这个例子中，Alice 知道只有知道 Bob 私钥的人才能打开这条消息，且 Bob 知道只有知道 Alice 私钥的人才能发送这条消息。

    图 A.8 给出了一个对称密钥如何被交换，并用于加密网络流量的例子。在这个例子中，Alice 挑选了对称密钥(又称会话密钥)，且采用 Bob 的公钥进行加密，并发送给 Bob。Bob 和 Alice 现在可以采用共享会话密钥加密和发送数据。会话密钥确保只有知道 Bob 私钥的人才能阅读网络流量。如果 Bob 想确信她就是 Alice，他可以请求 Alice 发送一条用她的私钥加密的消息。

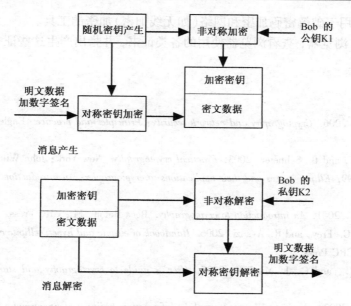

图 A.7 基于消息的对称密钥发布

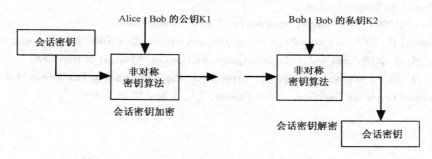

图 A.8 基于网络的对称密钥交换

定　义

数字签名
　　一种加密数据的哈希值，可用于识别数据是否被修改和是谁发送的数据。

私钥
　　密钥对的一方，由密钥的所有者保持秘密。

公钥
　　公-私密钥对的另一方，可以被另一方知道。

课后作业

1. 研究不同的对称密钥加密算法，绘制一张表比较各种基于密钥长度的算法。

2. 对于问题 1 中的每一种算法，假定你一微秒试一个密钥一次和一个纳秒试一个密钥一次，计算试一个密钥各花去的总时间。那么要多快试密钥，才能在一个月内破解加密。

3. 研究加密算法中常见的漏洞。

4. 研究公共密钥基础设施（public key infrastructure，PKI），且对为什么没有一个单一的 PKI 系统加以评论。

5. 研究设计用于破解密码加密和网络(如无线加密)加密的工具。

6. 使用 Web 浏览器,查看浏览器使用的各类证书,并指出产生这些证书的提供商。

参考文献

［1］ Stallings, W. 2006. *Cryptography and network security: Principles and practice.* Englewood Cliffs, NJ: Prentice Hall.

［2］ Ferguson, N., and B. Schneier. 2003. *Practical cryptography.* New York: John Wiley & Sons.

［3］ Enge, A. 1999. *Elliptic curves and their applications to cryptography: An introduction.* Norwell, MA: Kluwer Academic.

［4］ Mollin, R. A. 2001. *An introduction to cryptography.* Boca Raton, FL: CRC Press.

［5］ Cohen, H., G. Frey, and R. Avanzi. 2006. *Handbook of elliptic and hyper. elliptic curve cryptography.* Boca Raton, FL: CRC Press.

［6］ Dent, A. W., and C. J. Mitchell. 2005. *User's guide to cryptography and standards.* Boston: Artech House.

［7］ Wayner, P. 2002. *Disappearing cryptography: Information hiding: Steganography and watermarking.* San Francisco, CA: Morgan Kaufmann.

［8］ Oppliger, R. 2005. *Contemporary cryptography.* Boston: Artech House.

［9］ van Tilborg, H. 2005. *Encyclopedia of cryptography and security.* New York, NY: Springer.

［10］ Mollin, R. A. 2003. *RSA and public-key cryptography.* London: Chapman & Hall/CRC.

［11］ Boneh, D. 2003. Advances in cryptology-crypto 2003. Paper presented at Proceedings of the 23rd Annual International Cryptology Conference, Santa Barbara, CA, August 17-21.

附录 B 实验室配置

这个附录描述的是一个小型测试实验室，以帮助对本书所描述的概念的理解。实验室是按照笔者教授本课题的实验室为模型的，实验室大约可以支持 100 个学生。学生远程访问实验室，可以降低对空间的需求及对计算机的需求量。实验室也可以通过增加计算机的数量，调整坐在设备前的学生数量。前三节的内容描述实验室的硬件配置、实验室的软件配置和远程访问问题。最后一节提供可以帮助使用实验室的其他辅助材料。Web 站点 www. dougj. net 有对实验室配置和软件需求的其他描述，同时该站点还包含了素材与配置指导书以帮助建立和运行实验室。

B.1 硬件配置

实验室硬件配置如图 B.1 所示，这个配置支持实验室实验与在本书描述的编程问题，还可以接待 50 ~ 100 个远程访问实验室的学生，实验室的硬件需求是最小配置。图 B.1 显示了采用路由器连接实验室与互联网，实验室有它自己的子网是有益的，这样更容易探讨地址范围，有助于保持进入实验室的不需要的流量，避免实验室内的用户受到非实验室部分的流量嗅探。路由器可以是商业路由器，也可以采用基于 UNIX 的带两块网卡的 PC 机实现。图 B.1 还给出了一个可选的防火墙或 NAT 用于实验室和外部网络之间。防火墙或 NAT 也可以与基于 PC 的路由器结合起来。如果你打算让学生远程访问实验室，那么就不需要使用 NAT，通过 NAT 的信道是很复杂的。防火墙用于通过网络扫描限制外出的流量或应该留在主网络内部的其他流量。实验室的计算机通过以太网的集线器连接，这有助于计算机嗅探网络内产生的所有流量。可以安装一个无线访问接入点产生第二个子网，最好是通过配置无线路由器为 NAT，把无线子网变成一个专网，这样配置的计算机除了具备有线以太网外，还具有无线以太网，这样可以选择子网在任何一个网络上产生流量。

实验室中的 UNIX PC 是主要计算机，由于用户的所有文件都存储在文件服务器上，因此磁盘的需求可以最小化。CPU 与内存的需求可以根据每台计算机的用户数决定。数据包嗅探实验消耗的资源最多，笔者建立实验室使用的计算机是系里某个实验室升级期间替换下来的计算机。文件服务器需要有足够的磁盘空间处理学生数量，数据包嗅探实验要求大量的磁盘空间存储捕获的数据包。假设每个用户 2 GB，Windows 主域控制器也可以是标准的 PC，远程桌面计算机是实验室中最有用的计算机，它的配置取决于学生的数量。可能还要配置一台负载均衡服务器。笔者本人使用两台 PC，每台对远程桌面计算机有 2 GB 的内存。

B.2 软件配置

实验室的软件配置主要由基于 UNIX 的计算机组成。笔者使用的是 FreeBSD，然而，UNIX 的任何版本都可以工作。Web 站点上有实验室中不同计算机软件配置的详细信息，以及用于支持登录和支持数据包嗅探程序作业的支撑程序。计算机需要安装 C 语言编程环境，IDS 计算机运行 Snort 公共域 IDS。需要安装一个 Web 服务器、一个电子邮件服务器(sendmail、IMAP 和 POP3)、一个 TELNET 服务器和一个 FTP 服务器,最好每个安装在一台服务器上(同一台计算机上不要安装所有的服务器程序)。还需要安装域名服务器(Domain Name Service,DNS),以将所有的无线网络专用地址放在 DNS 服务器上,允许学生查看 DNS 配置和嗅探 DNS 流量,学生不必登录就能访问 UNIX 文件服务器或主域控制器。

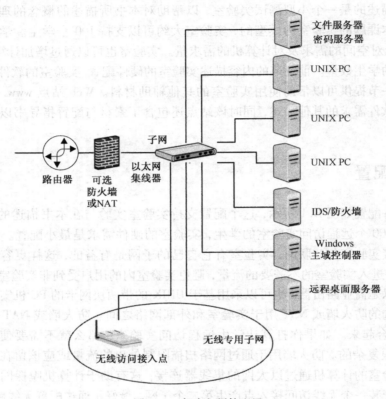

图 B.1　实验室硬件配置

B.3　远程访问问题

　　笔者仅实现了远程访问的实验室版本,这样允许实验室部署在一个小的房间内,使用的计算机采用 KVM 连接,这样只需要两台监视器和键盘即可,学生使用 SSH 和远程桌面连接到实验室计算机。笔者遇到了一些远程访问的问题,这个实验室支持 SSH 和 TELNET 访问,可有些情况学生不能使用 SSH,不得不依赖 TELNET,如果学生使用 TELNET 和 FTP,那么学生可以使用 Windows 机器访问实验室,而不必安装任何附加软件。也可以在基于 UNIX 的机器上安装 X-Windows 环境,这样学生就可以使用图形界面,但这要求在计算机上安装另外的软件,学生才可以访问实验室。

B.4　辅助材料

　　Web 网站上有另外的辅助材料。下面的表给出了 TCP/IP 和 ARP 数据包格式,这些表对于嗅探编程作业是有帮助的。

TCP/IP 数据包格式(携带在以太数据包中)

字 节	字 段	注 解	
1~6	DA	以太网目标地址	以太网头部
7~12	SA	以太网源地址	以太网头部
13~14	Type	类型字段 0x800IP 0x806 ARP	以太网头部
15	Ver/IHL	Ver=4, IHL=头部中的 4 字节字的数量	IP
16	Type	服务类型(一般是 0)	IP
17~18	T-len	按字节计算数据包长度(包括 IP 头部)	IP
19~20	ID	数据包唯一 ID	IP
21	Flags	3 个比特, 0-DF-MF DF=0, 可以拆分 MF=0, 最后一片	IP
21~22	Offset	64 比特位一块的拆分相对值	IP
23	TTL	存活时间, 数据包的跳数	IP
24	Protocol	在数据中执行的上层协议	IP
25~26	Checksum	头部校验和	IP
27~30	SA	IP 源地址	IP
31~34	DA	IP 目标地址	IP
35~36	S-port	源端口	TCP
37~38	D-port	目标端口	TCP
39~42	Seq num	序号	TCP
43~46	ACK	回应号	TCP
47	len	4 字节, 4 字节字的 TCP 头部的长度	TCP
47~48	Reserved	6 比特, 不用	TCP
48	Flags	TCP 标志 U A P R S F U=急, A=回应, P=推出 R=清零, S=同步, F=结束	TCP
49~50	Window	TCP 窗口(流控制)	TCP
51~52	Checksum	头部和数据校验和	TCP
53~54	Urgent	急切指示符	TCP
55~?	DATA	TCP 数据	数据
?	FCS	4 字节的 CRC 代码	以太头部

常用 TCP 端口号

21	FTP
23	TELNET
25	SMTP
53	DNS
69	TFTP
161	SNMP

ARP 请求包格式

字 节	字 段	注 解	
1~6	DA	广播地址(FF:FF:FF:FF:FF:FF)	以太网头部
7~12	SA	以太源地址	以太网头部
13~14	Type	类型字段 0x806 ARP	以太网头部
15~16	HW type	1=以太网	ARP

（续表）

字　节	字　段	注　解	
17～18	Protocol	协议类型 0x800	ARP
19	HA Length	硬件地址长度（以太网6）	ARP
20	PA Length	协议地址长度（IP是4）	ARP
21～22	Operation	Operation 1，是 ARP 请求	ARP
23～28	Send HA	发送方硬件地址	ARP
29～32	Send PA	发送方协议地址	ARP
33～38	Target HA	目标硬件地址 0:0:0:0:0:0	ARP
39～42	Target PA	目标协议地址	ARP
43～60	PAD	补丁字节数 ARP	以太网
61～64	FCS	帧校验序号	以太网头部

ARP 应答包格式

字　节	字　段	注　解	
1～6	DA	以太网目标地址	以太网头部
7～12	SA	以太源地址	以太网头部
13～14	Type	类型字段 0x806 ARP	以太网头部
15～16	HW type	1 = 以太网	ARP
17～18	Protocol	协议类型 0x800	ARP
19	HA Length	硬件地址长度（以太网6）	ARP
20	PA Length	协议地址长度（IP是4）	ARP
21～22	Operation	Operation 2，是 ARP 应答	ARP
23～28	Send HA	发送方硬件地址	ARP
29～32	Send PA	发送方协议地址	ARP
33～38	Target HA	目标硬件地址	ARP
39～42	Target PA	目标协议地址	ARP
43～60	PAD	补丁字节数	以太网
61～64	FCS	帧校验序号	以太网头部

附录 C　课后作业答案

这个附录包含本书部分问题的答案。

第 1 章

课后作业 4:4 个协议层意味着头部总计开销 80 字节,余下 1420 字节是每一个数据包的载荷。要计算传输的数据包总数,总的载荷除以 1420 字节,取整。要计算被传输的总的字节数,以总的载荷大小的余数除以 1420 加 80。这里给你最后一个数据包的大小,以 1500 乘以传输的总的数据包个数,再加上最后一个数据包的大小。

用户载荷	数据包	字节
1 000	1	1 080
10 000	8	10 640
100 000	71	105 680
1 000 000	705	1 056 400

课后作业 5:

用户载荷	开销字节数	开销的百分比
1 000	80	8%
10 000	640	6.4%
1 000 00	5680	5.7%
1 000 000	56 400	5.6%

第 2 章

课后作业 7:这个问题是,两个具有相同 IP 地址的计算机如何让数据包传输到正确的计算机。这个数据包将被路由到由这两个 IP 地址定义的网络中。如果这两台计算机在同一个网络中,那么有它的目标 IP 地址路由表的最终路由器的硬件地址,将决定哪一台计算机来接收这个数据包。常常发生的事情是你这次连接到这台计算机,下一次连接的可能是另外一台计算机,具有相同 IP 地址的两台计算机将互相侦察,并报告有一个错误。如果两台计算机不在同一个网络中,那么由 IP 地址定义的网络中的那台计算机将得到这个数据包。

课后作业 8:如果两台计算机在同一个网络中有相同的以太网地址,无论哪一个在网络中都不能正常工作。两台计算机接收到相同的数据包,并都接着给发送者回应,这导致发送方计算机对同一个数据包收到多个回应,这将引起协议失败。在不同网络中具有相同以太网地址的计算机不会引起任何问题,因为以太网地址是用于本地的。

实验作业 2:管理员使用提供商代码跟踪网络上的某台计算机,以太网提供商代码可以使搜索范围变小,当两台计算机因为有相同 IP 地址而不能工作时,管理员需要跟踪它们。

第 3 章

课后作业 2:有一个大家都熟悉且分配端口号的表,它位于 www.iana.org/assignments/portnumbers。IANA 定义了大家都知道的端口号 0 ~ 1024。这个文件包含 10 000 个 TCP 和 UDP 端口号。

课后作业 3:不，这些正是注册的端口号，应用程序可以使用他们想用的任何端口号。

课后作业 4:客户端应用程序连接。当客户端和服务器应用程序试图通信时，由于应用协议的不同，它们将不能连接。某些客户端应用(例如，TELNET)可以连接到任何服务器应用，并允许用户向应用程序发送数据，这可以用于帮助调式或测试服务器应用程序。

课后作业 6:一个应用可以使用非分配的其他端口号，许多服务器应用可以配置成使用其他端口号。许多客户端应用程序也可以连接到用户定义的端口号上。

课后作业 9:硬件地址欺骗的理由之一是连接到一个 ISP，这个 ISP 是期望的预先定义硬件地址的 ISP。例如，大多数无线路由器，允许用户改变硬件地址，这就叫 MAC 地址克隆。

课后作业 12:不，互联网的设计可以独立地路由每一个数据包。路由器配置成根据网络负荷和目标地址路由数据包，在当前的路径中也可能会失败，但路由器可以在失败的附近位置重新路由数据包。

第 4 章

课后作业 4:CVE 数据库可以用于帮助确认某个计算机系统是否有漏洞。数据库作为 IDS 的一部分使用，以帮助用户将潜在的攻击分类。这个攻击已经被 IDS 发现，并确认攻击是否成功。数据库可以用于发动攻击，首先，攻击者确定操作系统和应用程序的版本号，接着搜索攻击数据库，以确定哪个攻击可以针对这个系统攻击。

课程作业 5:不，不是所有的漏洞都可以发现的，漏洞也许太复杂以至于根本不可能发现，如果可以发现漏洞，损失也会减少。在某些情况下，修复也要根据应用的运行而变更，同时还将可能根据偶然的发现引起的损失程度进行权衡。

课后作业 6:不，有些漏洞是因为应用程序或协议的设计而固有的。

第 5 章

课后作业 2:由以太网硬件返回帧的长度，获取以太网数据包的代码把数据包收集到一起，并产生由网络层使用的数据包，网络的头部有一个长度字段指示网络层数据包的长度。

课后作业 3:技术上以太网地址不需要是全球唯一的，以太网地址只需要在一个网络中是唯一的。然而，由于没有办法保证具有相同地址的两块网卡不被安装在同一个网络中，因此它们必须保证是全球唯一的。

课后作业 7:广播包迫使每台设备要阅读和处理它们收到的数据包，这会消耗不必要的处理时间。此外，有些广播包要求每台设备都回应，这就导致网络上过多的流量。

课后作业 12:采用 WEP 和 WPA 的最大阻力是密钥分配，在一个公网中，假设用户是有进有出的，这就需要一种方法，把密钥传递给用户，一旦你把密钥传递出去，它们就不再是秘密的了。

第 6 章

课后作业 2:ARP 请求需要是一个广播包，因为请求者不知道谁会回应，只有回应对请求者有意义，所以回应只发送给请求者，这有助于降低广播包数量。

课后作业 3:在硬件地址与 IP 地址匹配有变的情况下，ARP 缓冲区需要自动终止，这在 IP 地址因动态分配而变化的情况下是很常见的。

课后作业 5：

主机 1

目　　标	下　一　跳	接　口
129.186.5.0	129.186.5.30	
默认	129.186.5.254	

路由器 1

目　　标	下　一　跳	接　　口
129.186.5.0	129.186.5.254	En0
129.186.100.0	129.186.100.254	En1
129.186.4.0	129.186.100.253	En1
默认	129.196.100.252	En1

主机 2

目　　标	下　一　跳	接　口
129.186.100.0	129.186.100.40	
129.186.5.0	129.186.100.254	
129.186.4.0	129.186.100.253	
默认	129.186.100.252	

路由器 2

目　　标	下　一　跳	接　口
129.186.100.0	129.186.100.252	En0
129.186.5.0	129.186.100.254	En0
129.184.4.0	129.186.100.253	En0
默认	10.0.0.5	En1

主机 3

目　　标	下　一　跳	接　口
129.186.4.0	129.186.4.133	
默认	129.186.4.254	

路由器 3

目　　标	下　一　跳	接　口
129.186.100.0	129.186.100.253	En0
129.186.4.0	129.186.4.254	En1
129.186.5.0	129.186.100.254	En0
默认	129.186.100.252	En0

课后作业 10：由 IP 地址绑定的打印机和其他设备常常设置为静态的。Web、Email 和其他公共服务器也常常分配的是静态 IP 地址。

课后作业 12：

	请　　求			应　　答		
	网络1	网络2	网络3	网络1	网络2	网络3
TCP 层						
源端口	5240	NAT	NAT	80	80	80
目标端口	80	80	80	5240	NAT	NAT
IP 层						
源 IP 地址	H1	129.186.4.100	129.186.4.100	H3	H3	H3
目标 IP 地址	H3	H3	H3	H1	129.186.4.100	129.186.4.100

第 7 章

课后作业 2：TCP 序号和回应号被用于计算字节数。

课后作业 3：TCP 和 IP 层给载荷各追加 40 字节的头部，以太网追加 18 字节，这假设在 TCP 或 IP 头部都没有可选项。

a. 45 字节

b. 85 字节

c. 103 字节

d. 数据包的 95% 作为开销

课后作业 5：假设 TCP 或 IP 头部没有选项，最佳大小是 1500 − 80，即 1420 字节。

第 8 章

课后作业 1：本地套接字用于计算机进程的激活以便相互通信。一个例子是提供系统事件的日志，日志程序的工作类似一个服务器，希望记录事件的任何程序都要使用本地套接字发送消息给日志程序。本地套接字的设计类似于 TCP 套接字以便简化程序设计。一个客户端可以通信，既可以使用本地套接字，也可以使用 TCP 套接字，而不必改变任何代码，除非那个套接字已经打开。

课后作业 4：是，允许打开的套接字的数量是有限制的。这个限制来自于两个地方，一个是应用程序限制了连接数，因此限制了套接字数量，第二个是 TCP 层会根据源限制而对套接字进行限制，最常见的限制源是内存。

第 9 章

课后作业 1：下面的表给出了协议交换，假设 TCP、IP 和以太网头部为 98 字节，载荷由文本字符串和一个回车符 <cr> 组成，你的答案也会随文本字符串而有所不同。

d 部分的开销是 1764/1990 = 88.6%

e 部分的开销是 1984/1990 = 99.7%

课后作业 4：POP 和 IMAP 的设计是用于检索用户邮箱中的邮件，且认为是私密的，并存储在用户目录中。发送邮件消息并不需要验证，因为任何人都可以给电子邮件系统发送电子邮件，并递交到某个用户的邮箱中。

方　　向	数据包类型	载 荷 大 小	数据包大小
到服务器	TCP SYN	0	98
到客户端	TCP SYN + ACK	0	98
到服务器	TCP ACK	0	98
到客户端	220 + dougj. net + 祝贺文字（如 40 个字）	40（假设）	138
到服务器	HELO issl. org	14	112
到客户端	250 dougj. net Hello issl. org	29	127
到服务器	MAIL FROM：john@ issl. org	25	123
到客户端	250 john@ issl. org Sender OK	28	126
到服务器	RCPT TO：dougj	15	113
到客户端	250 dougj Recipient OK	23	121
到服务器	DATA	5	103
到客户端	354 Enter Mail	15	113
到服务器	HELLO	6	104
到客户端	.	2	100
到服务器	250 ID Message accepted	24	122
到客户端	TCP FIN	0	98
到服务器	TCP FIN + ACK	0	98
到客户端	TCP ACK	0	98
总计		226	1990

课后作业 9：每一种类型的正反双方：

SMTP 加密：这个在发送邮件之前，要求对用户进行验证，因为它也会产生垃圾邮件。问题是密钥的分发，使用公钥不能解决垃圾问题，只能减少嗅探攻击，嗅探攻击最好采用其他方法减少。

POP/IMAP 加密：可以用于阻止嗅探，因此保护了用户名和密码。这种加密也可以通过额外的证书提升用户验证，缺点是密钥分发复杂。

用户到用户验证：这将防止非授权用户阅读邮件，也可以验证发送方和接收方，密钥分配很复杂。用户到用户加密对大多数电子邮件安全可能是最好的方法。

课后作业 12：头部包含 IP 地址，有时还包含处理电子邮件的每一个 MTA 的主机名，具体取决于电子邮件是如何发送的，这里也可能是关于发送消息的电子邮件客户端的信息。邮件跟踪的有用性是个问题。可以追溯电子邮件发送到的第一个 MTA，也可以追溯到与那台 MTA 有联系的机器的 IP 地址，但那台机器的 IP 地址也许已经改变了，也许已经中垃圾邮件的毒了。一般来说，跟踪电子邮件到个人，若没有发送电子邮件的计算机的完整日志信息是很困难的。

第 10 章

课后作业 1：

a. GET/index. html HTTP/1. 1

b. GET/files/index. html HTTP 1. 1

c. GET/cgi-bin/print-me/?hello%20there

课后作业 2：

a. < a href = http://www. dougj. net > Click here for dougj. net </a >

b. < a href = figure. pdf > Click here for PDF Figure </a >

c. < img src = picture. gif alt = "picture"/ >

d. < img src = http://www. dougj. net/picture. gif alt = "picture"/ >

课后作业 3:

```
#! /bin/sh
echo content-type:text/plain
echo

/bin/who
```

第 11 章

课后作业 3:不认为 TELNET 服务器是安全的,因此不应该使用,只是在合法的设备上或内部通信时采用。一般来说,机构会采用防火墙阻止 TELNET 协议。

课后作业 4:TELNET 客户端承受了没有安全的风险,常常用于测试其他协议和服务器。

课后作业 5:协议交换给在下面。假设 TCP、IP 和以太网头部为 98 字节,载荷由文本字符串和一个回车符 < cr > 组成,具体答案会随文本字符串而有所不同。

方　　向	数据包类型	载 荷 大 小	数据包大小
到服务器	TCP SYN	0	98
到客户端	TCP SYN + ACK	0	98
到服务器	TCP ACK	0	98
到客户端	问候语 + 用户名	40(假设)	138
到服务器	Bob(发送 4 个数据包)	4	396(98 * 4 + 4)
到客户端	Bob(Bob 回应 4 个数据包)	4	396
到客户端	密码	10	108
到服务器	Alice(发送 6 个数据包)	6	594(98 * 6 + 6)
到客户端	文本提示登录	40(假设)	138
总计		24	2046

开销是 2022/2046 = 98.8%

第 12 章

课后作业 4:IDS 可以告诉你,你的系统是否正在受到攻击,或警告你,你的关键服务是否正受到攻击。IDS 最好部署在 DMZ 区,规则应调整到匹配机构要保护的设备,一个内部 IDS 对判断是否有攻击穿过防火墙还是很有用的。

课后作业 5:IPS 最好部署在机构内部,设置成阻止对关键服务的攻击,部署在 DMZ 也可以,但需要考虑你究竟阻止什么样的攻击。

附录 A

课后作业 4:采用单一的 PKI 系统有社会和政治问题。大多数人根据他们想做的,要求有多个身份。例如,买食品只需要与钱相关的身份(当然你有足够的钱支付),与你是谁没关系。有政府赞助的 IDS 和地方或企业赞助的 IDS 的问题。